"十四五"职业教育国家规划教材

开发人才培养系列丛书

U0202794

HTML5+CSS3

Web前端开发技术

第3版 | 微课版

刘德山 褚芸芸 孙美乔 ◉ 编著

人民邮电出版社

北 京

图书在版编目（CIP）数据

HTML5+CSS3 Web前端开发技术：微课版 / 刘德山，褚芸芸，孙美乔编著. -- 3版. -- 北京：人民邮电出版社，2025. -- （Web开发人才培养系列丛书）. -- ISBN 978-7-115-64959-1

Ⅰ. TP312.8；TP393.092.2

中国国家版本馆CIP数据核字第2024V1B787号

内 容 提 要

本书共9章，分为四篇。第一篇是Web前端开发基础与HTML5技术，介绍HTML和HTML5的常用标记和属性等内容。第二篇是CSS3技术及其应用，介绍盒模型、DIV+CSS布局、弹性布局、响应式布局等内容。第三篇是JavaScript技术及其应用，介绍JavaScript的概念、对象和事件处理等内容。第四篇是综合项目实战，介绍两个综合项目示例的设计与实现过程，以强化读者对Web前端开发知识的应用能力。本书知识全面、示例丰富、易学易用，通过示例讲解知识点，便于读者牢固掌握和及时内化相关知识。

本书既可作为高校Web前端开发相关课程的教材，也可供信息技术类专业的读者自学使用，还可作为Web前端开发领域技术人员的参考书。

◆ 编　著　刘德山　褚芸芸　孙美乔
　　责任编辑　王　宣
　　责任印制　陈　犇

◆ 人民邮电出版社出版发行　　北京市丰台区成寿寺路11号
　　邮编　100164　　电子邮件　315@ptpress.com.cn
　　网址　https://www.ptpress.com.cn
　　三河市兴达印务有限公司印刷

◆ 开本：787×1092　1/16
　　印张：18.25　　　　　　　　　　2025年1月第3版
　　字数：527千字　　　　　　　　　2025年1月河北第1次印刷

定价：69.80元

读者服务热线：(010)81055256　印装质量热线：(010)81055316
反盗版热线：(010)81055315
广告经营许可证：京东市监广登字20170147号

第 3 版前言

技术背景

Web 前端开发是一个充满活力和创新的领域，它涉及网站构建、数据可视化、移动应用开发等多个领域。HTML5、CSS3 和 JavaScript 是 Web 前端开发中的基础技术。HTML5 用于描述网页的结构，CSS3 用于设计网页的表现样式，JavaScript 用于实现网页的动态行为。以 HTML5、CSS3 和 JavaScript 为基础，继续学习 Bootstrap、jQuery、Vue.js 等框架，是 Web 前端开发的学习路径。

Stack Overflow（著名 IT 问答社区）发布的 2023 年开发者调查报告显示，HTML5、CSS3 和 JavaScript 是流行的 Web 前端开发语言。在新技术不断涌现的过程中，Web 前端开发既面临机遇，又面临挑战。编者期待读者通过学习 Web 前端开发技术，适应 Web 前端开发向响应式开发、小程序开发或移动应用开发转变的趋势，进而提升 Web 前端开发技能，助力互联网行业发展。

改版升级

本书第 2 版获评"十四五"职业教育国家规划教材，第 3 版在第 2 版的基础上修订完成。在修订过程中，编者充分考虑了"十四五"职业教育国家规划教材评审专家的宝贵意见。与第 2 版相比，本书升级如下。

（1）HTML 部分重点介绍 HTML5 增加的元素和属性，删除第 2 版中对离线 Web 存储、地理位置访问、IndexedDB 等内容的介绍。

（2）CSS 部分在原有内容的基础上，重点介绍 CSS3 增加的选择器和属性。

（3）JavaScript 部分基于 ECMAScript 2015（ES6）标准，介绍 let 和 const 关键字，补充字符串模板、箭头函数、for...of 语句等内容，强调 DOM 的应用。

（4）在 HTML5 和 CSS3 部分进行创新，增加素质教育元素，将国学经典内容融入部分应用示例，帮助读者在学习 Web 前端开发技术的过程中了解中华优秀传统文化。

（5）当前的主流浏览器广泛支持 HTML5 和 CSS3，因此，本书删除了第 2 版示例中部分因为考虑浏览器兼容问题而增加的冗余代码。

本书内容

本书以 HTML5、CSS3、JavaScript 等技术为主线，主要内容分为四篇。

< 1 >

第一篇（第 1~2 章）介绍 Web 前端开发基础知识，以及基于 HTML5 技术的静态网页制作，包括 HTML 和 HTML5 中主要且被广泛使用的标记和属性，这些是本书的基础。

第二篇（第 3~5 章）介绍在 CSS 中如何使用各种选择器，包括使用 CSS 设置文本、背景、图像等元素的样式，以及如何使用 CSS 实现网页布局等内容。

第三篇（第 6~7 章）介绍 JavaScript 技术，包括 JavaScript 基础知识，内置对象、浏览器对象和 DOM 对象等内容，以及事件处理的相关内容。

第四篇（第 8~9 章）介绍两个综合项目示例的设计与实现过程。

本书特色

（1）知识全面、系统。本书内容覆盖 HTML5、CSS3、JavaScript 的主要知识点，满足读者学习 Web 前端开发基础知识的需求。通过学习本书，读者可以快速了解基本的 Web 前端开发框架，为深入学习 Web 前端开发做好知识储备。

（2）示例丰富、实用。本书通过示例呈现知识点，并会对一些典型示例进行拓展讲解。综合项目示例采用渐进式的迭代开发方法，方便读者学习。

（3）资源丰富、齐全。本书提供全部示例的源代码和素材资源，方便读者开展实践训练；本书的示例全都通过上机实践，运行结果无误。与此同时，本书提供 PPT 课件、教学大纲、教案、习题答案等资源，用书教师可以到人邮教育社区（www.ryjiaoyu.com）进行下载。此外，编者还为本书重点内容和典型示例录制了微课视频，助力读者随时随地高效自学。

本书约定

为方便读者阅读，本书在写作上遵守如下约定。

（1）HTML 文档中的标记和元素是同义的，对于标记，本书一般用<p>标记、<div>标记等方式表述；对于元素，本书一般用 p 元素、div 元素等方式表述。

（2）JavaScript 中的函数和方法是同义的，通常不需要特意区分函数和方法。本书将用户自定义函数用"函数"表述，例如，getArea(a,b)函数；将对象调用的函数用"方法"表述，例如，Math.random()方法、document.getElementById()方法等。

（3）本书所有 HTML 源文件均以 demo××××.html 命名，方便读者查看源代码。嵌入 HTML 文档中的 CSS 代码未独立命名，因此，第 8 章和第 9 章的 CSS 代码没有独立的文件名，读者可在对应的 HTML 源文件中查看。

本书由刘德山、褚芸芸、孙美乔编著。由于编者水平有限，书中难免存在不妥之处，敬请广大读者批评指正。

编　者

2024 年 6 月于大连

目 录

第一篇　Web 前端开发基础与 HTML5 技术

< 1 >

第二篇　CSS3 技术及其应用

第 3 章
选择网页元素——
使用 CSS 选择器

第 4 章
美化网页——
使用 CSS 设置元素样式

< 2 >

< 3 >

第四篇　综合项目实战

第 8 章
综合项目示例 1——在线旅游网站主页的设计

第 9 章
综合项目示例 2——产品展示网站主页的设计

< 4 >

第一篇

Web 前端开发基础与 HTML5 技术

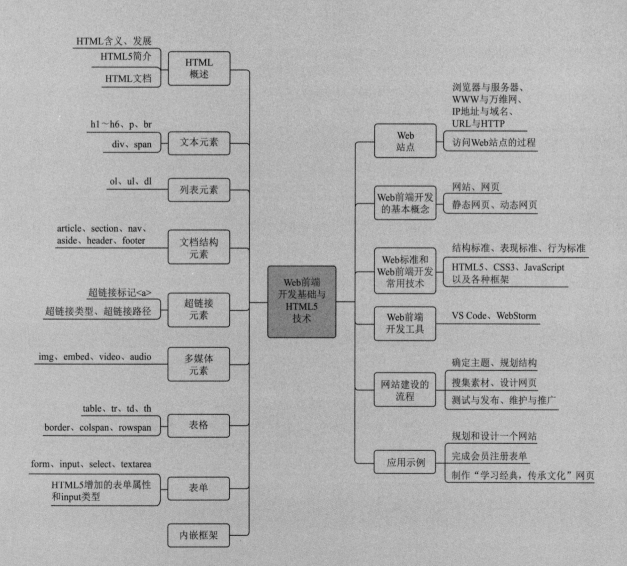

第 1 章

Web 前端开发基础知识

本章导读

Web 前端开发即网页的开发。在学习 Web 前端开发之前，我们需要了解一些有关网页设计的基础知识。这些基础知识包括用户访问 Web 站点的过程、Web 前端开发的基本概念，还包括 Web 标准和 Web 前端开发常用技术等。上述知识内容并不复杂，但对后续的学习非常重要。

知识要点

- 通过访问 Web 站点的过程了解 Web 的工作机制。
- 了解 Web 前端开发的基本概念和常用技术。
- 使用 WebStorm 开发工具建立网页。
- 了解网站建设的流程。

1.1 访问 Web 站点

访问 Web 站点

Web 站点（网站）是由网页组成的，Web 前端开发即网页开发。在学习网页开发之前，我们先来了解访问网站涉及的基本概念和访问网站的过程。

1.1.1 访问网站涉及的基本概念

我们打开 Chrome 或 Internet Explorer（IE）浏览器，在地址栏中输入某个网站的地址并按<Enter>键后，浏览器就会显示出相应的网页内容，如图 1-1 所示。

图 1-1 在浏览器中查看网页

从图 1-1 可以看到，网页中包含文字、图像等不同类型的内容，这些内容通常称为网页元素。网页元素还可以是音频和视频等其他类型。Web 前端开发的目的是向用户显示有意义的信息或完成用户与网站的交互。浏览网站时会涉及一些基本概念，包括浏览器与服务器、WWW 与万维网、IP 地址与域名、URL 与 HTTP 等，下面逐一进行介绍。

1．浏览器与服务器

浏览网页，首先应了解浏览器和服务器的概念。互联网是由世界各地的计算机及网络互联设备连接而成的网络。当我们查看各类网站上的内容时，实际上就是从远端计算机中读取内容，然后将内容在本地计算机上的浏览器中显示出来。这与我们打开本地计算机 D 盘或 E 盘中的文件类似，区别在于浏览网站时，是从远端计算机上读取内容的。

提供内容信息的计算机称为服务器，供用户浏览网页的软件称为浏览器。谷歌公司的 Chrome 和微软公司的 IE 都属于浏览器。通过浏览器可以从网络上获取服务器上的文件以及其他信息，服务器可以让多个不同的用户通过浏览器访问自身的数据。

2．WWW 与万维网

我们浏览的网络称为万维网，英文名称是 "World Wide Web"，简称 WWW，也称为 Web。因此，WWW、万维网和 Web 是同义词，可理解为一个大型的由相互链接的文件所组成的集合体。

一个完整的 Web 系统由服务器、浏览器、超文本标记语言（hypertext markup language，HTML）文档和互联网组成。当用户的计算机接入互联网后，通过浏览器发出访问某个网站的请求，然后这个网站的服务器就会把网页信息传送到浏览器上，将对应的网页文件下载到本地计算机，由浏览器解析文件并显示出来。这就是用户浏览网页的过程（见图 1-2），也是用户享受 WWW 服务的过程，采用的是浏览器/服务器方式（browser/server 方式，B/S 方式）。

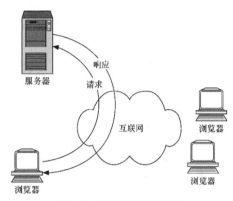

图 1-2　用户浏览网页的过程

实际上，WWW 服务是互联网提供的众多功能中的一个。互联网还提供了很多其他功能，例如，网站制作好后，需要把网站传送到远程服务器上，这时要用到文件传送协议（file transfer protocol，FTP），其就不属于 WWW 服务的范畴了。

3．IP 地址与域名

要浏览服务器上的资源，必须知道服务器在网络中的地址，这是通过互联网协议（internet protocol，IP）地址来实现的。为了使 IP 地址容易理解和识别，人们又引入了域名的概念。

（1）IP 地址

IP 地址是用于识别互联网上计算机的标识。网络中的每台计算机都有一个 IP 地址（可能不是固定的），目前使用的主要是 IPv4 格式的 4 段地址，由小数点（"."）分隔的 4 段十进制数组成，共 4 字节（32 位）。例如，39.96.127.170 是 "人邮教育社区" 的 IP 地址。目前，IP 地址总数约 43 亿个，并仍在迅速增加，但 IP 地址数量是有限的，是非常宝贵的资源。考虑到 IP 地址会用尽的情况，互联网有关机构已经对 IP 地址进行升级，即从 IPv4 格式升级到 IPv6 格式。

（2）域名

IP 地址可以用来标识网络上的计算机，但是要让大多数人记住一个 IP 地址并不是一件容易的事。因此，人们指定了一个易于记忆的域名，来标识网络上的计算机。域名是 IP 地址的一种符号化表示。通过域名系统（domain name system，DNS）保证每台主机的域名与 IP 地址一一对应。在网络通信时

< 3 >

由 DNS 进行域名与 IP 地址的转换。

域名的一般格式为"主机名. 三级域名. 二级域名. 顶级域名"。例如，人邮教育社区的 IP 地址 39.96.127.170 对应的域名是 www.ryjiaoyu.com。

4．URL 与 HTTP

Web 上的地址通过 URL 表示，HTTP 是用于浏览网站的基本约束或规则。

（1）URL

统一资源定位符（uniform resource locator，URL）用来指明文件在互联网中的位置。

URL 由协议名、服务器地址、文件路径及文件名组成。Web 服务器使用的基本协议是超文本传送协议（hypertext transfer protocol，HTTP）。服务器地址可以是 IP 地址，也可以是域名。文件通常以.htm 或.html 为扩展名，这两种格式的文件在显示时没有区别，但是在链接时不能互相转换。

例如，https://www.ryjiaoyu.com 是一个 URL，其中，https 是协议名，www.ryjiaoyu.com 是服务器地址（域名），这里省略了文件路径及文件名描述。

（2）HTTP

在浏览器和服务器之间传输文件时，要遵循一定的规则，即协议。HTTP 制定了 HTML 文档运行的统一规则和标准，增强了文档的适应性。通过 HTTP，浏览器可以把服务器上的 HTML 文档提取出来，"翻译"成网页。URL 中的协议名如果为 https，表示的是更安全的 HTTP。

HTTP 采用的是"请求/响应"工作模式，该工作模式由 4 个步骤组成：浏览器与服务器建立连接；浏览器向服务器发出请求；服务器接收请求，发送响应；浏览器接收响应，浏览器与服务器断开连接。

1.1.2 访问网站的过程

前面简单介绍了访问网站涉及的一些基本概念。在互联网中，提供浏览服务的计算机称为 Web 服务器，如果涉及数据检索和查询操作，还会涉及数据库服务器。Web 访问的完整过程如图 1-3 所示。

（1）启动浏览器后，在浏览器的地址栏中输入要访问的网页的 URL 并按<Enter>键。由 DNS 完成域名解析，找到 Web 服务器的 IP 地址，向该地址所指向的 Web 服务器发出请求。

（2）Web 服务器根据浏览器发出的请求，把 URL 转换成网页所在 Web 服务器上的文件全名，查找相应的文件。

（3）如果 URL 指向静态 HTML 文档，则 Web 服务器使用 HTTP 将该文档直接返

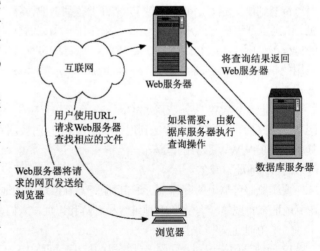

图 1-3　Web 访问的完整过程

回给浏览器。如果 HTML 文档中嵌入了 JSP、PHP 或 ASP 程序，则首先由 Web 服务器运行这些程序，然后将结果返回浏览器。

（4）如果 Web 服务器运行的程序包含对数据库的访问，则 Web 服务器将相应的查询指令发送给数据库服务器，对数据库执行查询操作。操作成功后，数据库服务器将查询结果返回 Web 服务器，再由 Web 服务器将查询结果嵌入网页，并以 HTML 格式发送给浏览器。

（5）浏览器解释 HTML 文档并展示网页。

1.2 Web 前端开发的基本概念

前面介绍了浏览器、服务器、IP 地址、域名等基本概念，下面进一步学习 Web 前端开发中涉及的网站、网页、静态网页和动态网页等基本概念。

1. 网站

网站（website）也称为 Web 站点，是一组网页的集合。在本地计算机上，网站表现为一组文件夹。网站是一种信息交流工具，我们可以通过网站来发布信息，或者通过浏览器来访问网站，获取需要的信息或者应用其他的网络服务。

网站由域名、网站空间、网页 3 部分组成。域名就是访问网站时在浏览器地址栏中输入的地址（URL），多个网页、网页所需资源由超链接联系起来组成网站。网站可以发布在专门的独立服务器上，也可以租用虚拟主机进行发布。网站需要上传到服务器的网站空间中，才能被浏览者访问。

2. 网页

网站是一个整体的概念，提供的内容是通过网页展示出来的，我们浏览网站其实就是浏览网页。网页是用 HTML 编写的用于展示内容的文本文件。在浏览网页时，浏览器负责将 HTML 文件翻译成用户看到的网页。

我们使用 Chrome 浏览器浏览网页时，在浏览器窗口中单击鼠标右键，执行快捷菜单中的"查看网页源代码"命令，就可以在浏览器中查看该网页的 HTML 代码，如图 1-4 所示。

图 1-4　查看网页的 HTML 代码

不同的网页虽然内容有差别，但都是由网页元素组成的，一般包括文字、图像、动画、视频、音频等元素中的一种或多种。网页文件的扩展名一般为.htm 或.html，但与 Word 文件、PDF 文件等文件

< 5 >

不同，一个网页并不是一个单独的文件，网页中的图像、音频以及其他多媒体内容都是单独存放的。

在 Chrome 浏览器中，执行快捷菜单中的"另存为..."命令，并选择保存类型为"网页，全部(*.htm;*.html)"，如图 1-5 所示，会将网页下载到我们的计算机中，生成一个网页文件和一个资源文件夹。

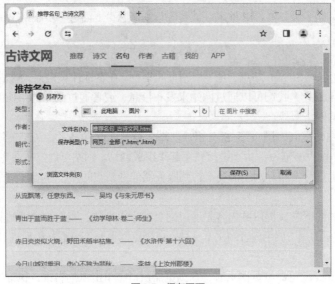

图 1-5　保存网页

我们浏览网站的入口是网站的门户网页，称为主页（home page），文件名通常是 index.html 或 index.htm。主页中通常会给出网站的概述，包括网站的主要内容、各种信息的向导，合理地设计主页会方便用户了解网站的功能，从而快速确定要浏览的内容。

网页可以分为静态网页和动态网页两种类型。

3．静态网页

静态网页是指在浏览器中运行、不需要到后台数据库检索数据、不包含程序的纯 HTML 格式的网页文件，静态网页的扩展名一般为.html 或.htm。静态网页并不是指网页中的所有元素都是静止的，而是指浏览器与服务器不发生交互，但是在网页中可能会有各种动态效果，如 GIF 格式的动画、JavaScript 程序实现的交互效果等。

静态网页的特点如下。

（1）静态网页不需要数据库的支持，当网站信息量很大时，查找网页内容比较困难，维护工作量较大。

（2）静态网页的内容相对稳定，容易被搜索引擎检索。

（3）静态网页的交互性差，在功能方面有较大的限制。

（4）静态网页一经发布到服务器上，无论是否有用户访问，其内容都会保存在服务器上。也就是说，静态网页是保存在服务器上的文件，每个网页都是一个 HTML 文件。

4．动态网页

动态网页是指网页文件中不仅包含 HTML 标记，还包含需要在服务器上执行的程序代码。动态网页需要后台数据库与服务器交互，利用数据库实现数据更新和查询服务。动态网页的扩展名一般是.jsp、.php、.asp 等。

动态网页与网页上的各种动画、滚动字幕等视觉上的动态效果没有直接关系，无论网页最终是否具有动态效果，采用动态网站技术生成的网页都可以称为动态网页。

动态网页的特点如下。

（1）动态网页以数据库技术为基础，可以降低网站维护的工作量。

（2）采用动态网页的网站可以实现更多功能，如用户注册、信息检索、在线调查、订单管理等。

（3）动态网页实际上并不是独立存在于服务器上的网页文件，只有当收到用户请求时服务器才会动态生成一个完整的网页，并以静态的形式返回浏览器。

可以根据使用的编程语言来判断网页是动态网页还是静态网页。静态网页使用 HTML；动态网页除了使用 HTML，还需要使用编程语言（如 PHP、JSP、ASP 等）。静态网页是网站建设的基础，在同一网站中，动态网页和静态网页可以同时存在。

1.3　Web 标准与 Web 前端开发常用技术

随着 Web 的发展，各种 Web 前端开发技术不断涌现。而且，各种类型和版本的浏览器越来越多，网页在不同的浏览器中的表现也有区别。因此，依据一定的标准来指导 Web 前端开发，实现 Web 前端开发的有序、高效、可扩展，保证网页在不同浏览器中拥有一致的表现效果，这些内容在 Web 发展过程中变得越来越重要。

Web 前端开发遵循的标准就是 Web 标准，这个标准是在不断发展和完善的。

1.3.1　Web 标准

Web 标准

Web 标准是由万维网联盟（World Wide Web consortium，W3C）和其他标准化组织共同制定的，用来创建和解释基于 Web 的内容，Web 标准可以使 HTML 文档向后兼容，从而保证 HTML 文档能够被不同的浏览器访问。

Web 标准是一系列标准的集合，其中的网页标准通过结构（structure）、表现（presentation）和行为（behavior）等 3 部分来描述。Web 标准大部分由 W3C 起草和发布，也有一些是其他标准化组织制定的，比如欧洲计算机制造联合会（European computer manufacturers association，ECMA）制定的 ECMAScript 标准。

在 Web 标准中，结构标准主要包括 XML（extensible markup language，可扩展标记语言）和 HTML，表现标准主要包括 CSS（cascading style sheets，串联样式表），行为标准主要包括文档对象模型（document object model，DOM）和 ECMAScript 等。就 Web 前端开发而言，Web 标准中的结构标准、表现标准和行为标准对应 3 种常用的技术，即 HTML、CSS 和 JavaScript。HTML 用来描述网页的结构和内容，CSS 用来设计网页的表现形式，JavaScript 用来控制网页的行为，这 3 种技术是本书的内容，也是 Web 前端开发的基础框架。

1. 结构标准

（1）XML

XML 推荐遵循的标准是 W3C 发布的 XML1。XML 来源于标准通用标记语言（standard general markup language，SGML），是一种能定义其他语言的语言。最初设计 XML 的目的是弥补 HTML 的不足，以其强大的可扩展性满足网络信息发布的需要，后来它被用于网络数据的转换和描述。

（2）HTML

HTML 是 XML 的子集，用于创建结构化的 HTML 文档并为结构化的 HTML 文档提供语义。当前的 HTML 版本主要是 HTML5。

2. 表现标准

W3C 创建 CSS 标准的目的是用 CSS 实现网页布局，并控制网页元素的样式。CSS 与 HTML 相结

< 7 >

合能帮助用户分离网页外观与结构，使网站的访问及维护更加容易。当前使用的版本是 CSS3。

3．行为标准

（1）DOM

根据 W3C DOM 规范，DOM 是一种浏览器、平台、语言的接口，它使得用户可以访问网页的其他标准组件。DOM 解决了网景的 JavaScript 和微软的 JavaScript 之间的冲突，为 Web 前端开发人员提供标准的方法来访问网站中的数据、脚本和表现层对象。

（2）ECMAScript

ECMAScript 是 JavaScript 的核心，目前推荐遵循的标准是 ECMAScript 2015（ES6）。

1.3.2 Web 前端开发常用技术

Web 前端开发和后端开发分别需要不同的技术。Web 前端开发技术主要包括 HTML、CSS、JavaScript 等内容，还包括 Bootstrap、jQuery、Vue.js 等框架，这些技术是初学者常用的技术。要进行 Web 前端开发，除了要了解 Web 前端开发的相关技术外，还要掌握动态网页制作技术，如动态网页编程语言 PHP、Java、JSP 等，以及 SQL Server、MySQL、Oracle 等数据库方面的知识。

1．HTML

HTML 是一种用来制作超文本文档的标记语言，是网页制作的基本语言。用 HTML 编写的文档称为 HTML 文档，它能独立于各种操作系统（UNIX、Windows 等）。HTML 文档是一个包含 HTML 标记、文本内容，并按照 HTML 文档结构描述的文本文件。浏览器读取网站上的 HTML 文档，再根据此类文档中的描述组织并显示相应的 Web 页面。

可扩展超文本标记语言（extensible hypertext markup language，XHTML）结合了 XML 的强大功能及 HTML 的简单特性。使用 XHTML 规范编写代码的要求更为严格，例如：HTML 中的标记名和属性名不区分大写或者小写，但是在 XHTML 中，标记名和属性名必须小写；HTML 中的属性值可以不必使用双引号，在 XHTML 中，属性值必须用双引号括起来；在 XHTML 中，即使是空元素（如 img）的标记也必须封闭。

XHTML 仅是一个过渡语言，现在已经被 HTML5 取代。

2．CSS

CSS 是标准的网页布局语言，用来控制元素的大小、颜色和排版，以及定义如何显示 HTML 元素。CSS 与 HTML 相结合可使内容表现与结构相分离，并使网页更容易维护，易用性更好。

3．JavaScript

JavaScript 是一种解释型的、基于对象的脚本语言。JavaScript 与 Java 之间没有联系，是两种不同的语言。JavaScript 直接把代码写到 HTML 文档中，浏览器读取代码的时候才进行编译、执行，所以能查看 HTML 源文件就能查看 JavaScript 源代码。JavaScript 没有独立的运行窗口，浏览器的当前窗口就是它的运行窗口。

JavaScript 可使网页变得生动，增加互动性，通过将代码嵌入标准的 HTML 文档中来实现。JavaScript 使得网页和用户之间实现了一种实时、动态、交互的关系，使网页能够包含更多活跃的元素和更加精彩的内容，并以动态的形式呈现给用户。

4．各种框架

Bootstrap 是流行的 CSS 开源框架，以 HTML、CSS、JavaScript 为基础，支持响应式的布局设计。Bootstrap 包含功能强大的样式、组件和插件，为 Web 前端开发人员提供了简洁统一的解决方案，当前广泛使用的版本是 Bootstrap v5。

jQuery 是流行的 JavaScript 框架，它集 CSS、DOM、AJAX（asynchronous JavaScript and XML，异

< 8 >

步 JavaScript 和 XML 技术）于一体，可以方便地处理 HTML 文档、事件、动画效果、交互等。jQuery 的目标是让用户用极简的代码完成更多的交互操作，并有良好的浏览器兼容性。

Vue.js 是一个轻量级的 JavaScript 框架，用于创建动态的用户界面。Vue.js 支持渐进式地自底向上逐层应用，用户可以根据需要选择使用它的不同功能，如从简单的库到完整的解决方案。

1.4 Web 前端开发工具

Web 前端开发可以使用文本编辑工具 Notepad3，集成开发环境（integrated development environment，IDE）Visual Studio Code（下文简称 VS Code）、WebStorm、IntelliJ IDEA 等。此外，还需要一些辅助工具，如图像处理软件 Fireworks 和 Photoshop、动画制作软件 Flash 等。

文本编辑工具 Notepad3 是一款开源软件，它拥有撤销与重做、英文拼写检查、自动换行、列数标记、搜索与替换等功能。Notepad3 还支持语法着色和 HTML 标记，同时支持 C、C++、Java 等语言。

Web 前端开发使用更多的是集成开发环境，其中，VS Code 具有轻量、开源、可扩展的特点，WebStorm 是功能强大、收费、开箱即用的集成开发环境。

1.4.1　VS Code

VS Code 是微软开发的集成开发环境，不仅支持 HTML、CSS、JavaScript 等语言，还可以通过下载扩展支持 Python、C++、Java 等语言。VS Code 具有免费和开源的特点，更新速度快，面向不同应用需要配置不同的插件。

1．下载和安装

可以从 VS Code 官网下载 VS Code，根据操作系统选择 Windows 版本、Linux 版本或 macOS 版本。截至完稿时，VS Code 的新版本是 1.87.1，安装文件名是 VSCodeUserSetup-x64-1.87.1.exe，下载后双击安装文件即可进行安装。

2．配置 VS Code

VS Code 是轻量级集成开发环境，一些功能需要安装插件才能实现。随着 VS Code 的日益完善，其新版本中已经内置了很多早期版本需要安装插件才能实现的功能，比如 HTML Snippets 插件用于快速插入 HTML 代码块，Path Intellisense 插件和 Path Autocomplete 插件用于实现路径补齐。

下面列出了 VS Code 在 Web 前端开发中比较常用的插件，对于其他插件我们可以在学习和应用中掌握。

（1）Chinese Language Pack 插件：中文语言包，为 VS Code 提供中文界面。

（2）Live Server 插件：快速启动本地服务器，地址是 http://127.0.0.1:5500/，用于在浏览器中打开 Web 页面。

（3）CSS Peek 插件：在 HTML 和 CSS 文件中定位 class 和 id 样式。

（4）JavaScript Code Snippets 插件：快速插入 JavaScript 代码。

（5）JS-CSS-HTML Formatter 插件：用于格式化 JavaScript、CSS、HTML、JSON（JavaScript Object Notation，JavaScript 对象表示法）文件。

图 1-6 给出了 JS-CSS-HTML Formatter 插件的安装过程。

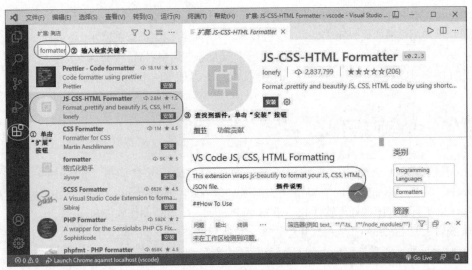

图 1-6　在 VS Code 中安装插件

3．创建文件

VS Code 作为轻量级集成开发环境，默认通过打开文件夹（目录）来打开对应的项目，并在窗口显示最近打开的项目，我们可以非常方便地编辑和修改。图 1-7 所示为 VS Code 启动界面，创建文件的过程如下。

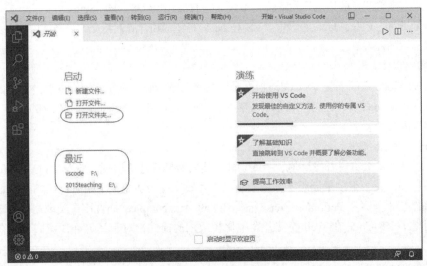

图 1-7　VS Code 启动界面

（1）在"开始"界面中单击"启动"栏目中的"打开文件夹"按钮或选择"最近"栏目中的文件夹来创建项目。

（2）单击"新建文件"或"打开文件"按钮，创建或打开用户要操作的文件。

上面的操作也可以通过"文件"菜单中的命令来实现。

1.4.2　WebStorm

WebStorm 曾被称为"Web 前端开发神器""最强大的 HTML5 编辑器"，针对 HTML5 的一些应用程序接口（application program interface，API）、JavaScript 代码，WebStorm 是专业

< 10 >

的集成开发环境。

1. 下载和安装

可以到 JetBrains 的官网下载 WebStorm，根据操作系统平台选择 Windows、Linux 或 macOS 版本。下载的 WebStorm 默认有 30 天的试用期，之后需要注册、付费后才能使用。

本书使用的版本是 WebStorm 2023.3.4，各版本之间在基本功能上差别不大，WebStorm 2023.3.4 的安装文件是 WebStorm-2023.3.4.exe，下载后双击安装文件即可进行安装。

2. 建立项目和文件

使用 WebStorm 开发 Web 应用的步骤如下。

（1）执行菜单命令"File/New/Project…"创建项目，默认的项目类型是"空项目"，也可以根据需求选择创建的项目类型。

（2）执行菜单命令"File/New"创建文件，选择创建 HTML 文件、CSS 文件或 JavaScript 文件等。图 1-8 所示是建立了项目和文件的 WebStorm 工作窗口。

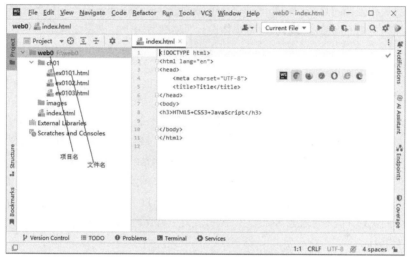

图 1-8　WebStorm 工作窗口

1.5　网站建设的流程

网站建设的流程与软件开发的流程类似。为了加快网站建设的速度，可以采用一定的流程来策划、设计和制作网站。好的流程能帮助开发人员解决网站策划的烦琐问题，降低网站开发过程中的失败风险，同时保证网站的科学性和严谨性。

虽然网站建设没有固定的流程，但通常可以分为前期策划、中期制作和后期维护 3 个阶段。每个阶段需要完成的任务如图 1-9 所示。

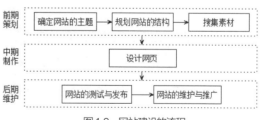

图 1-9　网站建设的流程

1.5.1　确定网站的主题

网站的主题就是指建立的网站所要包含的主要内容。清晰的主题有助于确定网站的结构，搜集相关素材。一般来说，确定网站的主题包括明确网站的定位、理解网站的功能、突出网站的特色等方面。

< 11 >

1．明确网站的定位

明确网站的定位后，网站能为访问者提供有价值的信息，提升用户体验，确保网站的长期发展。网站的定位要从行业定位、风格定位、设计定位等方面考虑。例如，对于娱乐、知识、音乐等主题的网站，要专注于表现的主题，不要使网站内容过于宽泛；政府部门网站的风格一般应庄重严谨；商务网站可以贴近应用，追求良好的访问体验；文化教育网站的风格应该高雅大方。

2．理解网站的功能

网站设计必须理解清楚网站应有的功能、建立网站的目的、访问者的需求。网站开发人员应对访问者的特点、访问者的信息需求、访问者可能的访问频率、网站是否可能被再次访问等有清晰的认识。

3．突出网站的特色

一是突出主题特色。网站的主题应契合访问者兴趣、爱好，突出网站个性，有面向特色。例如，面向编程，就可以建立一个编程爱好者网站；面向足球运动，可以报道最新的足球赛况、球星动态等。

二是突出设计风格。网站建设可以应用很多种风格，每种风格都有其独特的特点和适用场景。例如，扁平化设计风格强调的是平面化和简约化，响应式设计风格强调适应不同设备和屏幕大小，移动设备优先设计风格专门面向移动设备，社交媒体设计风格则适用于社交媒体网站。

1.5.2　规划网站的结构

广义的网站规划是指对网站建设中的技术、内容、测试、维护等做出规划，狭义的网站规划包括对网站的结构和网页的规划。网站规划对网站建设起到指导作用，对网站的内容和维护起到定位作用。

网站设计是否成功，很大程度上取决于规划水平的高低。规划网站就像设计建筑图纸一样，图纸设计好了，才能建成一座漂亮的建筑。规划网站时，首先应把网站的内容列举出来，再根据内容列出结构化的蓝图，最后根据实际情况设计各个网页之间的链接。狭义的网站规划的内容应包括网站导航、目录结构、网站的风格（色彩搭配、网站标志、版面布局、图像等）、主页及相关网页的设计等。只有在网站开发之前进行全面规划，制作时才能驾轻就熟、胸有成竹，完成的网站才能有个性、有特色、有吸引力。

1．网站结构设计

规划网站的结构时，可以用 Xmind、MindMaster 等思维导图工具或草稿完成网站的结构设计，设计的关键是明确网页之间的层次关系，在兼顾网页之间的导航的同时要考虑网站的实用性和可扩展性，保证网站在后期维护时可以随时扩展功能。

一个旅游网站的结构如图 1-10 所示，可以在开发过程中进一步细化网站结构。

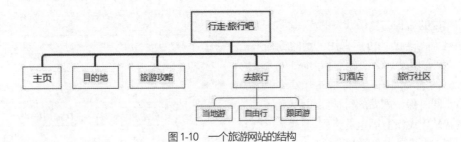

图 1-10　一个旅游网站的结构

2．目录结构设计

网站目录对应存储网站的文件夹，这里，目录与文件夹是同一含义。

网站目录的优劣不影响用户的浏览体验，但对网站本身的后期维护意义重大。目录结构设计一般应注意以下问题。一是要按网站结构建立各级子目录；二是每个目录下要分别为图像文件创建一个子目录 images（图像较少时可不创建）；三是目录的层次不要太深，主要栏目最好能直接从主页到达；四

< 12 >

是尽量使用意义明确的非中文名目录。一个旅游网站的目录结构如图 1-11 所示。其中，images、css、js 是网站的资源目录，分别存放了图像、CSS 文件和 JavaScript 脚本文件。

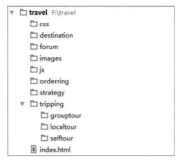

图 1-11　一个旅游网站的目录结构

3．主页的设计

我们访问网站时，首先会进入主页。主页在网站中非常重要，设计完网站的目录结构后，应当先完成主页的设计。设计主页时要有重点、有特色地描述网站内容，使访问者快速了解网站的功能和资源。在设计网站的其他网页时，风格要与主页风格一致，只在布局和内容方面做调整。一个旅游网站的主页布局如图 1-12 所示。其中，导航菜单栏包含到其他网页的链接。下面从主题栏、版面布局、网站标志，以及色彩和图像的运用等方面来介绍。

（1）主题栏

在设计网站的主题栏时一般应注意以下问题。一是突出主题，把主题栏放在明显的地方，让访问者更快、更准确地知道网站所表现的内容；二是可以设计一个"最近更新"栏目，让访问者一目了然地了解更新内容；三是栏目数不要设置太多。

（2）版面布局

网页的版面布局是不可忽视的。设计网站时应合理地安排空间，让网页疏密有致、井井有条。版面布局一般应遵循的原则是突出重点、平衡和谐。首先将网站标志、主题栏、导航菜单栏等重要的部分放在突出的位置，然后排放次要部分。此外，其他网页的设计风格应和主页的保持相同，并有返回主页的链接。

网站标志	主题栏	
导航菜单栏		
分类导航	轮播图	
站内搜索	新闻快讯	在线咨询
精品线路推荐		
特色线路推荐		
联系方式		
版权信息		

图 1-12　一个旅游网站的主页布局

（3）网站标志

网站标志（Logo）的重要作用就是表达网站的理念，便于访问者识别，广泛用于网站的链接和宣传内容。如同商标一样，网站标志是网站特色和内涵的集中体现。如果是企业网站，网站标志最好在企业商标的基础上设计，以保持企业形象的整体统一。设计网站标志的原则是以简洁、符号化的视觉艺术把网站的形象和理念展示出来。

（4）色彩和图像的运用

网页选用的背景应和网页的色调相协调，色彩搭配要遵循和谐、均衡、重点突出的原则。

在网页上添加图像应注意以下问题。一是图像是为网页内容服务的，不能让图像喧宾夺主；二是图像要兼顾大小和美观，应在保证图像质量的前提下尽量缩小图像的大小（字节数）；三是应合理地采用 GIF 和 JPEG 格式，色彩较少（256 色以内）的图像可处理为 GIF 格式，色彩比较丰富的图像最好处理为 JPEG 格式。

1.5.3　搜集素材

搜集素材实际上是前期策划阶段中最为关键的一步。在确定网站的主题以后，要围绕主题全面搜集相关的材料，这样才可以更大程度地发挥网站的作用，使网站的信息和功能趋于完善。

搜集素材主要包括以下渠道。一是免费或付费素材网站；二是社交媒体平台；三是设计资源网站。对搜集到的素材应去伪存真、去粗取精，留下合适的作为后期制作网页的素材。

此外，也可以使用 Photoshop、Fireworks、GoldWave、Premiere Pro 等工具制作或剪辑素材。

< 13 >

1.5.4 设计网页

网页设计要考虑页面构图、色彩搭配、版式设计、空间表现等方面的内容，这些内容要符合人的审美，给人以艺术美感和视觉冲击，能引起访问者的兴趣。美化网页、增加网页设计的艺术感，是为网页内容服务的。一般说来，网页包括标题、背景、主体内容、网站标志、页眉和页脚、导航栏等内容。

1. 网页内容设计

（1）标题

设计一个网页，首先要有明确的标题。标题能够体现出网页设计的目的，在很大程度上决定了网页其他元素的定位。一个好的网页标题具备概括性、简洁性、有特色、易记忆的特点，还要符合网站的总体风格，网页中的内容要紧紧围绕其标题来组织，避免出现标题与内容无关的现象。

（2）背景

网页选用的背景应该与网站整体的色彩相协调。要使网页美观，合理地使用颜色是非常重要的。如果网页属于庄重型的，可以使用蓝色作为背景，因为这样看来更加肃穆；如果网页属于情感化的，就可以使用粉红色、淡紫色等浪漫的颜色。黑色一般不常用，因为黑色太过深沉，给人以压抑感。在图案设计中，黑色通常用来勾画或点缀深沉的部分。

（3）主体内容

网页主体内容必须与标题相符，同时要兼顾内容的正确性与内容的数量。一般而言，网页的质量是与它的内容成正比的，足够丰富的内容能更好地满足访问者需求。但内容不要繁杂，同时应保证内容的趣味性。在内容组织的过程中，一定要注意特色。如果是个人主页，就要突出性格、兴趣、爱好等；如果是企业网页，就要突出企业特点、企业文化等。放置相关的内容时，应把这些内容进行分类，设置栏目，让人清楚明了。栏目不要设置太多，要注意分层，较重要的栏目最好能从主页进入，并且保证用各种浏览器都能看到较好的页面效果。

（4）网站标志

网站标志一般在网站设计初期完成。设计网页时，要注意网页风格与网站标志风格相统一。

（5）页眉和页脚

页眉是指网页顶端部分，它与整个网页的设计风格相同，设计良好的页眉会起到较好的标志作用。页眉的位置是访问者注意力较集中的地方，通常放置广告或一些重要链接等。

页脚是指网页底端部分，一般用来标注网站对应的单位的名称、地址，版权信息，以及电子邮箱等，访问者可以从这里了解到网站所有者的一些信息。

（6）导航栏

导航栏是网站设计中的一个独立部分，它的位置对网页的结构和整体布局有着很大的影响。导航栏在网页中的位置一般有 4 种——左侧、右侧、顶部和底部。为了增强网页的可访问性，可以设置多种导航栏。

2. 网页设计原则

尽管网页设计和网站开发有多种方式和技巧，但要完成一个既让访问者喜欢又便于后期维护的网站，在设计时必须要注意以下网页设计原则。

（1）内容第一、形式第二

网页作为一种媒介，提供给访问者最主要的还是网页的内容，访问者访问网页的最终目的是获取想要的知识。尽管现在有很多增加网页艺术效果和表现形式的技巧，但设计者时刻不要忘记这一点：没有人会在一个没有内容的网页上流连忘返。

（2）标题信息要醒目突出

网站中非常重要的就是网页标题，标题就像路牌一样，引导访问者在网站上进行浏览。标题要意义

< 14 >

清晰，描述性强。另外，网页标题对搜索引擎检索也有着重要影响。相对地，广告和推广的内容要适中。

（3）确保链接的有效性

在网站发布之前，要进行完整的链接测试，确保链接的有效性。为了保证网页在更新时链接正确，除外部链接外，建议网页中所有路径都采用相对路径。

（4）流畅的访问

浏览网页的过程其实就是将服务器的网页数据向本地浏览器传输的过程，当传输速度一定时，网页数据量越大，下载和显示的速度就越慢。因此在制作网页时，通常要求网页代码和图像、视频等内容必须经过优化处理。

（5）清晰的导航结构

在网页中无法找到自己期望的内容无疑是一件令人不愉快的事情，这往往不是因为访问者找错了地方，而是因为网页没有合理地提供"路标"。所有的链接应清晰无误地标识出来；所有导航性质的设置（如图像按钮等），都要有清晰的标志，让人看得明白。

（6）良好的兼容性

考虑网页代码对 Chrome、Firefox、IE 等浏览器的兼容性，进行完整的兼容性测试是网站发布前必需的工作。

（7）真实有效的客服信息

网页上的联系方式都应该是真实有效的，这直接关系到网站的维护和推广，并且代表着现实中企业的信誉。

1.5.5　网站的测试与发布

在网站发布之前，应当执行一些测试。有时网站能够在一台计算机上良好运行，但是无法保证在其他的计算机上也能良好运行，这是因为不同的计算机具有不同的操作系统、不同的浏览器、不同的屏幕大小和分辨率等。

1．网站测试

网站测试可以分为开发时的代码测试、发布之前的兼容性测试和链接测试、发布之后在 Web 服务器上执行的在线测试等。

网站测试的基本方法是验证代码并确保它符合所采用语言的规则。一些专业的 HTML 验证工具为代码检查提供了方便，检查结果可参考使用，常用的工具如下。

（1）CSE HTML Validator

CSE HTML Validator 是一个 HTML 代码检查工具，可以从网上下载使用。用户可以用其打开文件或把 HTML 文档拖放到 CSE HTML Validator 上，它会自动检查所有 HTML 标记，并用简单的英语报告错误位置，还可以更改标记的大小写。这个工具还有检测 CSS 语法、URL 链接和拼写错误的功能。

（2）W3C 验证器

W3C 官网提供的 W3C 验证器支持 HTML 标记验证、CSS 验证和链接验证。W3C 验证器允许用户输入网站的 URL 或者从计算机中上传一个网页。完成在线检测后，该验证器将提供检测结果用于参考。

一些在线评估检测工具提供了在线的检测服务。使用时，只要输入地址就可以获取网站的检测报告。这些工具都基于规则，它们并不能理解网站的内容。例如，虽然这些工具能够检测每幅图像中是否使用 alt 属性，但是不能检测使用的备选文本是否有助于理解图像的意义。

2．网站发布

网站发布包括用户创建独立服务器和使用虚拟主机两种方法。

我们可以在自己的计算机上安装服务器软件，使之成为一台 Web 服务器，将网站发布到 Web 服务

< 15 >

器上供其他用户访问。作为 Web 服务器的计算机必须有一个固定的 IP 地址,这样才能通过这个固定的 IP 地址访问这台服务器。

网站发布的另一种方法是将网站上传到专门的 Web 服务器上。在互联网上,有很多主机服务提供商专门为中小网站提供 Web 服务器。只要将网站上传到这样的 Web 服务器上,网站就能够被用户访问了。主机服务提供商的每一台 Web 服务器上通常都放置了很多网站,但用户只能看到自己访问的网站,因此这种网站的存放方式被称为"虚拟主机"。申请虚拟主机包括注册域名、虚拟空间申请、上传和发布等阶段。

1.5.6 网站的维护与推广

网站建设完成之后,还需要经过一系列的维护与推广操作,才能够实现网站的正常运营。网站维护通常包括:根据用户访问需求,定时更新与管理网站内容;防范黑客入侵,做好网站安全管理。

网站推广渠道主要有搜索引擎、微信公众号、友情链接、网上广告等。

1.6 应用示例

规划建立一个主题为"classical"的本地网站,并建立一个网页文件 index.html,浏览结果如图 1-13 所示。

图 1-13　网页浏览结果

1. 规划网站结构

拟规划"推荐""名句赏析""读经典""读者社区"等 4 个栏目,建立目录 pages 存放 4 个栏目的网页,每个栏目独立建立一个子目录。建立目录 images 存放图像素材,其他素材根据需求建立相应的目录。网页文件 index.html 建立在网站的根目录下,形成的网站目录结构如图 1-14 所示。

其中,recommendation、appreciation、reading、forum 对应规划的 4 个栏目,images 和 source 目录分别用于存储图像和其他各类资源。

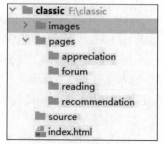

图 1-14　网站目录结构

< 16 >

2．在 WebStorm 中建立网站

启动 WebStorm，执行 "File/Open" 命令，打开规划的网站目录（F:\classic），就会创建一个网站。

3．创建网页文件 index.html

创建文件并书写代码，步骤如下。

（1）在 WebStorm 环境下，执行 "File/New/HTML File" 命令，在网站根目录下创建 index.html 文件，自动生成 HTML 文件框架。

（2）在代码窗口中书写代码，如示例代码 1-1 所示。

（3）保存文件后在浏览器中浏览。

示例代码 1-1　index.html

```html
<!DOCTYPE html>
<html>
<head>
    <meta charset="UTF-8">
    <title>读《诗经》</title>
</head>
<body>
<img src="images/banner1024.jpg"  title="诗经"/>
<h3>
    《诗经》中的经典
</h3>
<hr/>
<p>● 它山之石，可以攻玉。——《诗经·小雅》</p>
<p>● 桃之夭夭，灼灼其华。——《诗经·国风》</p>
<p>● 窈窕淑女，君子好逑。——《诗经·周南》</p>
<p>● 琴瑟在御，莫不静好。——《诗经·国风》</p>
<p>● 北风其凉，雨雪其雱。惠而好我，携手同行。——《诗经·国风》</p>
<p>● 高山仰止，景行行止。——《诗经·小雅》</p>
<p>● 死生契阔，与子成说。执子之手，与子偕老。——《诗经·国风》</p>
</body>
</html>
```

网站目录结构及 index.html 文件代码如图 1-15 所示。

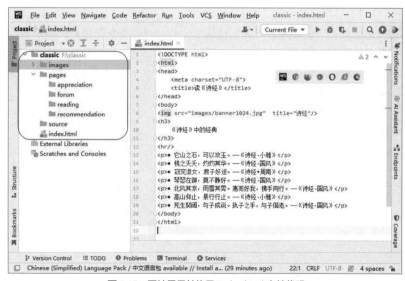

图 1-15　网站目录结构及 index.html 文件代码

< 17 >

示例代码 1-1 中，使用 <img> 标记在网页中插入了图片，使用 <h3> 标记定义了一个标题，网页内容用 <p> 标记描述，这些内容将在第 2 章介绍。示例代码 1-1 中还没有实现网页元素的样式控制，例如，没有设置文字、图片居中对齐，没有设置文字的间距和颜色，也没有设置文字的缩进，涉及的样式主要使用后续章节的 CSS 来设置。

本章小结

本章介绍了访问 Web 站点的过程、Web 标准、Web 前端开发工具和网站建设的流程等内容。

（1）访问 Web 站点的过程中，浏览器与服务器、WWW 与万维网、IP 地址与域名等是非常基本的概念。网站制作还涉及网站、网页、静态网页和动态网页等概念，这些是 Web 前端开发必备的知识。

（2）Web 标准由一系列标准构成。网页标准通过 3 部分来描述：结构、表现和行为。就网站开发而言，Web 标准中的结构标准、表现标准和行为标准对应 3 种常用的技术，即 HTML、CSS 和 JavaScript。HTML 用来描述网页的结构和内容，CSS 用来设计网页的表现形式，JavaScript 用来控制网页的行为，这 3 种技术是本书的内容。

（3）网站建设的流程可以划分为前期策划、中期制作和后期维护 3 个阶段，具体包括确定网站的主题、规划网站的结构、搜集素材、设计网页、网站的测试与发布、网站的维护与推广等任务。

习题 1

1. 简答题

（1）简要说明访问 Web 站点的过程。

（2）说明网站、网页、静态网页和动态网页的含义。

（3）组成网页的内容有哪些？

（4）Web 标准包括哪些内容？

（5）说明下列英文缩写的含义。

HTML、CSS、ECMA、DOM、HTTP、URL、XML、DNS、IP、FTP。

2. 实践题

（1）在互联网上找出一个使用静态网页制作技术制作的网站和一个使用动态网页制作技术制作的网站，注意观察它们的区别。

（2）在计算机上安装 Chrome 浏览器，使用 Chrome 浏览器和其他已有的浏览器（如 360 安全浏览器）查看"中国知网"主页的源代码。

（3）用文本编辑工具 Notepad3 或"记事本"程序编写一个 HTML 文件，保存文件，然后在浏览器中打开，内容要求如下。

① 插入文字"欢迎您学习 HTML5+CSS3+JavaScript Web 前端开发技术"，居中对齐。

② 添加水平线。

（4）策划一个关于你的个人网站，结合本章介绍的网站建设的流程写一个简要的策划书，内容涵盖网站主题、目录结构、主页设计等方面。

< 18 >

第 2 章 静态网页制作——使用 HTML 技术

本章导读

设计网页时，首先要将文字、图像和音频等元素按照一定的结构置于网页中，然后设计网页样式。按照 Web 标准，在网站开发过程中，网页的结构和内容对应于 HTML 技术。组织 HTML 文档中的文字、图像等元素属于静态网页制作技术。本章将介绍 HTML 和 HTML5 静态网页制作技术。

知识要点

- 了解 HTML 和 HTML5 的发展过程。
- 在网页中插入文字、表格、图像等元素，并设置网页元素的格式。
- 使用超链接、表单设计网页。
- 使用表格及内嵌框架实现简单的网页布局。

2.1　HTML 概述

HTML 元素、
属性和格式化

2.1.1　HTML

1．HTML 的含义

HTML 是用于描述网页文档的一种标记语言。最初设计 HTML 的目的是把存放在一台计算机中的文本或图像与另一台计算机中的文本或图像方便地联系在一起，形成一个整体。HTML 旨在让所有的用户都能得到一致的信息，不会因为用户的硬件、软件、语言、地理位置等而有任何差别。此后，所有的浏览器都按照 HTML 编写解释器，保证使用 HTML 编写的网页的表现一致。

HTML 最早由欧洲核子研究中心的伯纳斯–李（Berners-Lee）发明，后来成为图文浏览器 Mosaic 的网页解释语言，并随着 Mosaic 的流行而逐渐成了网页解释语言的事实标准。

HTML 标准由 W3C 负责开发和制定。各种 HTML 标准的推出一般先由 W3C 委员会根据各厂商的建议制定草案（draft），然后将草案公开并进行讨论，最后形成推荐（recommendation，一般简称为 REC）标准。

2．HTML 的发展

HTML 自 1989 年首次应用于网页编辑后，便迅速崛起成为网页编辑的主流语言。几乎所有的网页都是由 HTML 或者以其他编程语言代码嵌入 HTML 代码中编写的。目前已经发布的 HTML 版本如表 2-1 所示。

表 2-1　目前已经发布的 HTML 版本

版　　本	发布日期	版　　本	发布日期
HTML 3.2	1997.1	HTML 4.01	1999.12
HTML 4	1997.12	HTML5	2014.10（正式推荐标准）

　　HTML 之所以没有 1.0 版本，是因为早期存在着很多不同版本的 HTML。当时 W3C 并未成立，HTML 在 1993 年 6 月作为因特网工程任务组（Internet engineering task force，IETF）的一份草案发布，但并未被推荐为正式规范。

　　在 IETF 的支持下，根据之前的通用实践，1995 年，发布了 HTML 2.0。但是，HTML 2.0 是作为 RFC（request for comments，征求意见稿）1866 发布的，其后经过多次修改。尽管后来的 HTML+ 和 HTML 3 中也采用了很多好的建议，并添加了大量丰富的内容，但当时这些版本还未能上升到创建一个规范的程度。因此，许多厂商实际上并未严格遵守这些版本的格式。

　　1996 年，W3C 的 HTML 工作组整理和编撰了通用的实践格式，并于 1997 年公布了 HTML 3.2 规范。同期 IETF 宣布解散 HTML 工作组，从此由 W3C 开始开发和维护 HTML 规范。

　　HTML 4 于 1997 年 12 月被 W3C 认定为正式推荐标准，并于 1999 年 12 月推出修订版 HTML 4.01。这个版本被证明是非常合理的，它引入了样式表、脚本、框架、嵌入对象、双向文本显示、更具表现力的表格、增强的表单等。

　　2014 年 10 月，W3C 发布 HTML5 的正式推荐标准，从此 Web 前端开发进入了"HTML5 时代"。

2.1.2　HTML5

　　在 HTML 4.01 发布之后，HTML 规范长时间处于停滞状态，W3C 转向开发 XHTML，陆续发布了 XHTML 1 规范和 XHTML 2 规范。但 XHTML 2 规范越来越复杂，并没有被浏览器厂商接受。

　　与此同时，Web 超文本应用程序技术工作组（Web hypertext application technology working group，WHATWG）则认为 XHTML 并非厂商所需要的，于是继续开发 HTML 的后续版本，并定名为 HTML5。随着万维网的发展，WHATWG 的工作获得了很多厂商的支持，并最终获得 W3C 认可，W3C 终止了 XHTML 的开发，重新启动 HTML 工作组，在 WHATWG 工作的基础上开发 HTML5，并最终发布 HTML5 规范。

　　2012 年 12 月，W3C 宣布凝结了大量网络工作者心血的 HTML5 规范正式定稿。W3C 在发言稿中称："HTML5 是开放的 Web 网络平台的奠基石"。2014 年 10 月，W3C 发布 HTML5 的正式推荐标准，这份技术规范意味着 HTML5 的功能特性已经完成定义，对于企业和开发者而言，他们有了一个可以参照来规划和实现网页的规范。

　　HTML5 有两个特点：一是强化了 Web 网页的表现性能，二是追加了本地数据库等 Web 应用的功能。广义的 HTML5 实际上指的是包括 HTML、CSS 和 JavaScript 在内的一套技术组合，它能够减少浏览器对于"需要插件的丰富性网络应用服务"（plug-in-based rich Internet application）——如 Adobe Flash、微软 Silverlight 与 Oracle JavaFX——的需求，并且提供更多能有效增强网络应用的标准集。

　　HTML5 目前已在 Web 前端开发中广泛应用，得到绝大多数浏览器的支持，包括 Chrome、Firefox、IE、Safari、Opera、360 安全浏览器等。

2.1.3　HTML 文档

　　HTML 文档分为文档头和文档体两部分。文档头包括字符编码、关键字和标题等内容，文档体中包括要显示的文本、图像、视频等内容。

< 20 >

1．HTML 文档结构

HTML 文档结构主要由<html>、<head>、<body>等标记组成，代码如下。

```
<html>
  <head>
  ...
  </head>
  <body>
  ...
  </body>
</html>
```

在 HTML 文档结构代码中，最外层的<html>和</html>标记说明该文档是 HTML 文档。有时读者也会看到一些省略<html>标记的文档，这是因为扩展名为.html 或.htm 的文档被 Web 浏览器默认为 HTML 文档。

<head>和</head>标记内包括文档头（网页的头部）信息，一般包括标题和字符编码等，也可以在其中嵌入样式信息或 JavaScript 脚本程序属性，这部分信息不会显示在网页正文中。

<body>和</body>标记是文档体（网页的主体）信息，是显示在页面上的内容，包括文字、表格和图像等。

2．HTML 元素

一个 HTML 文档是由一系列的元素和标记（tag）组成的，元素指的是从开始标记（start tag）到结束标记（end tag）的所有代码。元素的内容是开始标记与结束标记之间的内容，HTML 元素如表 2-2 所示。

表 2-2　HTML 元素

开始标记	元素内容	结束标记
<p>	这是一个段落	</p>
<a href="">	这是一个超链接	</a>

HTML 用标记来规定元素的属性和它在文档中的功能，标记的基本格式如下：

```
<标记>内容</标记>
```

标记通常成对出现，使用时必须用角括号"<>"括起来，以开头无斜线的标记开始，以有斜线的标记结束，这种标记称为双标记。例如，<p>表示段落的开始，</p>表示段落的结束。还有一些标记被称为单标记，即只需单独使用就能完整地实现标记的功能，例如，
就是常用的单标记，表示文本换行。

标记可以嵌套使用，即标记中还可以包含标记，如表格中包含行对应的标记、列对应的标记或其他标记。

3．HTML 元素的属性

元素的属性用于描述标记的特性或样式，每个属性总是对应一个属性值，称为"属性/值"对，语法格式如下。

```
<标记 属性1 ="属性值1" 属性2 = "属性值2" ...>...</标记>
```

一个标记中可以定义多个"属性/值"对，属性之间通过空格分隔，可以按任何顺序出现。属性名不区分大小写，但不能在一个标记中定义同名的属性。

标记中的属性值需用半角的双引号或半角的单引号括起来。如果不为属性值使用引号，则属性值中只能包含英文字母（a~z 以及 A~Z）、数字（0~9）、连接号（-）、圆点句号（.）、下画线（_）以及冒号（:）。

< 21 >

HTML5 已经不再支持<font>、<center>等早期的 HTML 标记。这些标记的功能可以通过 style 属性来实现。style 属性被称为行内样式，作用是定义指定标记的文字大小、颜色、背景色等样式。style 属性的书写格式如下。

```
<标记 style = "属性1:属性值1; 属性2:属性值2;">...</标记>
```

一个 style 属性中可以放置多个样式的属性，每个属性对应相应的属性值，属性之间用分号隔开，下面的代码用 style 属性定义了红色的文字段落。

```
<p style="color:#ff0000;">红色可以用来表示热烈奔放</p>
```

W3C 提倡在定义属性值时使用引号，这样可以使代码更加规范，也方便与未来的标准衔接。style 标记及其属性将会在第二篇中详细介绍。

4．HTML 的颜色表示

在 HTML 中，颜色有两种表示方式。一种是用预定义的颜色英文名称表示，比如 blue 表示蓝色，red 表示红色；另外一种是用 16 进制的数值表示 RGB 值。

RGB 是 red、green、blue 的首字母缩写，即红、绿、蓝三原色。RGB 每个原色的最小值是 0（16 进制为 0），最大值是 255（16 进制为 ff）。

RGB 值的表示方式为#rrggbb。其中红、绿、蓝 3 色对应的取值范围都是 00～ff，如白色的 RGB 值(255,255,255)用#ffffff 表示，黑色的 RGB 值(0,0,0)用#000000 表示。

5．HTML 文档的书写规范

（1）所有标记都要用角括号（<>）括起来，这样浏览器才会知道角括号内的标记是 HTML 命令。

（2）对于成对出现的标记，最好同时输入开始标记和结束标记，以免遗漏。

（3）采用标记嵌套方式可以为同一个信息应用多个标记。

（4）标记和属性名不区分大小写，例如，将<head>写成<Head>或<HEAD>都可以。

（5）任何空格或换行符在代码中都无效，插入空格或换行符有专门的标记，分别是 、
。可以在不同标记间用<Enter>键换行使代码结构更清晰。

（6）标记中不要有空格，否则浏览器可能无法识别，例如不能将<title>写成<t itle>。

（7）标记中的属性值要使用双引号或单引号包含。

2.1.4 建立 HTML 文档

下面使用文本编辑工具 Notepad3 编写一个 HTML 文档。Notepad3 是开源软件，可以免费下载。读者应当按照 HTML 文档的书写规范，按下面步骤来建立文档。

（1）打开 Notepad3 文本编辑工具，输入示例代码 2-1 中的代码，搭建好 HTML 文档的结构，把 HTML 文档的头部、主体写好。一些 Web 前端集成开发环境会自动生成结构代码，对于初学者，可以手动输入结构代码。

（2）在<head></head>间插入头部信息。

（3）在<body></body>间写两段代码，插入横幅图像和文字。

（4）以 demo0201.html 为文件名保存该文档，在 Chrome 浏览器中的浏览结果如图 2-1 所示。

示例代码 2-1　demo0201.html

```
<!DOCTYPE html>
<html>
<head>
    <meta charset="UTF-8">
```

< 22 >

```
    <title>读《大学》</title>
</head>
<body>
<img src="images/banner1024.jpg" style="width:980px; height:200px; "title="大学"/>
<p>《大学》经典</p>
</body>
</html>
```

图 2-1　插入图像和文字后的浏览结果

继续在文档中输入示例代码 2-2 中的文字内容，保存文档为 demo0202.html，网页的浏览结果如图 2-2 所示。

示例代码 2-2　demo0202.html

```
<!DOCTYPE html>
<html>
<head>
    <meta charset="UTF-8">
    <title>读《大学》</title>
</head>
<body>
<img src="images/banner1024.jpg" style= "width:980px;height:200px; "title="大学"/>
<p>《大学》经典</p>
<hr/>
<p>文：<b>致知在格物。</b></p>
<p>译：要想知识丰富，就要研究事物的道理。</p>
<p>悟：知识丰富，意念真诚，关键在于"格物致知"。</p>
<hr/>
<p>文：<b>心诚求之，虽不中，不远矣。</b></p>
<p>译：做事内心真诚，虽然不能达到目标，也不会相差很远。</p>
<p>悟：内心真诚的重要性。</p>
</body>
</html>
```

图 2-2　网页的浏览结果

< 23 >

在上面的代码中，<img>是图像标记，<p>是段落标记，<hr/>是水平线标记，这些内容将在后文中介绍。本节主要介绍了 HTML 文档结构。在编写 HTML 文档时，换行、缩进、加注释等的代码都要按照规范书写，以避免代码书写错误，也便于以后查看和修改。

2.2 文本元素

HTML 文本元素的标记包括标题标记、段落标记、块标记等，这些标记主要用于描述 HTML 文档的内容。一些文本元素的标记，例如用于设置文字的字体、字号、颜色等属性的<font>标记，用于设置斜体、删除线、下画线等的标记，这些标记可以用 CSS 样式代替，HTML5 已经不支持，本节不介绍。

2.2.1 标题标记<hn>

在 HTML 中，合理使用标题可以使文档结构更为清晰，并有利于搜索引擎检索。标题是通过<h1>~<h6>这 6 个标记进行定义的。<h1>定义字体最大的标题，<h6>定义字体最小的标题。

示例代码 2-3 应用<h1>、<h2>、<h3>等 3 个标记定义了 3 级标题，浏览结果如图 2-3 所示。

图 2-3　3 级标题的浏览结果

示例代码 2-3　demo0203.html

```html
<!DOCTYPE html>
<html>
<head>
    <meta charset="UTF-8">
    <title>标题示例</title>
</head>
<body>
<img src="images/banner1024.jpg" style="width:980px; height:200px; " title="大学"/>
<h1>欲诚其意者，先致其知。致知在格物。</h1>
<h2>欲诚其意者，先致其知。致知在格物。</h2>
<h3>欲诚其意者，先致其知。致知在格物。</h3>
</body>
</html>
```

2.2.2 段落标记<p>和换行标记

不论是在普通文档，还是在网页中，合理地划分段落会使文字表达更加清晰。在 HTML 中，段落标记<p>用来描述段落。网页显示时，包含在<p></p>标记对中的内容会显示在一个段落里。如果想另起一行（不分段），可使用换行标记
。

示例代码 2-4 运用段落标记和换行标记实现了一个内容以文字为主的网页。

示例代码 2-4　demo0204.html

```html
<!DOCTYPE html>
<html>
<head>
```

< 24 >

```
  <meta charset="UTF-8">
  <title>读《大学》</title>
</head>
<body>
  <img src="images/banner1024.jpg" style="width:980px; height:200px; " title="
大学"/>

  <h3>格物，致知</h3>
  <p style="color:#000">格物，推究事物的原理；致知，获得知识。</p>
  <p>格物致知是什么？就是通过探查事物而得到知识。<br/>    任何一
个新知识的获得，任何一个新事物的发明，都是建立在不断探查新事物之上的…… </p>
  <hr/>
  <p>《大学》:格物致知的目的是使人达到诚意、正心、修身、齐家、治国的目的，从而追求儒家的最
高理想——平天下。</p>
  <p>在这个科技发展、知识爆炸的时代，我们必须不断推敲身边的事物，并学习好科学与文化，从探
查事物中求得真知……</p>
</body>
</html>
```

示例代码 2-4 中的字符串 " " 用于在正文中插入空格，<hr/>用于添加水平线，style 用于定义该元素的属性。在浏览器中的显示效果如图 2-4 所示。

图2-4　段落标记和换行标记的应用

2.2.3　块标记<div>和<span>

块标记<div>和<span>都是定义网页内容的容器，多用于编排网页布局，本身没有具体的显示效果。这两个标记的显示效果由 style 属性或 CSS 来定义。

div 是一种块（block）元素，默认的状态是占据一行，而 span 是一个行内（inline）元素，其默认状态是行的一部分，占据行的长短由内容的多少决定。示例代码 2-5 分别定义了 2 个 div 元素和 2 个 span 元素，浏览结果如图 2-5 所示。为了区分 div 元素和 span 元素，在其 style 属性中设置了背景色。

示例代码 2-5　demo0205.html

```
<!DOCTYPE HTML>
<html>
<head>
<meta charset="utf-8">
<title><div>和<span>标记示例</title>
</head>
<body>
   <div style="background-color:#3399FF">块元素 1</div>
   <div style="background-color:#99DDEE">块元素 1</div>
   <span style="background-color:#FFCCFF">行内元素 1</span>
   <span style="background-color:#993399">行内元素 2</span>
</body>
</html>
```

< 25 >

图 2-5　<div>和<span>标记的应用

2.3 列表元素

借助 HTML 的列表元素可以对网页内容进行更好的布局和定义。所谓列表，就是在网页中将项目有序或无序地罗列显示。列表项目以项目符号开始，有利于将不同的内容分类呈现，并突出重点。HTML中有 3 种列表——有序列表、无序列表和自定义列表。

2.3.1 有序列表标记<ol>

有序列表是一个列表项目序列，各列表项目前标有数字以表示顺序。有序列表由<ol></ol>标记对实现，可以在<ol>和</ol>标记之间使用成对的<li>和</li>标记添加列表项目（也称列表项）。定义有序列表的语法格式如下。

```
<ol type="" start="">
    <li>列表项</li>
    <li>列表项</li>
    <li>列表项</li>
    ...
</ol>
```

默认情况下，有序列表的列表项前显示 1、2、3……序号，从数字 1 开始计数。可以使用 type 属性修改有序列表序号的样式，也可以使用 start 属性设置有序列表序号的起始值。有序列表 type 属性的具体取值及说明如表 2-3 所示。

表 2-3　有序列表 type 属性的具体取值及说明

取　值	说　明	取　值	说　明
1	数字 1、2……	i	小写罗马数字 i、ii……
a	小写字母 a、b……	I	大写罗马数字 I、II……
A	大写字母 A、B……		

示例代码 2-6 中定义了 2 组有序列表。第 1 组有序列表定义了 2 个列表项，采用有序列表默认样式；第二组有序列表定义了 3 个列表项，type 属性的值设置为"a"，start 属性的值设置为"3"，即设置有序列表序号的样式为小写字母，并以字母 c 作为起始值。浏览结果如图 2-6 所示。

示例代码 2-6　demo0206.html

```
<!DOCTYPE HTML>
<html>
<head>
    <meta charset="utf-8">
    <title>有序列表样式</title>
</head>
```

< 26 >

```
<body>
    <!--有序列表默认样式-->
    <ol>
        <li>格物致知、诚意正心</li>
        <li>修身、齐家、治国、平天下</li>
    </ol>
    <!--修改有序列表序号的样式及起始值-->
    <ol type="a" start="3">
        <li>勤学、修德</li>
        <li>明辨、笃实</li>
        <li>爱国、励志、求真、力行</li>
    </ol>
</body>
</html>
```

图 2-6 有序列表的浏览结果

有序列表的列表项中可以加入段落、图像、链接和其他列表等。

2.3.2 无序列表标记<ul>

无序列表同样是一个列表项目序列，不用数字而用符号标识每个列表项。无序列表由<ul></ul>标记对实现，可以在<ul>和</ul>标记之间使用成对的<li>和</li>标记添加列表项。定义无序列表的语法格式如下。

```
<ul type="">
    <li>列表项</li>
    <li>列表项</li>
    <li>列表项</li>
    ...
</ul>
```

默认情况下，无序列表的每个列表项前显示黑色实心圆点。可以使用 type 属性修改无序列表符号的样式，无序列表 type 属性的具体取值及说明如表 2-4 所示，其中，type 属性的值必须小写。

表 2-4 无序列表 type 属性的具体取值及说明

取　　　值	说　　　明
disc	黑色实心圆点（默认）
circle	空心圆圈
square	方形

示例代码 2-7 定义了 2 组无序列表，第 1 组无序列表的每个列表项前显示默认的黑色实心圆点；第 2 组无序列表的 type 属性的值设置为 "circle"，即无序列表符号的样式为空心圆圈。浏览结果如图 2-7 所示。

示例代码 2-7 demo0207.html

```
<!DOCTYPE HTML>
<html>
<head>
    <meta charset="utf-8">
    <title>无序列表样式</title>
</head>

<body>
<!--无序列表符号默认为黑点实心圆点-->
```

< 27 >

```
<ul>
    <li>格物致知、诚意正心</li>
    <li>修身、齐家、治国、平天下</li>
</ul>
<!--修改无序列表符号为空心圆圈-->
<ul type="circle">
    <li>勤学、修德</li>
    <li>明辨、笃实</li>
    <li>爱国、励志、求真、力行</li>
</ul>
</body>
</html>
```

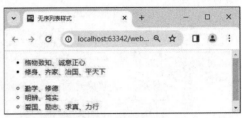

图 2-7　无序列表的浏览结果

无序列表的列表项中可以加入段落、图像、链接和其他列表等。

2.3.3　自定义列表标记<dl>

自定义列表不是一个列表项目序列，它由名称和对应的说明组成。自定义列表以<dl>标记开始，自定义列表中的名称以<dt>标记开始，自定义列表中的说明以<dd>标记开始。自定义列表的语法格式如下。

```
<dl>
    <dt>名称<dd>说明
    <dt>名称<dd>说明
    <dt>名称<dd>说明
    ...
</dl>
```

<dt>标记定义了组成列表项的名称部分，该标记只能在<dl>标记中使用。<dd>标记用于解释说明<dt>标记所定义的名称，该标记也只能在<dl>标记中使用。

示例代码 2-8 定义了自定义列表，浏览结果如图 2-8 所示。

示例代码 2-8　demo0208.html

```
<!DOCTYPE HTML>
<html>
<head>
    <meta charset=utf-8>
    <title>自定义列表示例</title>
</head>
<body>
<dl>
    <dt>格物致知<dd>推究事物的原理来获得知识
    <dt>止于至善<dd>使人追求至善
</dl>
</body>
</html>
```

图 2-8　自定义列表的浏览结果

自定义列表的说明（<dd>标记）中可以加入段落、图像、链接和其他列表等。

HTML 的文档
结构元素

2.4　HTML5 的文档结构元素

HTML5 为了使文档结构更加清晰、容易阅读，增加了几个与页眉、页脚、主体内容等内容区块相关联的结构元素。需要指出，这些结构元素是增强了语义的 div 元素，是对网页进行

< 28 >

逻辑分割后的单位，并没有显示效果。与 div 一样，即使删除这些结构元素，也不影响网页的显示效果。

HTML5 的文档结构元素包括 article、section、nav、aside、header、footer 等。

1．article 元素

article 元素表示网页中独立的、完整的、可以独自被外部引用的内容。例如，微博的一篇文章、论坛的一篇帖子、用户的一段评论等，网页中主体内容或其他任何独立的内容都可以用 article 元素来描述。

除了内容部分，一个 article 元素通常有它自己的标题（一般在 header 元素中），有时还有自己的脚注。如果 article 元素描述的结构中包括不同层次的独立内容，article 元素是可以嵌套使用的，嵌套时，内层的内容在原则上应当与外层的内容相关联。

示例代码 2-9 使用 article 元素描述网页结构，浏览结果如图 2-9 所示，其中的 header 和 footer 元素将在后面介绍。如果删除这几个标记，网页显示效果是没有变化的。

示例代码 2-9　demo0209.html

```
<!DOCTYPE html>
<html>
<head>
    <meta charset="utf-8">
    <title>article 元素示例</title>
</head>
<body>
<article>
    <header>
        <h1>中华传统文化</h1>
        <p>中华文明底蕴深厚，积淀千年博大精深</p>
    </header>

    <p><b>《大学》</b>，论述儒家修身齐家治国平天下思想的经典。秦汉时儒家作品，是一部中国古代讨论教育理论的重要著作。</p>
    <p><b>《论语》</b>，记录思想家、教育家孔子及其弟子的言行，较为集中地体现了孔子及儒家学派的伦理思想、道德观念、教育原则等。</p>

    <footer>
        <p>
            <small>激活经典，熔古铸今，从中华传统文化中汲取力量。</small>
        </p>
    </footer>
</article>
</body>
</html>
```

2．section 元素

一个 section 元素通常由内容及标题组成。但 section 元素不是一个普通的容器元素。当一个容器需要被直接定义样式或通过脚本定义行为时，推荐使用 div 元素而非 section 元素。

section 元素可以这样理解：section 元素包含的内容可以单独存储到数据库中或输出到 Word 文档中。section 元素的作用是对网页的内容进行分块，或者说对文章进行分段，但要避免与"有完整、独立的内容"的 article 元素混淆。实际应

图 2-9　文档结构元素 article 的应用

< 29 >

用中，section 元素和 article 元素有时很难区分。事实上，在 HTML5 中，article 元素可以看成一种特殊类型的 section 元素。section 元素强调分段或分块，article 元素强调整体性和独立性。具体来说，当一块内容相对比较完整、独立的时候，使用 article 元素会使语义更加明确。

示例代码 2-10 是关于 section 元素的应用，同时包括 section 元素与 article 元素的比较。

示例代码 2-10   demo0210.html

```
<!DOCTYPE html>
<html>
<head>
    <meta charset="utf-8">
    <title>section 和 article 元素</title>
</head>
<body>
<article>
    <header>
        <h1>中华传统文化</h1>
        <p>中华文明底蕴深厚，积淀千年博大精深</p>
    </header>
    <section>
        <h3>《大学》</h3>
        <p>论述儒家修身齐家治国平天下思想的经典。秦汉时儒家作品，是一部中国古代讨论教育
理论的重要著作。</p>
    </section>
    <section>
        <h3>《论语》</h3>
        <p>记录思想家、教育家孔子及其弟子的言行，较为集中地体现了孔子及儒家学派的伦理思
想、道德观念、教育原则等。</p>
    </section>

    <footer>
        <p>
            <small>激活经典，熔古铸今，从中华传统文化中汲取力量。</small>
        </p>
    </footer>
</article>
</body>
</html>
```

在上述代码中，article 元素内包含 section 元素，这不是固定模式。实际上，经常有 section 元素包含 article 元素的情况，主要看是强调分块还是强调独立性。关于 section 元素的使用可以参考下面的规则。

（1）section 元素不是用作设置样式的网页容器，使用 div 元素作为容器更具一般性。

（2）如果 article 元素、aside 元素或 nav 元素更符合使用场景需求或语义描述，不要使用 section 元素。

（3）section 元素内部应当包括标题。

3．nav 元素

nav 元素可用于定义网页导航的链接组，其中的导航元素链接到其他网页或当前网页的其他部分。并不是所有的链接组都需要用 nav 元素描述，只需要将主要的、基本的链接组放进 nav 元素中即可。例如，在页脚中通常会有一组链接，包括服务条款、首页、版权声明等，这时使用 footer 元素最恰当。一个网页中可以拥有多个 nav 元素，作为网页整体或不同部分的导航。

示例代码 2-11 展示了 nav 元素的应用。在示例代码 2-11 中，一个网页由几个部分组成，每个部分都带有链接，但这里只将最主要的链接用 nav 元素描述。浏览结果如图 2-10 所示。

< 30 >

示例代码 2-11 demo0211.html

```html
<!DOCTYPE html>
<head>
    <meta charset="utf-8">
    <title>nav 元素示例</title>
</head>
<body>
<h1>中华传统文化</h1>
<nav>
    <ul>
        <li><a href="#">文学经典</a></li>
        <li><a href="#">中国建筑</a></li>
        <li><a href="#">宗教哲学</a></li>
        ...more...
    </ul>
</nav>
<article>
    <header>
        <h1>四书五经</h1>
        <nav>
            <ul>
                <li><a href="">《大学》</a></li>
                <li><a href="">《论语》</a></li>
                ...more...
            </ul>
        </nav>
    </header>
    <article id="daxue">
        <section>
            <h3>《大学》</h3>
            <p>论述儒家修身齐家治国平天下思想的经典……</p>
        </section>
        ...more...
    </article>
    <article id="lunyu">
        <section>
            <h3>《论语》</h3>
            <p>记录思想家、教育家孔子及其弟子的言行……</p>

        </section>
        ...more...
        <footer>
            <p>
                <a href="edit">编辑</a> |
                <a href="delete">删除</a> |
                <a href="rename">提交</a>
            </p>
        </footer>
    </article>
    <footer>
        <p>
            <small>激活经典, 熔古铸今, 从中华传统文化中汲取力量。</small>
        </p>
    </footer>
</article>
</body>
```

< 31 >

示例代码 2-11 中，第 1 个 nav 元素用于网页之间的导航，第 2 个 nav 元素放置在 article 元素中，用作网页中两个组成部分的页内导航。

nav 元素的应用场景包括传统的导航条、侧边栏导航、网页内部导航、翻页操作等。

4．aside 元素

aside 元素用来表示当前网页或主要内容的附属信息部分，它可以包含与当前网页或主要内容相关的引用、侧边栏、广告、导航条，以及其他类似的有别于主要内容的部分。

aside 元素主要有以下 2 种使用方法。

（1）被包含在 article 元素中作为主要内容的附属信息部分，其中的内容可以是与当前网页相关的参考资料、名词解释等。

（2）在 article 元素之外使用，作为主要内容的附属信息部分，典型的形式是侧边栏，其中的内容可以是友情链接、文章列表、帖子等。

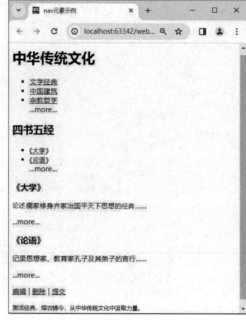

图 2-10 文档结构元素 nav 的应用

5．header 元素

header 是一种具有引导和导航作用的文档结构元素，通常用来放置整个网页或网页内的一个内容区块的标题，但也可以包括表格、网站标志等内容。整个网页的标题应该放在网页的开头，用如下所示的格式书写网页的标题更有助于理解文档的结构。

```
<header><h1>网页标题</h1></header>
```

这里需要强调一点，一个网页内并未限制 header 元素的个数，一个网页可以拥有多个 header 元素，因此可以为每个内容区块加一个 header 元素。

6．footer 元素

footer 元素一般作为其上层容器元素的脚注。footer 元素包含脚注信息，如作者、相关阅读链接及版权信息等。在 HTML5 出现之前，编写页脚的代码如下。

```
<div id="footer">
  <ul>
    <li>版权信息</li>
    <li>站点地图</li>
    <li>联系方式</li>
  </ul>
<div>
```

HTML5 使用了更加语义化的 footer 元素来替代，代码如下。

```
<footer>
  <ul>
    <li>版权信息</li>
    <li>站点地图</li>
    <li>联系方式</li>
  </ul>
</footer>
```

< 32 >

与 header 元素一样，一个网页中也未限制 footer 元素的个数。同时，可以在 article 元素或 section 元素中添加 footer 元素。

除了上面介绍的各种文档结构元素，还有 address、hgroup、time 等元素，这些元素都可作为语义或结构元素，这里不赘述。

2.5 超链接元素

超链接属性及其使用

在浏览网页时，单击一幅图像或者一段文字有时可以跳转到其他网页，这是通过超链接来实现的。

2.5.1 超链接标记<a>

在 HTML 文件中，超链接使用标记<a>来定义，超链接地址通过<a>标记的 href 属性来说明。定义超链接的语法格式如下。

```
<a href="url" target="targetwindow" >超链接标题</a>
```

（1）超链接标题可以是文字、图像或其他网页元素。

（2）href 属性定义了超链接目标文件的 URL。

（3）target 属性指定用于打开超链接的目标窗口，默认是原窗口，target 属性的值及说明如表 2-5 所示。

表 2-5　target 属性的值及说明

属 性 值	说 明
parent	在当前窗口的上级窗口中打开，一般在框架中使用
blank	在新窗口中打开
self	在同一窗口中打开，和默认值一致
top	在浏览器的整个窗口中打开，忽略任何框架

下面的代码为文字"人邮教育"定义了超链接。

```
<a href="http://www.ryjiaoyu.com" >人邮教育</a>
```

超链接目标文件为人邮教育社区首页的 URL "http://www.ryjiaoyu.com"。网页在浏览器中加载后，单击超链接文字"人邮教育"，就可以在当前窗口打开人邮教育社区的首页。

2.5.2 超链接类型

HTML 的超链接可以分为内部链接、外部链接、书签链接等 3 种类型。内部链接指的是网站内部文件之间的链接，即在同一个网站下不同网页之间的链接；外部链接是指网站内的文件链接到网站以外的文件；书签链接是在一个 HTML 文档内部的链接，适用于文档比较长的情况。

1. 内部链接

将超链接标记<a>中的 href 属性设置为相对路径，就可以在 HTML 文件中定义内部链接。

2. 外部链接

定义外部链接时，在超链接标记<a>中，需要将其 href 属性设置为绝对路径。

3. 书签链接

如果有的网页内容特别多，页面特别长，需要不断翻页才能看到想要的内容，这时，可以在网页

< 33 >

中（一般是页面的前部）定义一些书签链接。这里的书签链接相当于方便用户查看的目录，单击书签链接时，就会跳转到相应的内容。实际上，跳转的地址也可以指向其他文档中的某一位置。

在使用书签链接之前，先要建立称为"锚记"的链接目标地址，格式如下。

```
<a name="anchorname"></a>
```

在超链接标记中，name 属性是用户定义的锚记名称，属性值 anchorname 指明链接的位置（地址）。

示例代码 2-12 中包含内部链接和外部链接，浏览结果如图 2-11 所示。

示例代码 2-12 中为前两处文字和第 1 幅图像分别添加了外部链接，单击链接文字或链接源图像时，浏览器会跳转到目标网站的网页上。

而<a href="../pages/about.html">分时段预约</a>则是内部链接，链接的目标文件是网站内和当前文件所在文件夹同级的 pages 文件夹下面的文件。

图 2-11　超链接标记的应用

示例代码 2-12　demo0212.html

```
<!DOCTYPE HTML>
<html>
<head>
    <meta charset="utf-8">
    <title>链接示例</title>
</head>
<body>
<h2>博物馆</h2>
<a href="#">中国国家博物馆</a>|
<a href="#">故宫博物院</a>
<a href="#"><img src="images/millogo2.png"></a>

<p>数字展馆<br/>
    参观攻略<br/>
    咨询电话</p>
<a href="../pages/about.html">分时段预约</a>
</body>
</html>
```

2.5.3　超链接路径

超链接路径是区分外部链接和内部链接的关键，HTML 提供了 3 种路径——绝对路径、相对路径、根路径。

1. 绝对路径

绝对路径指文件的完整路径，包括传输协议 HTTP、FTP 等，一般用于网站的外部链接，例如 https://www.ryjiaoyu.com/和 ftp://ftp.sjtu.edu.cn/。

2. 相对路径

相对路径是指相对于当前文件的路径，它包含从当前文件指向目标文件的路径，适用于网站的内部链接。只要目标文件处于网站的文件夹内，即使其与当前文件不属于同一个文件夹，相对路径建立的链接也适用。采用相对路径建立两个文件之间的相互关系，可以不受网站和服务器位置的影

< 34 >

响。表 2-6 所示为相对路径的使用方法。

表 2-6　相对路径的使用方法

相对位置	使用方法	举　例
同级文件夹	直接输入要链接的文档名	index.html
链接上一级文件夹	先输入 "../"，再输入文件夹名	../images/pic1.jpg
链接下一级文件夹	先输入文件夹名，后加入 "/"	videos/v1.mov

3．根路径

根路径以 "/" 开头，后面紧跟文件路径，例如/download/index.html。根路径可以用于建立内部链接，但一般情况下不使用。根路径必须在配置好的服务器环境中才能使用。

示例代码 2-13 运用嵌套列表的方法定义了几组列表，并为每一个列表项添加内部链接或外部链接，实现了网站的导航网页。在浏览器中查看网页，效果如图 2-12 所示。需要注意的是，超链接的目标文件 a1.html、a2.html、c1.html 等需要用户自行定义，span 标记中的浮动属性 float 将在第二篇中介绍。

示例代码 2-13　demo0213.html

```html
<!DOCTYPE HTML>
<html>
<head>
    <meta charset=utf-8>
    <title>超链接示例</title>
</head>
<body>
<div><img src="images/baner1024.jpg" style="width:980px; height:200px;"/></div>
<span style="width:320px; float:left;">
    <ul>
    <li>中华传统文化 </li>
    <ul>
        <li><a href="a1.html">文学经典</a></li>
        <li><a href="a2.html">中国建筑</a></li>
        <li><a href="a3.html">宗教哲学</a></li>
        <li><a href="a4.html">琴棋书画</a></li>
        <li><a href="a5.html">中国戏剧</a></li>
        <li><a href="#">更多……</a></li>
    </ul>

    </ul>
 </span>
<span style="width:320px;  float:left;">
    <ul>
    <li>四书</li>
    <ul>
        <li><a href="c1.html">《大学》</a></li>
        <li><a href="c2.html">《中庸》</a></li>
        <li><a href="c3.html">《论语》</a></li>
        <li><a href="c3.html">《孟子》</a></li>
    </ul>
    <li>五经</li>
    <ul>
        <li><a href="d1.html">《诗经》</a></li>
        <li><a href="d2.html">《尚书》</a></li>
        <li><a href="d3.html">《礼记》</a></li>
        <li><a href="d2.html">《周易》</a></li>
```

< 35 >

```
            <li><a href="d3.html">《春秋》</a></li>
        </ul>
    </ul>
  </span>
<span style="width:320px;">
    <ul>
      <li>链接</li>
      <ul>
        <li><a href="#">中国国家博物馆</a></li>
        <li><a href="#">故宫博物院</a></li>
        <li><a href="#">中国人民革命军事博物馆</a></li>
      </ul>
    </ul>
  </span>
</body>
</html>
```

图 2-12　应用嵌套列表和超链接的导航网页

2.6　多媒体元素

多媒体元素包括文字、图像、视频和音频等。文字在网页中占有重要地位，但要提升网页表现效果，还需要使用图像、视频和音频等元素。

2.6.1　图像标记<img>

在制作网页的过程中，可以使用<img>标记向网页中插入一幅图像，也可以使用 CSS 设置网页元素的背景图像。使用<img>标记插入图像是网页中非常常用的图像插入方式，本质是在网页上链接一幅图像。<img>标记的语法格式如下。

```
<img src="url" title="description" />
```

<img>标记含有多个属性，常用属性及说明如表 2-7 所示。

< 36 >

表 2-7　\<img\>标记的常用属性及说明

属　　　性	说　　　明	属　　　性	说　　　明
src	指定图像所在的路径	border	设置图像边框
title	添加图像的替代文字	align	设置图像对齐方式
width/height	设置图像宽度和高度		

1．src 属性

src 属性是必需的，其他属性为可选的。src 属性用来指定图像所在的路径，这个路径可以是相对路径，也可以是绝对路径。

2．title 属性

title 属性用于添加图像的替代文字，替代文字有两个作用。其一，当浏览网页时，若图像下载完成，鼠标指针放在图像上时，鼠标指针旁会显示此替代文字。其二，若图像没有被下载，图像位置会显示此替代文字，起到提示的作用。

3．width/height 属性

width/height 属性用来设置图像的宽度和高度，默认情况下，网页中显示的图像保持原图的大小。即不设置图像的宽度和高度时，图像大小与原图大小一致。

如果只设置宽度或高度中的一个，则图像会按原图比例等比缩放。若 width 和 height 属性没有按原图比例设置，图像会变形显示。

width 和 height 的单位可以是 px、pt、em 等。width 和 height 的属性值也可以用百分比表示，这时图像会按照与上级容器元素的比例进行缩放。

示例代码 2-14 在网页中插入了一幅名为"jianjia.jpg"的图像，并设置图像大小为 400×300（单位为 px），同时为图像定义替代文字"蒹葭"。图像加载成功时，鼠标指针指向图像会显示替代文字；图像加载失败时，会直接显示替代文字，浏览结果如图 2-13 所示。

图 2-13　向网页中插入图像

示例代码 2-14　demo0214.html

```
<!DOCTYPE HTML>
<html>
<head>
    <meta charset="utf-8">
    <title>图像添加替代文字</title>
</head>
<body>
<img src="images/jianjia.jpg" style="width:400px; height:300px;" title="蒹葭">
</body>
</html>
```

虽然 height 和 width 属性可以实现图像缩放，但不建议使用。如果要通过 height 和 width 属性来缩小图像，用户就必须下载完整的图像（即使图像在网页上可能很小）。正确的做法是，在网页上使用图像之前，通过软件把图像处理为合适的大小。

4．border 属性和 align 属性

border 属性用来设置图像边框，align 属性用来设置图像对齐方式。

（1）border 属性

图像默认是没有边框的。\<img\>标记的 border 属性可以为图像定义边框的宽度，边框的颜色默认

< 37 >

为黑色。

示例代码 2-15 插入了 2 幅图像，分别使用 border 属性和 style 属性定义了不同的图像边框，浏览结果如图 2-14 所示。

示例代码 2-15　demo0215.html

```
<!DOCTYPE HTML>
<html>
<head>
    <meta charset="utf-8">
    <title>设置图像边框示例</title>
</head>
<body>
<h2>设置图像边框</h2>
<hr>
<div>
    <p>边框宽度为 10px</p>
    <img src="images/jianj.jpg" border=10/>
</div>
<div>
    <p>边框宽度为 4px</p>
    <img src="images/jianj.jpg" style="border:4px solid blue;"/>
</div>
</body>
</html>
```

HTML5 不支持<img>标记的 border 属性和 align 属性。为网页中的图像设置边框和对齐方式可以通过 CSS 来实现。图 2-14 中第 1 幅图像使用<img>标记的 border 属性来定义边框，第 2 幅图像的边框使用 CSS 定义。

（2）align 属性

图像与周围文字的对齐方式可通过 align 属性来定义，包括左对齐、居中对齐和右对齐等对齐方式。默认情况下，图像的底部与同行文字或图像的底部对齐。align 属性的常用取值及说明如表 2-8 所示。

图 2-14　设置图像边框

表 2-8　align 属性的常用取值及说明

属　性　值	说　　　明	属　性　值	说　　　明
top	图像顶部与同行的文字或图像顶部对齐	left	图像在文字左侧
middle	图像中部与同行的文字或图像中部对齐	right	图像在文字右侧
bottom	图像底部与同行的文字或图像底部对齐		

2.6.2　多媒体文件标记<embed>

音频文件和视频文件是网页中常见的多媒体文件。音频文件主要有 MP3、MID 和 WAV 等格式，视频文件主要有 MOV、AVI、ASF、MPEG 等格式。要在网页中插入音频文件和视频文件可以使用<embed>标记，<embed> 标记是 HTML5 中增加的标记，用来定义嵌入的内容。<embed>标记的语法格式如下。

```
<embed src="url" autostart loop></embed>
```

< 38 >

（1）src 属性用来指定插入的多媒体文件的地址或多媒体文件名，需要包含扩展名。

（2）autostart 属性用于设置多媒体文件是否自动播放，有 true 和 false 两个取值，true 表示在打开网页时自动播放多媒体文件；false 是默认值，表示在打开网页时不自动播放多媒体文件。

（3）loop 属性用于设置多媒体文件是否循环播放，有 true 和 false 两个取值，true 表示无限循环播放多媒体文件；false 为默认值，表示只播放一次多媒体文件。

下面使用<embed> 标记分别在网页中插入音频文件和视频文件。

1．插入音频文件

示例代码 2-16 在网页中插入了音频文件"shi.wav"，并设置自动播放的效果。

示例代码 2-16　demo0216.html

```html
<!DOCTYPE HTML>
<html>
<head>
<meta charset="utf-8">
<title>插入音频文件示例</title>
</head>
<body>
 <h3>插入音频文件</h3>
 <embed src="images/shi.wav" autostart style="height:60px;">
 </embed>
</body>
</html>
```

在 Chrome 浏览器中音乐播放器的效果如图 2-15 所示，音乐播放器高度为 60px。当前的一些浏览器为了减少消耗不必要的网络流量，可能禁止自动播放音频或视频，这时需要通过安装插件来实现自动播放。

2．插入视频文件

示例代码 2-17 在网页中插入了名为"yue.mp4"的视频文件，并设置该视频的显示宽度为 300px，高度为 200px，并定义了自动播放效果，如图 2-16 所示。

图 2-15　使用<embed>标记插入音频文件

图 2-16　使用<embed>标记插入视频文件

示例代码 2-17　demo0217.html

```html
<!DOCTYPE HTML>
<html>
<head>
<meta charset="utf-8">
<title>插入视频文件示例</title>
</head>
<body>
 <h3>插入视频文件</h3>
 <embed src="images/yue.mp4" style="width:300px;height:200px;" autostart>
 </embed>
</body>
</html>
```

< 39 >

2.6.3 HTML5 视频标记<video>

视频标记

HTML5 提供了视频内容的标准接口，规定使用<video>标记来实现视频的播放。<video>标记的语法格式如下。

```
<video src="url" controls="controls">替代文字</video>
```

如果浏览器不支持<video>标记，将显示替代文字。<video>标记常用的属性及说明如表 2-9 所示。

表 2-9 <video>标记常用的属性及说明

属 性	说 明	属 性	说 明
src	要播放的视频的 URL	height	设置视频播放器的高度
autoplay	视频就绪后自动播放	loop	设置视频是否循环播放
controls	添加播放、暂停和音量等相关控件	preload	视频在网页加载时开始加载，并预备播放
width	设置视频播放器的宽度		

当前的<video>标记支持 3 种视频格式，各浏览器对不同格式视频的支持情况如表 2-10 所示。

表 2-10 各浏览器对不同格式视频的支持情况

格 式	浏 览 器				
	Chrome	Firefox	Opera	IE	Safari
MPEG4	支持	Firefox 21 开始支持	Opera 25 开始支持	支持	支持
OGG	支持	支持	支持	不支持	不支持
WebM	支持	支持	支持	不支持	不支持

在表 2-10 中，MPEG4 指带有 H.264 视频编码和 AAC 音频编码的 MPEG4 文件，OGG 指带有 Theora 视频编码和 Vorbis 音频编码的 OGG 文件，WebM 指带有 VP8 视频编码和 Vorbis 音频编码的 WebM 文件。

示例代码 2-18 在网页中插入视频文件 yue.mp4，设置视频播放器宽度为 400px，高度为 300px，播放视频时显示播放、暂停等相关控件，浏览结果与图 2-16 相同。如果浏览器不支持<video>标记，则不显示视频内容，而显示<video>与</video>之间的替代文字"此浏览器不支持<video>标记"。

示例代码 2-18 demo0218.html

```
<!DOCTYPE HTML>
<html>
<head>
<meta charset="utf-8">
<title><video>标记插入视频示例</title>
</head>
<body>
<video src="images/yue.mp4" style="width:400px; height:300px;"autoplay controls
muted />
此浏览器不支持<video>标记
</video>
</body>
</html>
```

<video>标记允许包含多个<source>标记来链接不同格式的视频文件，浏览器将使用第 1 个可识别

< 40 >

的视频文件。例如，以下代码使用<source>标记链接 3 种不同格式的视频文件，浏览器播放第 1 个可识别的视频文件；若不支持<video>标记，则显示替代文字"此浏览器不支持<video>标记"。

```
<video width="320" height="240" controls="controls">
    <source src="movie.ogg" type="video/ogg"/>
    <source src="movie.mp4" type="video/mp4"/>
    <source src="movie.webm" type="video/webm"/>
    此浏览器不支持<video>标记
</video>
```

2.6.4　HTML5 音频标记<audio>

HTML5 使用<audio>标记来插入音频，其语法格式如下。

```
<audio src="url" controls="controls">替代内容</audio>
```

<audio>与</audio>之间的替代内容是供不支持<audio>标记的浏览器显示的。

<audio>标记的常用属性及说明如表 2-11 所示，各浏览器对不同格式音频的支持情况如表 2-12 所示。

表 2-11　<audio>标记的常用属性及说明

属　　性	说　　明	属　　性	说　　明
src	要播放的音频的 URL	loop	设置音频是否循环播放
autoplay	音频就绪后自动播放	preload	音频在网页加载时开始加载，并预备播放
controls	显示播放、暂停、进度条等相关控件		

表 2-12　各浏览器对不同格式音频的支持情况

格　　式	浏　览　器				
	Chrome	Firefox	Opera	IE	Safari
OGG	支持	支持	支持	不支持	不支持
MP3	支持	支持	支持	支持	支持
Wav	支持	支持	支持	不支持	支持

<audio>标记的属性和<video>标记的属性类似。示例代码 2-19 在网页中插入音频文件 py.mp3，播放音频时显示播放、暂停等相关按钮，浏览结果如图 2-17 所示。网页在不支持<audio>标记的浏览器中加载时不会播放音频文件，而是显示替代内容"此浏览器不支持<audio>标记"。

图 2-17　使用<audio>标记插入音频

示例代码 2-19　demo0219.html

```
<!DOCTYPE HTML>
<html>
<head>
<meta charset="utf-8">
<title><audio>标记插入音频</title>
</head>
<body>
 <audio src="images/py.mp3" controls="controls" autoplay="autoplay">
```

< 41 >

```
    此浏览器不支持<audio>标记
  </audio>
  </body>
  </html>
```

<audio>标记允许包含多个<source>标记以链接不同格式的音频文件，浏览器将使用第 1 个可识别的音频文件。例如，以下代码使用<source>标记链接 2 种不同格式的音频文件，浏览器播放第 1 个可识别的音频文件；若不支持<audio>标记，则显示 "此浏览器不支持<audio>标记"。

```
<audio controls="controls" autoplay="autoplay">
  <source src="images/black.ogg" type="audio/ogg"/>
  <source src="images/py.mp3" type="audio/mpeg"/>
  此浏览器不支持<audio>标记
</audio>
```

2.7 表格

表格

表格是一种常用的 HTML 网页元素。使用表格组织数据，可以清晰地显示数据间的关系。表格用于网页布局，能将网页分成多个矩形区域，从而方便地在网页上组织图像和文本。

2.7.1 HTML 的表格标记

使用成对的<table>和</table>标记定义一个表格，定义表格主要用到表 2-13 所示的标记。需要说明的是，尽管表格有丰富的标记和属性，但在 HTML5 中仅保留了表格的 border 属性和单元格的 colspan、rowspan 属性，HTML5 修饰表格主要通过 CSS 来实现。

表 2-13　表格常用标记及其说明

标　　记	说　　明	标　　记	说　　明
<table>	表格标记	<td>	单元格标记
<tr>	行标记	<th>	表头标记

表格由<table>标记定义，由一个或多个<tr>、<th>、<td>标记组成，复杂的表格也可能使用<caption>、<col>、<colgroup>、<thead>、<tfoot>、<tbody> 等标记。定义表格的基本语法格式如下。

```
<table>
 <tr>
  <td>...</td>
   ...
 </tr>
   ...
</table>
```

（1）<table></table>标记对用来定义表格，<tr></tr>标记对用来定义表格中的一行，可以通过<tr>标记的属性来控制行的显示效果。

（2）<th>标记和<td>标记用来定义单元格。表格的每一行都可以包含若干单元格，其中可能会包含两种类型的单元格，<th>标记用来创建包含表头信息的单元格，<td>标记用来创建包含数据的单元格。

（3）<thead>、<tbody>和<tfoot>等标记用于表格行的分组。其中，<thead>用于定义表格的表头，

<tbody>标记用于定义表格的主体，<tfoot>标记用于定义表格的脚注。需要注意的是，一个表格最多只能有一个<thead>和<tfoot>标记。这 3 个标记的主要应用场景是在 CSS 中控制表格不同部分的样式。

示例代码 2-20 定义了一个 6 行 3 列的表格，浏览结果如图 2-18 所示。通过 border 属性为表格添加了 1px 宽的边框，表格宽度设置为 480px。

示例代码 2-20　demo0220.html

```
<!DOCTYPE HTML>
<html>
<head>
    <meta charset="utf-8">
    <title>表格示例</title>
</head>
<body>
<table border="1" style="width:480px;">
    <caption><h3>诸子百家（部分）</h3></caption>
    <tr>
        <td>学派</td>      <td>著作</td>      <td>代表人物</td>
    </tr>
    <tr>
        <td>儒家</td>      <td>《大学》《中庸》</td>  <td>孔子、孟子</td>
    </tr>
    <tr>
        <td>道家</td>      <td>《老子》《庄子》</td>   <td>老子、庄子</td>
    </tr>
    <tr>
        <td> 法家</td>      <td>《韩非子》</td>      <td> 韩非</td>
    </tr>
    <tr>
        <td>墨家</td>      <td>《墨子》</td>       <td>墨子</td>
    </tr>
    <tr>
        <td>兵家</td>      <td>《孙子兵法》</td>     <td>孙武</td>
    </tr>
</table>
</body>
</html>
```

图 2-18　表格标记的应用

2.7.2　HTML 的表格属性

为了修饰表格，经常需要对表格属性进行一些设置。

< 43 >

1．HTML5 支持的表格属性

（1）设置表格边框宽度——border 属性

默认情况下，表格边框的宽度为 0，即不显示表格边框。可以使用 border 属性指定表格边框的宽度，该属性的单位是 px。

例如，\<table border= "2"\>，表示表格边框的宽度为 2px。

（2）设置单元格跨列——colspan 属性

单元格可以向右跨越多个列，跨越列的数量由 th 或 td 元素的 colspan 属性设置，语法格式如下。

```
<td colspan="value">
```

其中，value 的值为大于或等于 2 的整数，表示该单元格向右跨越的列数。

（3）设置单元格跨行——rowspan 属性

单元格可以向下跨越多个行，跨越行的数量由 th 或 td 元素的 rowspan 属性设置，语法格式如下。

```
<td rowspan="value">
```

其中，value 的值为大于或等于 2 的整数，表示该单元格向下跨越的行数。

2．表格的其他属性

早期的 HTML 支持设置表格的宽度和高度、表格边框颜色、表格背景色等属性，具体如表 2-14 所示，目前这些属性多由 CSS 来定义。

表 2-14　早期 HTML 支持的表格属性

属　　性	说　　明	属　　性	说　　明
width	设置表格宽度	background	设置表格背景图像
height	设置表格高度	align/ valign	设置表格对齐方式
bordercolor	设置表格边框颜色	cellspacing	设置单元格间距
bgcolor	设置表格背景色	cellpadding	设置单元格边距

示例代码 2-21 定义了宽度为 480px、边框宽度为 1px 的 3 行 3 列的表格。cellpadding="8"设置表格单元格边距为 8px；通过 rowspan="2"设置第 1 行第 3 个单元格向下跨 2 行；通过 colspan="3"设置第 3 行第 1 个单元格向右跨 3 列。示例代码 2-21 的浏览结果如图 2-19 所示。

示例代码 2-21　demo0221.html

```
<!DOCTYPE html>
<html lang="en">
<head>
    <meta charset="UTF-8">
    <title>Title</title>
</head>
<body>
<body>
<table border="1" cellpadding="8" style="width:480px;">
    <tr>
        <td width="30%">欲诚其意者，先致其知。</td>
        <td width="30%">要想意念真诚，就要获得丰富的知识。</td>
        <td rowspan="2">感悟：意念真诚，才能心思端正，才能彰显品德。要做到意念真诚，
关键在于"格物致知"。</td>
    </tr>
    <tr>
        <td>致知在格物。</td>
```

```
        <td>要想知识丰富，就要研究事物的道理。</td>
    </tr>
    <tr>
        <td colspan="3" bgcolor="#cc6">摘自《大学》
    </tr>
</table>
</body>
</html>
```

图 2-19   跨行跨列的表格

2.7.3 嵌套表格

网页中有时会用到嵌套表格，即在表格的一个单元格中嵌套使用一个或者多个表格。

例如，使用一个<table></table>标记对表示在网页中插入一个表格，如果另一个<table></table>标记对插入在第 1 个表格的单元格标记<td>和</td>之间，则表示在该单元格中插入另一个表格，也就是定义嵌套表格。

示例代码 2-22 先定义了一个 1 行 2 列的表格，然后在第 1 个单元格中嵌入一个 2 行 2 列的表格，在第 2 个单元格放置一幅图像，如图 2-20 所示。

示例代码 2-22   demo0222.html

```
<!DOCTYPE HTML>
<html>
<head>
    <meta charset="utf-8">
    <title>嵌套表格示例</title>
</head>
<body>
<h2>嵌套表格</h2>
<table width="480px" height="160px" style="border:1px solid;">
    <tr>
        <td width="280px" height="160px">
            <table width="100%" height="100%" cellspacing="5" style="border:1px
solid;">
                <tr>
                    <td width="60px">《大学》</td>
                    <td>论述儒家修身齐家治国平天下思想的经典。</td>
                </tr>
                <tr>
                    <td>《论语》</td>
                    <td>著名的国学经典，儒家四书五经之一，对我国传统文化有着非常深刻和
久远的影响。</td>
```

< 45 >

```
                </tr>
            </table>
        </td>
        <td>
            <img src="images/zengzi.jpg">
        </td>
    </tr>
</table>
</body>
</html>
```

图 2-20 嵌套表格

2.8 表单

表单

表单是 HTML 的重要部分，主要用于采集和提交用户输入的信息。在进行提交搜索信息、网上注册等操作时，都需要使用表单。用户可以通过提交表单信息与服务器交互，服务器程序对提交的表单信息进行处理，并向客户端发出响应。

2.8.1 表单定义标记<form>

在 HTML 中，只要在需要使用表单的地方插入<form></form>标记对，就可以完成表单的定义，基本语法格式如下。

```
<form  name="formName"  method="post|get"  action="url"  enctype="encoding">
</form>
```

表单定义标记的部分属性及说明如表 2-15 所示。

表 2-15 表单定义标记的部分属性及说明

属　　性	说　　明	属　　性	说　　明
name	表单名称	action	表单处理程序
method	表单发送的方式，可以是"post"或"get"	enctype	表单编码方式

下面是定义表单的一段代码。

```
<form name="regform" method="post" action="#">
</form>
```

< 46 >

上面的代码定义了名为 regform 的表单，采用默认的编码方式，将表单中数据按照 HTTP 中的 post 传输方式传送给处理程序，action 用来指定一个 URL，该 URL 指向处理程序。

2.8.2 输入标记\<input>

输入标记

表单中用于数据输入的 input 元素也称为表单控件。首先，用户需要在表单控件中输入数据，数据发送至服务器后被处理，然后服务器将结果返回给用户，这就是请求/响应的过程。\<input>是表单输入标记，通常被包含在\<form>和\</form>标记中，其语法格式如下。

```
<input name="controlName" type="controlType">
```

其中，name 属性用于定义与用户交互的元素的名称；type 属性说明元素的类型，可以是文本框、密码框、单选按钮、复选框等。\<input>标记的 type 属性值及说明如表 2-16 所示。

表 2-16 　\<input>标记的 type 属性值及说明

属 性 值	说 明	属 性 值	说 明
text	文本框	button	标准按钮
password	密码框	submit	提交按钮
checkbox	复选框	reset	重置按钮
radio	单选按钮	image	图像域

1．文本框

将\<input>标记中的 type 属性值设置为 text，就可以在表单中插入文本框。文本框中可以输入任何类型的数据，但输入的数据将以单行显示，不会换行。例如，使用\<input>标记输入姓名的代码如下。

```
姓名: <input name="username" type="text" maxlength="12" size="8" value="myname" />
```

其中 size 属性用于指定文本框的宽度，maxlength 属性用于指定允许用户输入的最大字符数，但这两个属性有可能引起浏览器兼容性问题，更多情况下采用 CSS 设置。value 指定文本框的默认值。

2．密码框

将\<input>标记中的 type 属性值设置为 password，就可以在表单中插入密码框，涉及属性的含义与文本框中的相同。密码框中可以输入任何类型的数据，这些数据默认以实心圆点的形式显示，以保护密码的安全，例如：

```
密码: <input name="pwd" type="password" maxlength="8" size="8" />
```

3．复选框

复选框允许用户在一组选项中选择任意多个选项。将\<input>标记中的 type 属性值设置为 checkbox，就可以在表单中插入复选框。通过复选框，用户可以在网页中实现多项选择。例如：

```
请选择爱好: <input name="check1" type="check" value="music" checked />
```

其中，value 属性指定复选框被选中时该元素的值，checked 用来设置复选框默认被选中。

4．单选按钮

单选按钮表示互相排斥的选项。在单选按钮组（由两个或多个同名的单选按钮组成）中选择一个单选按钮时，就会取消对该组中其他所有单选按钮的选择。将\<input>标记中的 type 属性值设置为 radio，就可以在表单中插入一个单选按钮。单选按钮处于选中状态时，其中心会有一个实心圆点。单选按钮

< 47 >

的格式与复选框的类似，下面通过示例来说明。

示例代码 2-23 设计了一个关于表单的网页，我们可以在表单中输入用户名和密码，并通过复选框选择兴趣爱好，通过单选按钮选择第一专业。

示例代码 2-23　demo0223.html

```html
<!DOCTYPE HTML>
<html>
<head>
    <meta charset="utf-8">
    <title>文本框、密码框、单选按钮、复选框示例</title>
</head>
<body>
<form>
    用户名：<input name="texta" type="text" maxlength="12" size="8"
            value="username"/><br/>
    密　码：<input name="textb" type="password" maxlength="8" size="8"/><br/>
    <p>兴趣爱好<br/>
    <input name="check1" type="checkbox" value="literature"/>文学经典
    <input name="check2" type="checkbox" value="architecture"/>中国建筑<br/>
    <input name="check3" type="checkbox" value="philosophy"/>宗教哲学
    <input name="check4" type="checkbox" value="music"/>戏剧音乐</p>
    <p>第一专业<br/>
    <input name="radio" type="radio" value="a1"/>法学
    <input name="radio" type="radio" value="a2"/>历史学<br/>
    <input name="radio" type="radio" value="a4"/>文学
    <input name="radio" type="radio" value="a3"/>教育学
    </p>
</form>
</body>
</html>
```

（1）在表单中插入 1 个名为 texta 的单行文本框，允许用户输入的最大字符数是 12，文本框的宽度为 8，默认值为 username。

（2）插入 1 个名为 textb 的密码框，允许用户输入的最大字符数是 8，密码框的宽度为 8。

（3）插入 4 个复选框，值分别为 literature、architecture、philosophy、music。

（4）插入 4 个同名的单选按钮构成单选按钮组。

注意，一组单选按钮的 name 属性值必须相同，才能实现单选的效果。而且，复选框和单选按钮的 value 属性值并不显示在网页上，这些值在表单提交后，一般由 JavaScript 来处理。

表单的浏览结果如图 2-21 所示。

图 2-21　表单的浏览结果

5．标准按钮

将<input>标记中的 type 属性值设置为 button，就可以在表单中插入标准按钮，例如：

```html
<input name="button1" type="button" value="确认" />
```

其中，value 属性定义的是浏览网页时按钮上显示的文字，在 JavaScript 中按钮一般由 onclick 事件响应。

< 48 >

6．提交/重置按钮

将<input>标记中的 type 属性值设置为 submit，就可以在表单中插入提交按钮，例如：

```
<input name="submit1" type="submit" value="提交" />
```

其中，value 属性定义的是浏览网页时按钮上显示的文字。当用户单击此按钮时，表单中所有元素以"名称/值"的形式被提交，提交目标是 form 元素的 action 属性所定义的 URL。

若将 type 属性值设置为 reset，则在表单中插入重置按钮，例如：

```
<input name="reset1" type="reset" value="重置" />
```

7．图像域

用户在浏览网页时，有时会看到某些网站的按钮不是普通样式，而是一幅图像或其他类型的按钮，这种效果可以通过插入图像域来实现。将<input>标记中的 type 属性值设置为 image，就可以在表单中插入图像域，语法格式如下。

```
<input name="buttonName" type="image" src="url" />
```

其中，src 属性定义插入的图像文件的路径。

示例代码 2-24 在表单中分别插入标准按钮、提交按钮、重置按钮和图像域，浏览结果如图 2-22 所示。

（1）标准按钮名为 confirm，值为"确定"，即按钮上显示的文字为"确定"。

（2）提交按钮名为 submit，值为"提交"；重置按钮名为 reset，值为"清除"。

（3）在表单中插入了一个名为 image 的图像域，图像文件的路径为 images 文件夹的 button.jpg。

图 2-22　不同类型按钮、图像域的浏览结果

示例代码 2-24　demo0224.html

```
<!DOCTYPE HTML>
<html>
<head>
    <meta charset="utf-8">
    <title>按钮、图像域示例</title>
</head>
<body>
<p>登录表单</p>
<form>
    用户名：<input name="texta" type="text"size="8" value="username"><br/>
    密　码：<input name="textb" type="password" maxlength="8" size="8">
    <p>
        <input name="confirm" type="button" value="确定"/>
        <input name="submit" type="submit" value="提交"/>
        <input name="reset" type="reset" value="清除"/>
        <input name="image" type="image" src="images/button.jpg" ></p>
</form>
</body>
</html>>
```

< 49 >

2.8.3　列表框标记\<select\>

在 HTML 文件中，使用列表框标记\<select\>，同时嵌套列表项标记\<option\>，可以实现下拉列表框的效果，语法格式如下。

```
<form>
    <select name="列表框名称" size="">
        <option value="列表项值" />列表项显示内容
        <option value="列表项值" />列表项显示内容
        ...
    </select>
</form>
```

其中，\<select\>标记用于定义列表框，\<option\>标记用于向列表框中添加列表项。\<select\>标记中的 size 属性用于定义列表框的行数，size 属性未定义具体值或设置为 1 时，\<select\>标记显示为下拉列表框效果。如果将 size 属性设置为大于 1 的正整数，\<select\>标记显示为列表框。

示例代码 2-25 在 2 个\<select\>标记中设置不同的 size 值，分别定义了列表框 sishu 和下拉列表框 wujing，浏览结果如图 2-23 所示。

示例代码 2-25　demo0225.html

```
<!DOCTYPE HTML>
<html>
<head>
    <meta charset="utf-8">
    <title>插入列表框示例</title>
</head>
<body>
<p>请选择:</p>
<form>
    <select name="sishu" size="4">
        <option value="1">《大  学》
        <option value="2">《中  庸》
        <option value="3">《论  语》
        <option value="3">《孟  子》
    </select>
        
    <select name="wujing" size="">
        <option value="1">《诗  经》
        <option value="2">《尚  书》
        <option value="3">《礼  记》
    </select>
</body>
</form>
</html>>
```

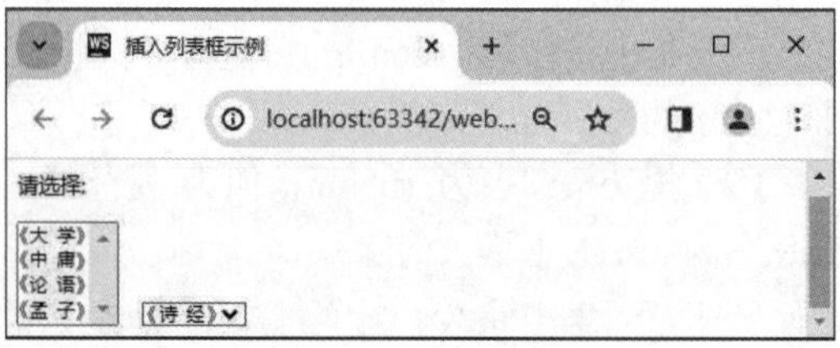

图 2-23　列表框和下拉列表框的浏览结果

2.8.4　文本域标记\<textarea\>

有时网页中需要一个多行的文本域，用来输入更多的文字信息。文本域中允许换行，其中的内容是表单元素的值。在表单中，使用成对的\<textarea\>和\</textarea\>就可以插入文本域，例如：

```
<form><textarea name="mytext" rows="5" cols="100" ></textarea></form>
```

< 50 >

示例代码 2-26 在表单中插入了名为 texta 的文本域，行数为 5，列数为 100，浏览结果如图 2-24 所示。

需要注意，<textarea>的 rows 和 cols 属性兼容性差。如果文本域的宽度和高度要求严格，需要使用 CSS 来控制格式。

示例代码 2-26　demo0224.html

```
<!DOCTYPE HTML>
<html>
<head>
    <meta charset="utf-8">
                            <title>插入文本域示例</title>
</head>
<body>
<img src="images/banner02.jpg" style="width:980px; height:200px;" />
<h5>请说明您对"格物致知"的理解: </h5>
<form>
    <textarea name="texta" rows="5" cols="100" ></textarea>
    <p><input type="submit" value="提交"></p>
</form>
</body>
</html>
```

图 2-24　文本域的浏览结果

2.8.5　HTML5 增加的表单属性

HTML5 中增加了一些表单属性，使表单的功能得到了很大的增强。增加的属性包括 form、formmethod、placeholder、autocomplete 等，这些属性主要应用于表单的 input 元素。

HTML5 增加的　　　HTML5 增加的
表单属性（1）　　　表单属性（2）

1. form 属性

在 HTML 4 以前，表单元素必须书写在表单内部，但在 HTML5 规范中，可以将表单元素写在网页上的任何位置，然后为该元素指定一个 form 属性，属性值为该表单的 id（表单的唯一属性标识），通过这种方式声明该元素属于哪个具体的表单。下面的代码为 textarea 元素添加了 form 属性，表明该元素属于指定的表单 myform。

```
<form id="myform">
    姓名: <input type="text" value="aaaa" /><br/>
    确认: <input type="submit" name="s2" />
</form><br/>
简历: <textarea form="myform"></textarea>
```

< 51 >

2．formaction 和 formmethod 属性

在 HTML 4 以前，表单通过唯一的 action 属性将表单内的所有元素的值提交到一个处理程序，也通过唯一的 method 属性来统一指定提交方法是 get 或 post。HTML5 中增加了 formaction 属性，当单击不同的按钮时，可以将表单提交到不同的处理程序；同时，也可以使用 formmethod 属性为每个表单元素分别指定不同的提交方法。

例如，示例代码 2-27 为\<input type="submit">、\<input type= "image">等按钮增加不同的 formaction 属性和 formmethod 属性，当单击不同的按钮时，使用不同的方法将表单提交到不同的处理程序，浏览结果如图 2-25 所示。

图 2-25　formaction 和 formmethod 属性的应用

示例代码 2-27　demo0227.html

```
<!DOCTYPE HTML>
<html>
<head>
    <meta charset="utf-8">
    <title>formmethod 和 formaction</title>
</head>
<body>
<form id="testform" action="my.php">
    用户名: <input name="uname" type="text" value="username"/>
    <hr/>
        s1 处理: <input type="submit" name="s1" value="提交到 s1" formaction="s1.html"
formmethod="post"/> <p>
        s2 处理:<input type="submit" name="s2" value="提交到 s2" formaction="s2.jsp"
formmethod="get"/> <p>
        s3 处理: <button type="submit" formaction="s3.jsp " formmethod="post">
提交到 s3</button> <p>
        s4 处理: <input type="image" src="images/PLAY1.gif" formaction="s4.jsp "
 formmethod="post"/> <p>
        <input type="submit" value="提交页面"/>
</form>
</body>
</html>
```

3．placeholder 属性

当文本框或密码框处于未输入状态时，placeholder 用于在其中显示提示信息。例如：

```
<input type="password" placeholder="请输入不少于 8 位的数字">
```

4．autofocus 属性

为文本框、复选框或按钮等元素加上 autofocus 属性后，当网页打开时，元素将自动获得焦点，从而替代使用 JavaScript 代码实现的自动获得焦点功能。例如，下面的代码使用 autofocus 属性为文本框设置了焦点。需要注意的是，一个网页上只能有一个元素具有 autofocus 属性。

```
<input name="user" type="text" autofocus>
```

< 52 >

5．list 属性

HTML5 为文本框增加了 list 属性。该属性的值是某个 datalist 元素的 id。datalist 是 HTML5 中增加的元素，允许提供一组预定义的选项，让用户可以从中进行选择。<datalist>标记的功能类似于<select>标记的功能，但是当用户想要的值不在选项之内时，允许用户自行输入。

datalist 元素本身并不显示，当文本框获得焦点时以提示输入的方式显示。例如，下面代码为文本框设置了 list 属性。

```
请选择文本: <input type="text" name="greeting" list="greetings" />
<!--使用 style="display:none;"将 datalist 元素设定为不显示-->
<datalist id="greetings" style="display: none;">
    <option value="Good Morning">Good Morning</option>
    <option value="Hello">Hello</option>
    <option value="Good Afternoon">Good Afternoon</option>
</datalist>
```

6．autocomplete 属性

autocomplete 属性用于设置是否自动完成输入，提供了方便的辅助输入功能。autocomplete 属性取值为"on"、"off"与"空值"这 3 种。不指定时，使用浏览器的默认值（取决于各浏览器的设定）。该属性设置为"on"（输入自动完成）时，可以显式指定待输入的数据列表。如果使用<datalist>标记与 list 属性提供待输入的选项，会将该 datalist 元素中的选项作为待输入的数据在文本框中自动显示。下面的代码为文本框设置了 autocomplete 属性。

```
<input type="text" name="school" autocomplete="on" />
```

7．required 属性

HTML5 的 required 属性可以应用在大多数输入标记（不包括隐藏的标记）上。在提交时，如果元素中内容为空白，则不允许提交，同时在浏览器中显示提示信息，提示用户该元素中必须输入内容。

8．pattern 属性

HTML5 中的 email、number、url 等 input 类型，要求输入符合相应格式的内容。如果对<input>标记使用 pattern 属性，并且将属性值设为某个格式的正则表达式，在提交时会检查输入的内容是否符合指定格式。当输入的内容不符合指定格式时，则不允许提交，同时在浏览器中显示提示信息，提示输入的内容必须符合指定格式。例如，要求输入内容为 1 个数字与 3 个大写字母的代码如下。关于正则表达式的内容请参考相关资料。

```
<input  type="text" pattern="[0-9][A-Z]{3}" name=part placeholder="输入内
容:1 个数字与 3 个大写字母。" />
```

9．min 属性与 max 属性

min 与 max 这两个属性是数值类型或日期类型的<input>标记的专用属性，它们用于限制在<input>标记中输入的数值与日期的范围。

2.8.6　HTML5 增加的 input 类型

HTML5 中<input>标记的 type 属性增加了一些新的类型，这些新类型提供了更好的输入控制和验证。<input>标记新增的 type 属性在主流浏览器中均得到支持，如果浏览器不支持所定义的 input 类型，会将其显示为常规的文本框。

1．数值输入域

将<input>标记中的 type 属性值设置为 number，可以在表单中插入数值输入域，还可以限定输入数

<　53　>

字的范围，语法格式如下。

```
<input name="controlname" type="number" max="" min="" step="" value="">
```

数值输入域的常用属性及说明如表 2-17 所示。

表 2-17　数值输入域的常用属性及说明

属　　性	说　　明
max	定义允许输入的最大值
min	定义允许输入的最小值
step	定义合法的数字间隔（如果 step="2"，则允许输入的数值为-2,0,2,4,6 等，或-1,1,3,5 等）
value	定义默认值

示例代码 2-28 在表单中定义了 3 个数值输入域，名称分别为 no1、no2、no3。

（1）第 1 个名为 no1 的数值输入域的默认值为 3，可以输入任意数值。

（2）第 2 个名为 no2 的数值输入域允许输入的最小值为 1。

（3）第 3 个名为 no3 的数值输入域允许输入的最小值为 1，最大值为 10，数字间隔为 3。若在数值输入域中输入 2，单击右侧的数值选择按钮会出现 2、5、8 等数字。

图 2-26　数值输入域的浏览结果

示例代码 2-28 的浏览结果如图 2-26 所示。

示例代码 2-28　demo0228.html

```html
<!DOCTYPE HTML>
<html>
<head>
<meta charset="utf-8">
<title>插入数值输入域示例</title>
</head>
<body>
 <form>
  <p>请输入数字：<input type="number" name="no1" value="3" /></p>
  <p>请输入大于或等于 1 的数字：<input type="number" name="no2" min="1" /></p>
  <p>请输入 1~10 的数字：<input type="number" name="no3" min="1" max="10" step="3"
/></p>
 </form>
</body>
</html>
```

2. 滑动条

将<input>标记中的 type 属性值设置为 range，可以在表单中插入表示数值范围的滑动条，还可以限定可接收数值的范围，语法格式如下。

```
<input name="" type="range" min="" max="" step="" value="">
```

其中，各属性的用法与数值输入域的相同。

示例代码 2-29 定义了 2 个滑动条，名称分别为 r1 和 r2。滑动条 r1 允许的最小值为 1，默认值为 1；

< 54 >

滑动条 r2 允许的最小值为 1，最大值为 10，数值间隔为 3，默认值为 2。示例代码 2-29 的浏览结果如图 2-27 所示。

示例代码 2-29　demo0229.html

```
<!DOCTYPE HTML>
<html>
<head>
    <meta charset="utf-8">
    <title>插入滑动条示例</title>
</head>
<body>
<form>
    <p>拖动鼠标选择大于或等于 1 的数值：
        <input type="range" name="r1" min="1" value="1"/></p>
    <p>拖动鼠标选择 1 ~ 10 的数值：
        <input type="range" name="r2" min="1" max="10" step="3" value="2"/></p>
</form>
</body>
</html>
```

3. 日期选择器

HTML5 拥有多个可供选取日期和时间的 input 类型，只要将<input>标记中的 type 属性值设置为以下任一种类型就可以完成日期选择器的定义。

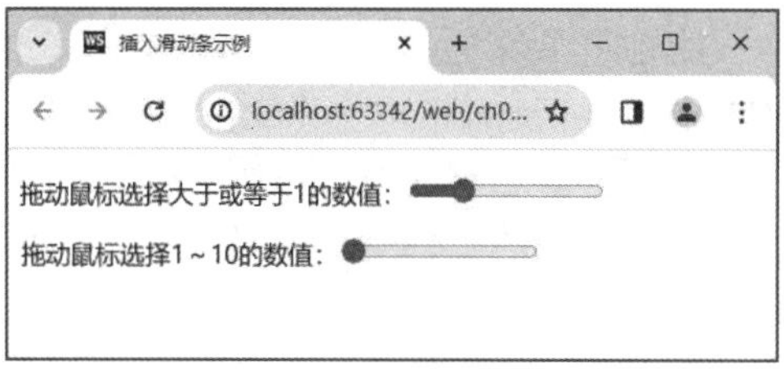

- date：选取日、月、年。
- month：选取月、年。
- week：选取周、年。
- time：选取时间（小时和分钟）。
- datetime：选取时间、日、月、年（UTC 标准时间）。
- datetime-local：选取时间、日、月、年（本地时间）。

图 2-27　滑动条的浏览结果

示例代码 2-30 定义了一个日期选择器，type 属性值为 date，即可以在日期选择器中选择包含日、月、年的数据，浏览结果如图 2-28 所示。

示例代码 2-30　demo0230.html

```
<!DOCTYPE HTML>
<html>
<head>
    <meta charset="utf-8">
    <title>日期选择器示例</title>
</head>
<body align="center">
<form>请选择日期：<input name="user_date" type="date"/></form>
</body>
</html>
```

如果将示例代码 2-30 中的 type 属性值修改为 "month"，则在浏览器中使用日期选择器时，只能选择包含月、年的数据，效果如图 2-29 所示。

< 55 >

图 2-28　date 类型的日期选择器　　　　　　　　图 2-29　month 类型的日期选择器

4．url 类型

url 类型的 input 元素是一种专门用来输入 URL 的文本框。提交时，如果该文本框中内容不符合 URL 格式，则不允许提交。url 类型的 input 元素的代码如下。

```
<input name="url1" type="url" value="#" />
```

5．email 类型

email 类型的 input 元素是一种专门用来输入 E-mail 地址的文本框。提交时，如果该文本框中内容不符合 E-mail 地址格式，则不允许提交，但是它并不检查该 E-mail 地址是否存在。提交时，email 类型的文本框可以为空，除非添加了 required 属性。

email 类型的文本框具有一个 multiple 属性，它允许在该文本框中输入多个以逗号分隔的 E-mail 地址。当然，并不强制要求用户输入 E-mail 地址列表。email 类型的 input 元素的使用方法如下。

```
<input name="email1" type="email" value=fengning@163.com />
```

2.9　内嵌框架

框架是一种在一个浏览器窗口中显示多个 HTML 文件的网页制作技术。使用框架，可以把一个浏览器窗口划分为若干个子窗口，每个子窗口显示不同的内容。HTML5 已经不支持 frameset 框架集，内嵌框架 iframe 在网站导航、网络广告等方面广泛应用。

内嵌框架也叫浮动框架，是在当前浏览器窗口中嵌入子窗口，也就是将一个文档嵌入子窗口中显示。内嵌框架将嵌入的文档与整个网页的内容相互融合，形成一个整体。<iframe>标记用于在网页中插入内嵌框架，语法格式如下。

```
<iframe src="url"></iframe>
```

<iframe>标记主要有 src、name、width 等属性，其常用属性及说明如表 2-18 所示。

表 2-18　<iframe>标记的常用属性及说明

属　　性	说　　明
src	源文件的路径与文件名
width	内嵌框架的窗口宽度
height	内嵌框架的窗口高度

< 56 >

续表

属　　性	说　　明
name	框架名称，是超链接标记的 target 所需参数
scrolling	是否显示滚动条，默认为 auto，表示根据需要自动出现。yes 表示显示，no 表示隐藏

1．src 属性和 name 属性

（1）src 属性

src 属性指明框架中显示的文件的路径和文件名。该文件是框架窗口的初始内容，可以是一个 HTML 文档、一张图像或其他文档。当浏览器加载完网页时，就会加载框架窗口的初始内容。

如果 src 属性指定的文件与当前网页文件不在同一文件夹，需要添加路径。

（2）name 属性

name 属性用于为框架自定义名称。

用 name 属性定义框架名称不会影响框架的显示效果。设置了 name 属性后，可以通过超链接标记 <a>的 target 属性设置显示在内嵌框架窗口的网页。

2．width/height 属性和 scrolling 属性

（1）width/height 属性

width 和 height 属性设定内嵌框架窗口的大小。例如，<iframe src= "test.html" height="150px" width="300px"></iframe>的功能是将 test.html 网页嵌入框架窗口中，该窗口的高度为 150px，宽度为 300px。

<td><iframe src="test.html" height="50%" width="90%"></iframe></td>的功能是将 test.html 网页嵌入单元格的内嵌框架窗口中，同时定义内嵌框架窗口的高度为所在单元格高度的 50%，宽度为所在单元格宽度的 90%。

（2）scrolling 属性

使用 scrolling 属性指定内嵌框架窗口是否显示滚动条。例如，<iframe src="test.html" scrolling="no"></iframe>表示 test.html 为显示在内嵌框架窗口中的网页，隐藏内嵌框架窗口的滚动条。但要注意，HTML5 已不支持 scrolling 属性。

示例代码 2-31 在表格的单元格中定义内嵌框架，同时指定内嵌框架窗口的名称，并在网页中定义超链接，链接目标为内嵌框架窗口。

示例代码 2-31　demo0231.html

```
<!DOCTYPE HTML>
<html>
<head>
    <meta charset=utf-8>
    <title>内嵌框架示例</title>
</head>
<body>
<table width="980" border="1" align="center" bgcolor="#99CCFF">
    <tr>
        <td width="150" align="center">
            北京的展馆
        </td>
        <td height="400" rowspan="4">
            <iframe src="" width="100%" height="100%" name="test"></iframe>
        </td>
    </tr>
    <tr>
```

< 57 >

```
        <td  align="center"><a href="#" target="test">中国国家博物馆</a></td>
    </tr>
    <tr>
        <td align="center"><a href="#" target="test">中国航空博物馆</a></td>
    </tr>
    <tr>
        <td align="center"><a href="        www.namoc.org/" target="test">
中国美术馆 </a></td>
    </tr>
</table>
</body>
</html>
```

　　在浏览器中查看网页的初始显示效果，右侧没有链接到任何网页，显示为空。用鼠标单击左侧链接文本"中国美术馆"，可在名为"test"的 iframe 窗口中打开链接网页，即中国美术馆网站的首页，如图 2-30 所示。如果定义超链接时没有指定 target，就会在当前浏览器窗口中打开链接网页。

图 2-30　单击链接文本，在框架窗口打开链接网页的浏览结果

2.10 应用示例

2.10.1 完成会员注册表单

　　示例代码 2-32 定义了会员注册表单，其中包含文本框、密码框、单选按钮、复选框、列表框、提交按钮和重置按钮等表单元素，还应用了 HTML5 增加的 placeholder、autofocus、list、required 等表单属性，以及 HTML5 增加的 input 类型，例如 number、range、email 等。实现要点如下。

　　（1）为实现排版效果，表单元素置于表格中；表格为 3 列，其中的第 3 列说明表单的类型或表单的相关属性。

　　（2）使用嵌入的样式表定义表格大小，设置表格的外边距、边框、文字大小等属性。

　　示例代码 2-32 如下，浏览结果如图 2-31 所示。

示例代码 2-32　demo0232.html

```
<!DOCTYPE html >
<html>
<head>
    <title>会员注册表单</title>
```

< 58 >

```
    <meta charset="utf-8">
    <style type="text/css">          /*嵌入的样式表*/
    table {
        width: 420px;
        margin: 0 auto;
        border: 1px solid black;
        border-collapse: collapse;
        font-size: 13px;
    }
    </style>
</head>
<body>
<form name="form1" method="post" action="success.html">
    <table border="1">
        <tr>
            <td  colspan="3"><img  src="images/scene3.jpg"  style="margin:0
auto"></td>
        </tr>
        <tr>
            <th height="32" colspan="3">会员注册表单</th>
        </tr>
        <tr>
            <td width="80">用户名: </td>
            <td  width="230"><input  type="text"  name="myname"  autofocus
required></td>
            <td>autofocus</td>
        </tr>
        <tr>
            <td>密码: </td>
            <td><input type="password" name="mypassword"></td>
            <td>type="password"</td>
        </tr>
        <tr>
            <td>确认密码: </td>
            <td><input type="password" name="repassword"></td>
            <td></td>
        </tr>
        <tr>
            <td>性别: </td>
            <td><input type="radio" name="rad" value="rad1">男
                <input type="radio" name="rad" value="rad2">女
            </td>
            <td>type="radio"</td>
        </tr>
        <tr>
            <td>电子邮箱: </td>
            <td><input type="email" name="myemail" required></td>
            <td>type="email"</td>
        </tr>
        <tr>
            <td>联系电话: </td>
            <td><input type="tel" name="tel" required></td>
            <td> type="tel"</td>
        </tr>
        <tr>
            <td>年龄: </td>
            <td><input type="number" name="myage" min=16 max=28></td>
```

< 59 >

```
            <td>type="number"</td>
        </tr>
        <tr>
            <td>专业：</td>
            <td><input type="text" list="alist" name="mydepartment"
placeholder="maths">
                <datalist id="alist">
                    <option value="computer"></option>
                    <option value="physics"></option>
                    <option value="chinese"></option>
                    <option value="maths"></option>
                </datalist>
            </td>
            <td>datalist</td>
        </tr>
        <tr>
            <td>出生日期：</td>
            <td><input type="date" name="birthdate"></td>
            <td>type="date"</td>
        </tr>
        <tr>
            <td>选择颜色：</td>
            <td><input type="color" name="mycolor">
            </td>
            <td>type="color"</td>
        </tr>
        <tr>
            <td>等级：</td>
            <td><input type="range" name="rank" min=2 max=8 step=2 value="2"
onChange="showr.value=value">
                <output id="showr">4</output> 级
            </td>
            <td>type="range"</td>
        </tr>
        <tr>
            <td>爱好：</td>
            <td>
                <input name="check1" type="checkbox" value="sport">户外
                <input name="check2" type="checkbox" value="voice">音乐
                <input name="check3" type="checkbox" value="movie">电影
                <input name="check4" type="checkbox" value="shopping">购物
            </td>
            <td>type="checkbox"</td>
        </tr>
        <tr>
            <td>所在地：</td>
            <td>
                <select name="menu2" size="">
                    <option value="2">北京</option>
                    <option value="3">上海</option>
                    <option value="4">大连</option>
                    <option value="5">其他</option>
                </select>
            </td>
            <td></td>
        </tr>
        <tr>
```

< 60 >

```
            <td><input name="sub" type="submit" value="提交"></td>
            <td><input name="reset" type="reset" value="重置"></td>
            <td></td>
        </tr>
    </table>
</form>
</body>
</html>>
```

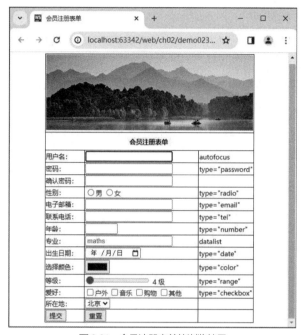

图 2-31 会员注册表单的浏览结果

2.10.2 制作"学习经典，传承文化"网页

示例代码 2-33 应用 HTML5 标记和属性制作一个"学习经典，传承文化"网页。因为还没有学习 CSS，示例只完成基本的文档内容和格式控制，实现要点如下。

（1）网页头部由<header>标记定义，其中使用了<h1>标记和<p>标记，<p>标记用于控制头部和主体的距离。

（2）网页主体由<section>标记定义，其中包括图像、标题、文本和水平线等元素，设置了图像的 align="right"属性和 hspace="20"属性。为水平线设置了 color 属性。

（3）导航部分由<nav>标记定义，其中包含定义在列表中的超链接。

（4）页脚部分由<footer>标记定义。

示例代码 2-33 如下，浏览结果如图 2-32 所示，后续章节将应用 CSS 完善该网页。

示例代码 2-33 demo0233.html

```
<!DOCTYPE html>
<html>
<head>
    <meta charset="UTF-8">
    <title>一起学经典</title>
</head>
```

< 61 >

```
<body>
<header>
    <h1>学习经典，传承文化</h1>
    <p> </p>
</header>
<section>
    <img src="images/wuzi2.jpg" title="孟子" width="360px" align="right"
hspace="20"/>
    <h3>夫物之不齐，物之情也</h3>
    <hr color="#e4e4e4"/>
    <p> 出自《孟子·滕文公上》 </p>
    <hr color="#e4e4e4"/>
    <p>习近平主席在 2014 年 3 月的联合国教科文组织总部的演讲，2015 年 3 月的博鳌亚洲论坛
年会的演讲，都曾引用过。</p>
    <p> "夫物之不齐，物之情也"，物有千差万别，这是客观规律。对此，朱熹解释为："孟子言物
之不齐，乃其自然之理。"意思是世界上的事物各有差异，这就是造物者的自然情况。<br>引申来看，这
种求同存异的态度、这种包容并蓄的精神，正是从传统的经典角度、以哲学的理论高度，释读了当前我们
所强调的多元文化并存的世界观。
    </p>
</section>
<nav><h3>书目</h3>
    <ul>
        <li><a href="">《大学》</a></li>
        <li><a href="">《中庸》</a></li>
        <li><a href="">《论语》</a></li>
        <li><a href="">《孟子》</a></li>
    </ul>
</nav>
<footer align="right">
    <hr>
    <p>这个世界，绝不会因为到处雷同而精彩，只会因为差异互补而丰富。</p>
</footer>
</body>
</html>
```

图 2-32　"学习经典，传承文化"网页的浏览结果

< 62 >

本章小结

本章介绍了 HTML 的含义及发展，分类介绍了 HTML 的常用标记及其属性，重点介绍了以下内容。

（1）HTML 文档结构及 HTML 文件的书写规范。

（2）修饰网页标题、文字、段落等的标记，包括<h1>～<h6>、<p>、<div>、<span>等，以及 HTML5 中的用于描述文档结构的标记，包括<article>、<section>、<nav>、<aside>等。

（3）3 种列表标记，包括有序列表标记<ol>、无序列表标记<ul>、自定义列表标记<dl>，以及列表项标记<li>。

（4）超链接标记<a>、超链接类型及路径。注意内部链接、外部链接和书签链接的区别，以及绝对路径、相对路径和根路径的区别。在网页制作中，内部链接多采用相对路径。

（5）插入多媒体元素的标记，包括图像标记<img>、多媒体文件标记<embed>，以及 HTML5 的视频标记<video>和音频标记<audio>。

（6）表格标记包括<table>、<tr>、<td>、<th>等。HTML5 中仅保留了表格的 border 属性和单元格的 colspan、rowspan 属性。HTML5 中主要通过 CSS 来修饰表格。

（7）表单定义标记<form>、输入标记<input>及各种 input 类型、列表框标记<select>、文本域标记<textarea>、HTML5 增加的 input 类型等。

（8）内嵌框架标记<iframe>。

一些 HTML 标记及属性已不再被 HTML5 支持，但有些主流浏览器仍然支持，制作网页时可以根据需要灵活使用。

1. 简答题

（1）HTML 常用的文档结构标记包括哪些？HTML 文档有哪些书写规范？

（2）定义列表的标记有哪几种？各种列表标记之间可以嵌套使用吗？

（3）在网页中插入图像使用什么标记？该标记有哪些常用属性？

（4）HTML5 插入视频使用什么标记？描述其语法格式及属性的功能。

（5）绝对路径、相对路径和根路径的区别是什么？

（6）如何为网页添加超链接？定义超链接目标窗口的属性和取值是什么？

（7）表单中文本框和密码框在定义方法和实现效果上有什么区别？在表单中定义一组单选按钮和一组复选框在方法上有什么区别？

2. 实践题

（1）使用无序列表标记<ul>和有序列表标记<ol>定义如图 2-33 所示的嵌套列表，链接文件可自定义或使用 "#"。

（2）在网页中插入图像和文本，要求图像宽度为浏览器窗口的 50%，图像边框宽度为 4px，替代文字为 "图像欣赏"，图像显示在文字左侧。

（3）在网页中插入视频，视频设置要求如下：

① 宽度为 320px，高度为 240px；

② 显示视频播放器控件；

< 63 >

③ 视频循环播放；

④ 首选播放 OGG 格式文件，其次播放为 MPEG4 格式文件和 WebM 格式文件（要求准备 3 种不同格式的文件）；

⑤ 若不支持 video 元素，则显示提示文字"请选用其他高版本浏览器尝试播放此视频"。

（4）完成如图 2-34 所示的表单。

图 2-33　实践题（1）的浏览结果

图 2-34　实践题（4）的浏览结果

< 64 >

CSS3 技术及其应用

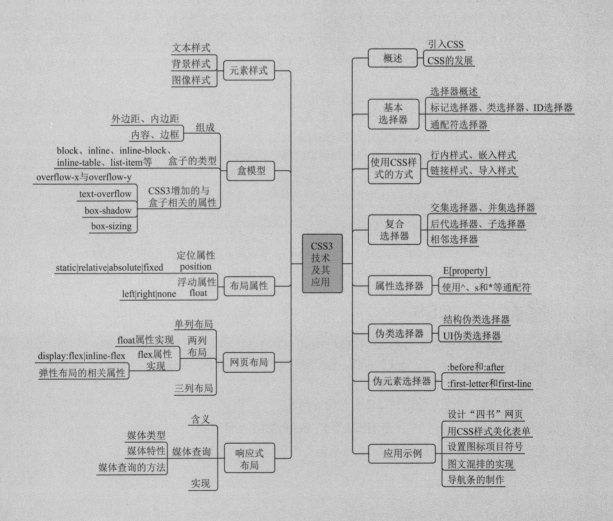

第**3**章 | 选择网页元素——使用 CSS 选择器

本章导读

HTML 定义了一系列标记和属性，主要用于描述网页的结构和定义一些基本的样式。更多的文本、图像和背景等的样式在 HTML 中并没有涉及。有一种技术可以对文本、图像和背景等的样式实现更加精确的控制，这种技术就是 CSS。CSS3 是 CSS 的升级版本，以模块化的方式对 CSS 的功能重新加以组织，目前已经得到大多数浏览器的支持。本章介绍 CSS3 的选择器。

知识要点

- 理解 CSS 在 Web 前端开发中的作用。
- 了解选择器的作用和 CSS 的语法格式。
- 掌握在 HTML 文件中使用 CSS 样式的方法。
- 使用复合选择器、属性选择器和伪类选择器等选择网页元素。

3.1 CSS 概述

CSS 概述

CSS 对应的中文为串联样式表，也称为 CSS 样式表或样式表，对应的文件扩展名为 ".css"。CSS 是用于定义网页样式，并允许将网页内容与样式分离的一种标记语言。

3.1.1 引入 CSS

在 CSS 还没有被引入网页设计之前，使用 HTML 设计网页是十分麻烦的。例如，一个网页中有多处用<h2>标记定义的标题，如果要把它们设置为蓝色，并设置字体和字号，则需要引入<font>标记，并设置其属性。

示例代码 3-1 就是使用 HTML 标记设计网页。

示例代码 3-1　demo0301.html

```
<!DOCTYPE html>
<html>
<head>
    <meta charset="utf-8">
    <title>学习经典</title>
</head>
<body bgcolor="#CCCCCC">
<h1 align="center">《孟子》摘抄</h1>
<h2><font face="幼圆" size="+1" color="blue">穷则独善其身，达则兼善天下。
</font></h2>
```

```
<br/>穷困时，独自保持自己的善性，得志时还应使天下人保持善性。<br>意指人在不得志时，需洁
身自好，提高个人修养和品德；人在成功时，要将善发扬光大，努力改善世界。
<h2><font face="幼圆" size="+1" color="blue">生于忧患而死于安乐。</font></h2>
处在忧虑祸患中可以使人或国家生存，处在安逸享乐中可以使人或国家消亡。<br>生活中的困难和挑
战是人成长和进步的动力。要想生命有意义，就必须勇敢地面对困难和挑战，不断成长和进步。
<h2><font face="幼圆" size="+1" color="blue">尽信书，则不如无书。</font></h2>
如果一个人完全相信书，那么他还不如不读书。<br>书只是一种资源，而不是绝对的真理，人应该通过自
己的思考和实践来验证书中的内容，而不是盲目地相信。因此，人要拥有独立思考的能力，不要被书所束缚。
</body>
</html>
```

示例代码 3-1 的浏览结果如图 3-1 所示。3 个二级标题均为蓝色、幼圆字体，字号是+1。如果要修
改网页中的 3 个二级标题，则需要修改每个二级标题的<font>标记。如果一个网站的多个网页都需要
修改类似的<font>标记，则工作量非常大，也很难实现。在 HTML5 标准中，<font>标记已经被抛弃，
需要使用 CSS 来实现。

图 3-1　使用 HTML 标记设计的网页的浏览结果

引入 CSS 后，代码如示例代码 3-2 所示。

示例代码 3-2　demo0302.html

```
<!DOCTYPE html>
<html>
<head>
    <meta charset="utf-8">
    <title>学习经典</title>
    <style type="text/css">
        h2{
            font-family:"幼圆";
            font-size:16px;
            color:blue;
        }
    </style>
</head>
<body bgcolor="#CCCCCC">
<h1 style="text-align: center">《孟子》摘抄</h1>
<h2>穷则独善其身，达则兼善天下。</h2>
<br/>穷困时，独自保持自己的善性，得志时还应使天下人保持善性。<br>意指人在不得志时，需洁
身自好，提高个人修养和品德；人在成功时，要将善发扬光大，努力改善世界。
<h2>生于忧患而死于安乐。</h2>
```

< 67 >

处在忧虑祸患中可以使人或国家生存，处在安逸享乐中可以使人或国家消亡。
生活中的困难和挑战是人成长和进步的动力。要想生命有意义，就必须勇敢地面对困难和挑战，不断成长和进步。
<h2>尽信书，则不如无书。</h2>
如果一个人完全相信书，那么他还不如不读书。
书只是一种资源，而不是绝对的真理，人应该通过自己的思考和实践来验证书中的内容，而不是盲目地相信。因此，人要拥有独立思考的能力，不要被书所束缚。
</body>
</html>

示例代码 3-2 的浏览结果与示例代码 3-1 的是完全一样的。观察示例代码 3-2 中的粗体部分，可以发现，网页中的<font>标记、bgcolor 属性全部消失了，取而代之的是<style>标记，这种<style>标记（属性）中定义的代码就是 CSS。下面的代码使用 CSS 定义<h2>标记的样式。

```
<style>
    h2{
        font-family:"幼圆";
        font-size:16px;
        color:blue;
    }
</style>
```

网页中<h2>标记的样式由上面的代码设置，如果希望修改该标题的样式为绿色、黑体，字号为 14px，只需更改代码，具体如下。

```
<style>
    h2{
        font-family:"黑体";
        font-size:14px;
        color:green;
    }
</style>
```

在浏览器中测试时可以看出网页样式的变化。使用 CSS 有以下几个主要优点。

（1）实现结构和样式分离

将"网页结构代码"和"网页样式代码"分离开，从而使开发者可以对网页布局进行更多控制。可以设置整个网站上的所有网页都引用某个 CSS 文件，开发者只需要修改 CSS 文件中的内容，就可以改变整个网站的样式。

（2）扩充 HTML 标记的功能

HTML 本身的标记并不是很多，而且很多标记都是关于网页结构和内容的，关于内容样式（如文字间距、段落缩进、行高等）的标记很难在 HTML 中找到。CSS 样式扩充了 HTML 标记的功能。

（3）提高网站维护效率

CSS 解决了为修改某个标记的格式，需要在网站中花费很多时间来定位这个标记的问题。对整个网站而言，后期修改和维护成本大大降低。

（4）实现精美的网页布局

DIV+CSS 是一种常见的布局方式，它以"块"为结构，用简洁的代码实现精准的定位，方便网站后期的修改和维护，同时优化搜索引擎的搜索，网页载入更快捷。

3.1.2 CSS 的发展

引入 CSS 是为了使 HTML 更好地适应网页的样式设计。CSS 以 HTML 为基础，提供了丰富的样式定义功能，如字体、背景和布局定义，用户还可以根据网页的大小设置不同的样式。CSS 技术日趋

< 68 >

成熟，其发展经历了 CSS1、CSS2、CSS3 这 3 个不断完善的规范。

1．CSS 的不断改进

1996 年 12 月，W3C 发布了 CSS1 规范，该规范主要定义了网页的基本属性，如字体、颜色、字符间距和行距等。

1998 年 5 月，CSS2 规范发布。CSS2 规范包含 CSS1 所有的功能，在其基础上添加了浮动和定位等功能，并增加了子选择器、相邻选择器和通用选择器等内容。

2001 年 5 月，W3C 完成了 CSS3 的工作草案。该草案制定了 CSS3 的发展路线，将 CSS3 划分为若干个相互独立的模块，这有助于厘清模块化规范之间的关系，从而减小 CSS 文件的大小。

目前主要使用的是 CSS3 规范，CSS3 的新功能（样式）已经得到各种主流浏览器的支持，但不同浏览器对 CSS3 中一些细节的处理可能存在差异。

2．早期版本浏览器对 CSS3 的支持

部分早期版本浏览器可能不支持 CSS3 增加的标记和属性，或者支持但显示效果略有区别。例如，CSS3 中的 border-image 属性用来设计图像边框，如果在早期版本的 IE 浏览器、Chrome 浏览器和 Firefox 浏览器中应用，需要使用不同的前缀分别进行声明，但语法上并没有大的变化。设置一个 div 元素的 border-image 属性的代码如下：

```
div {
    border-image:url(images/borderimage.png) 20/18px;   /*IE 浏览器*/
    -moz-border-image:url(images/borderimage.png) 20/18px;/*Chrome 浏览器*/
    -webkit-border-image:url(images/borderimage.png) 20/18px;/*Firefox浏览器*/
    padding:20px;
}
```

大多数浏览器都支持 CSS3，用户可以使用统一的标记和属性，在不同浏览器上实现一致的显示效果，使网页代码更加简单。

3．CSS 的编辑工具

CSS 文件和 HTML 文件一样，都是文本文件，可以使用如 Notepad3、"记事本"程序等文本编辑工具编辑，也可以选择专业的 CSS 编辑工具（如 WebStorm、VS Code、IntelliJ IDEA 等）编辑。本书使用 WebStorm 集成开发环境，该环境对 CSS3 提供足够的语法提示。

3.2 CSS 基本选择器

CSS 的样式定义由若干条样式规则组成，这些样式规则通过不同的选择器（selector）应用到不同的 HTML 元素。CSS 的样式定义就是对指定选择器的某个属性进行设置，并给出该属性的值。CSS 的基本选择器包括标记选择器、类选择器和 ID 选择器 3 种，这些选择器有不同的作用范围。此外，CSS 还包括交集选择器、并集选择器和后代选择器等复合选择器。

3.2.1 选择器概述

可将 CSS 理解为由多个选择器组成的集合，每个选择器包括 3 个部分：选择器名称、属性和值。选择器格式描述如下。

```
selector {
    property:value;
}
```

< 69 >

其中，selector 有不同的形式，可以是 HTML 标记（例如<body>、<table>、<p>等），也可以是用户自定义标记；property 是选择器的属性；value 是属性的值。如果需要定义选择器的多个属性，则属性和属性值为一组，组与组之间用分号（;）分隔。下面是<p>标记的 CSS 样式，其中的代码 type="text/css" 可以省略。

```
<style type="text/css">
    p {
        font-family: "华文细黑", "宋体";
        color: white;
        background-color: blue;
    }
</style>
```

上面代码中设置<p>标记的字体为华文细黑或宋体（如果浏览器不支持华文细黑，采用备用的宋体显示），文字颜色是白色，背景色是蓝色。如果需要更改<p>标记的样式，修改其中的属性值就可以了。

选择器是 CSS 中重要的概念，所有 HTML 标记的样式都可以通过选择器来设置。我们只需要通过选择器对不同的 HTML 标记进行选择，并赋予各种样式规则，就可以实现各种样式。

可以将用 CSS 设计的网页和我们生活中的地图进行比较。在地图上可以看到一些"图例"，比如河流用蓝色的线表示，公路用红色的线表示，省会城市用黑色圆点表示，等等。当图例变化时，地图上的表现形式肯定要发生变化。对应到 CSS 中，选择器即图例，当选择器的属性发生变化时，网页的表现形式也要改变。本质上，这就是一种"内容"与"表现形式"的对应关系。

因此，为了能够使 CSS 样式与各种 HTML 元素对应起来，我们就应当定义一套完整的规则，实现 CSS 对不同 HTML 元素的"选择"，这就是"选择器"的由来。

3.2.2 标记选择器

一个 HTML 网页由很多不同的标记组成，例如<p>、<h1>、<div>等。标记选择器用于声明 HTML 标记的 CSS 样式，每一种 HTML 标记的名称都可以作为标记选择器的名称。例如 p 选择器就是用来声明网页中所有<p>标记的样式的。标记选择器的语法格式如下。

```
tagName {
    property:value;
}
```

tagName 是 HTML 标记，标记选择器由若干属性和值来定义。需要注意的是，CSS 语句对所有属性和值都有严格要求。如果声明的属性在 CSS 规范中不存在，或者某个属性的值不符合该属性的要求，都不能使该 CSS 语句生效。

3.2.3 类选择器

标记选择器用于设置网页中所有同类标记的样式。例如，当声明了<h2>标记的文字样式为蓝色、隶书时，网页中所有的<h2>标记都将发生变化。如果希望网页中部分<h2>标记的文字样式为蓝色、隶书，而另一部分<h2>标记的文字样式为绿色、黑体，仅使用标记选择器是远远不够的，还需要使用类选择器。

类选择器为网页元素提供更具体的格式控制，语法格式如下。

```
.className {
```

< 70 >

```
        property:value;
    }
```

className 是选择器的名称，具体由用户自己命名。如果一个标记具有 class 属性且属性值为 className，那么该标记呈现的样式由类选择器指定。在定义类选择器时，需要在 className 前面加一个句点 "."。示例代码 3-3 是标记选择器和类选择器的应用。

示例代码 3-3　demo0303.html

```html
<!DOCTYPE html>
<html>
<head>
    <meta charset="utf-8">
    <style type="text/css">
        h2 { /*标记选择器*/
            font-family: "幼圆";
            font-size: 16px;
            color: blue;
        }
        .special1 { /*类选择器*/
            line-height: 140%;
            background-color: #999;
        }
        .special2 { /*类选择器*/
            line-height: 200%;
            font-size: 12px;
        }
    </style>
</head>
<body style="background: #CCC;">
<h1 style="text-align: center">《孟子》摘抄</h1>
<h2>穷则独善其身，达则兼善天下。</font></h2>
<p class="special1">穷困时，独自保持自己的善性，得志时还应使天下人保持善性。<br>意指
人在不得志时，需洁身自好，提高个人修养和品德；人在成功时，要将善发扬光大，努力改善世界。
</p>
<h2>生于忧患而死于安乐。</h2>
<div class="special2">处在忧虑祸患中可以使人或国家生存，处在安逸享乐中可以使人或国家
消亡。<br>生活中的困难和挑战是人成长和进步的动力。要想生命有意义，就必须勇敢地面对困难和挑战，
不断成长和进步。
</div>
<h2>尽信书，则不如无书。</h2>
如果一个人完全相信书，那么他还不如不读书。
<p class="special1">书只是一种资源，而不是绝对的真理，人应该通过自己的思考和实践来验
证书中的内容，而不是盲目地相信。因此，人要拥有独立思考的能力，不要被书所束缚。
</p>
</body>
</html>
```

示例代码 3-3 定义了一个标记选择器 h2，两个类选择器分别为.special1 和.special2。类选择器的名称可以是任意英文字符串，或以英文开头的英文与数字的组合。类选择器在标记<p>和<div>中应用，呈现了不同的显示方式，浏览结果如图 3-2 所示。

< 71 >

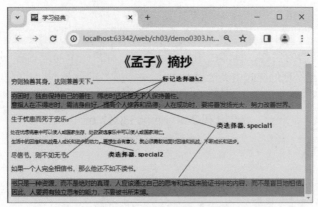

图 3-2　使用标记选择器和类选择器的浏览结果

3.2.4　ID 选择器

ID 选择器和类选择器在设置样式的方式上类似，都是对特定属性的属性值进行设置。但 ID 选择器的一个重要功能是用作网页元素的唯一标识，所以，HTML 文件中一个元素的 id 属性值是唯一的。定义 ID 选择器的语法格式如下。

```
#idName {
    property:value;
}
```

idName 是选择器名称，可以由用户自行定义。如果某标记具有 id 属性，并且该属性值为 idName，那么该标记呈现的样式由该 ID 选择器指定。通常情况下，id 属性值在文档中具有唯一性。在定义 ID 选择器时，需要在 idName 前面加一个"#"符号，例如下面的代码：

```
#font_1{
    font-family:"幼圆";
    color:#00F;
}
```

类选择器与 ID 选择器主要区别如下。

（1）类选择器可以给任意数量的标记定义样式，但 ID 选择器在网页的标记中只能使用一次。

（2）ID 选择器比类选择器具有更高的优先级，即当 ID 选择器与类选择器在样式定义上发生冲突时，优先使用 ID 选择器定义的样式。

示例代码 3-4 是 ID 选择器的应用。

示例代码 3-4　demo0304.html

```
<!DOCTYPE html>
<html>
<head>
    <meta charset="utf-8">
    <style>
        body {
            font-size: 16px;
        }
        p {
            text-indent: 2em;
        }
```

< 72 >

```
        #ss1 {  /*ID 选择器*/
            font-family: "微软雅黑";
            color: #00F;
            background-color: #CCCCCC;
            line-height: 120%;
        }
        #ss2 {
            line-height: 130%;
            font-family: 华文中宋, 仿宋;
        }
    </style>
</head>
<body>
    <p id="ss1">《孟子》是中国儒家典籍中的一部，为《四书》之一，成书大约在战国中期，记录了
战国时期思想家孟子的治国思想和政治策略，是根据孟子及其弟子的记录整理而成的。</p>
    <p id="ss2">《孟子》现存 7 篇 14 卷，内容丰富，涉及政治、哲学、伦理、经济、教育、文艺等
多个方面，对后世影响深远。</p>
    <p>孟子是儒家学派最主要的代表人物之一，他继承和发展了孔子的学说，与孔子合称 "孔孟"。孟子
主张法先王、行仁政，提出 "民贵君轻" 的民本思想。
    </p>
</body>
</html>
```

示例代码 3-4 的浏览结果如图 3-3 所示。第 1 段使用微软雅黑字体，蓝色文字、灰色背景，行距为 120%；第 2 段使用华文中宋字体，行距为 130%。

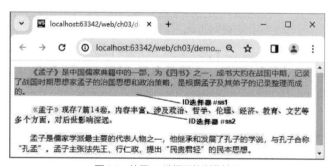

图 3-3　使用 ID 选择器的浏览结果

如果修改示例代码 3-4，在第 1 段和第 3 段中同时使用名为 "ss" 的 ID 选择器，都会显示 CSS 定义样式，但将 ID 选择器用于多个标记是存在隐患的，因为每个标记定义的 id 不仅可以被 CSS 调用，还可以被 JavaScript 脚本调用。如果一个 HTML 页面中有多个相同 id 的标记，那么 JavaScript 在查找 id 时将会报告错误。

因为 JavaScript 可以调用 HTML 代码中设置的 id，所以 ID 选择器一直被广泛使用。用户在编写 HTML 代码时应该养成一个习惯，即一个 id 只赋予一个 HTML 标记。

除了前面的标记选择器、类选择器和 ID 选择器，CSS 中还支持将*作为选择器标识，表示通配符选择器。通配符选择器用于匹配网页中的所有元素，应用场景是定义网站全局样式，例如下面的代码：

```
* {
    margin: 0;   /*外边距为 0*/
    padding: 0;  /*内边距为 0*/
    list-style: none;
}
```

相关属性的含义将在后面章节中介绍。

< 73 >

3.3 在 HTML 文件中使用 CSS 样式的方式

为了保证 CSS 样式能够在网页中产生作用，需要将 CSS 样式和 HTML 文件链接在一起。在 HTML 文件中使用 CSS 样式的方式有 4 种：行内样式、嵌入样式、链接样式和导入样式。

3.3.1 行内样式

行内样式是最简单的一种方式，这种方式直接把 CSS 代码添加到 HTML 标记中，由 style 属性定义，例如：

```
<h1 style="color:blue; font-style:bold"></h1>
```

行内样式只对样式所在的标记和嵌套在其中的子标记有效。从应用范围看，行内样式不如嵌入样式、链接样式及导入样式，但为局部内容设置样式时非常方便。

3.3.2 嵌入样式

嵌入样式将 CSS 样式作为网页代码的一部分，写在 HTML 文档的<head>和</head>之间，通过<style>和</style>标记来定义。嵌入样式与行内样式有相似的地方，但是也有不同的地方，行内样式的应用范围只针对当前标记，而嵌入样式可以应用于整个 HTML 文档。

示例代码 3-4 就使用了嵌入样式。示例代码 3-5 是使用行内样式和嵌入样式的一个例子。

示例代码 3-5 demo0305.html

```
<!DOCTYPE html>
<html>
<head>
    <meta charset="utf-8">
    <style>              /*嵌入样式*/
    p {
        font-size: 14px;
        text-indent: 2em;
    }
    </style>
</head>
<body style="background-color:#f2f2f2; color:#00F">  <!--行内样式 -->
    <p>《孟子》是中国儒家典籍中的一部，为《四书》之一，成书大约在战国中期，记录了战国时期思想家孟子的治国思想和政治策略，是孟子和他的弟子记录并整理而成的。</p>
    <p>《孟子》现存 7 篇 14 卷，内容丰富，涉及政治、哲学、伦理、经济、教育、文艺等多个方面，对后世影响深远。</p>
    <p>孟子是儒家学派最主要的代表人物之一，他继承和发展了孔子的学说，与孔子合称"孔孟"。孟子主张法先王、行仁政，提出"民贵君轻"的民本思想。</p>
    </body>
    </html>
```

定义嵌入样式后，浏览器在整个网页中都应用该样式。使用嵌入样式的好处是方便用户调试当前网页，尤其是样式在特定网页应用时比较方便。但是使用嵌入样式时，维护和更新网站非常麻烦。对于包含多个网页的网站，且各网页的样式风格需要统一时，需要复制和粘贴样式定义到每个网页，而且修改的时候必须编辑每一个网页，这时候用链接样式是合适的。

< 74 >

3.3.3　链接样式

链接样式是在 HTML 文件中引入 CSS 样式时使用频率最高的方式，它很好地实现了"网页内容"和"样式定义"分离，方便了网站的前期制作和后期维护。同一个 CSS 文件可以链接到多个 HTML 文件中，甚至可以链接到整个网站的所有网页中，保证网站整体风格统一、协调，减少后期维护的工作量。

使用链接样式时，需要先定义一个扩展名为".css"的文件（外部样式表），比如文件 mystyle.css，该文件包含需要使用的 CSS 样式，不包含任何其他的 HTML 代码。创建 CSS 文件后，将其与要进行样式设置的 HTML 文件进行链接，这种链接是通过 HTML 的<link>标记来实现的，<link>标记只在 HTML 代码的<head></head>之间出现。链接样式的方法是在 HTML 文件的头部添加代码，格式如下。

```
<link rel="stylesheet" type="text/css" href="mystyle.css" />
```

<link>标记的主要属性如下。

（1）rel 属性指明了链接类型，定义 CSS 文件和 HTML 文件的链接关系时，取值为 stylesheet。

（2）type 属性指明了链接样式的文件类型，默认取值为 text/css。

（3）href 属性指出了链接样式的路径，可以是相对路径或绝对路径，也可以是 URL。

由于<link>只是一个开始标记，没有相匹配的结束标记，所以在结尾处添加一个斜线。示例代码 3-6 将 CSS 文件链接到 HTML 文件。

示例代码 3-6　mystyle.css 链接到 demo0306.html

（1）创建一个 CSS 文件 mystyle.css，该文件中的样式定义与示例代码 3-4 中的样式定义基本一致。

```
/* CSS 文件 mystyle.css */
body {
    font-size: 16px;
    background-color: #f2f2f2;
}
p {
    text-indent: 2em;
}
#ss1 { /*ID 选择器*/
    font-family: "幼圆";
    color: darkblue;

    line-height: 120%;
}
#ss2 {
    line-height: 130%;
    font-family: 华文中宋, 仿宋;
}
```

（2）完成一个 HTML 文件 demo0306.html，代码如下。

```
<!DOCTYPE html>
<html>
<head>
    <meta charset="utf-8">
    <link rel="stylesheet" href="mystyle.css">
</head>
<body>
<p id="ss1">《孟子》是中国儒家典籍中的一部，为《四书》之一，成书大约在战国中期，记录了
```

< 75 >

战国时期思想家孟子的治国思想和政治策略，是孟子和他的弟子记录并整理而成的。</p>
　　<p id="ss2">《孟子》现存 7 篇 14 卷，内容丰富，涉及政治、哲学、伦理、经济、教育、文艺等多个方面，对后世影响深远。</p>
　　<p>孟子是儒家学派最主要的代表人物之一，他继承和发展了孔子的学说，与孔子合称"孔孟"。孟子主张法先王、行仁政，提出"民贵君轻"的民本思想。
　　</p>
　　</body>
　　</html>

使用链接样式时，需要将 HTML 文件和 CSS 文件保存在同一个文件夹中，否则 href 属性需要指定正确的文件路径。链接样式的浏览结果如图 3-4 所示。

从示例代码 3-6 可以看到，文件 mystyle.css 将 CSS 代码从 HTML 文件中分离出来，然后在 HTML 文件的<head>和</head>标记之间加上语句：

图 3-4　链接样式的浏览结果

```
<link rel="stylesheet" href="mystyle.css">
```

将 CSS 文件链接到网页中，使用 CSS 实现样式控制。

链接样式的优势在于实现 CSS 代码与 HTML 代码完全分离，并且同一个 CSS 文件可以被不同的 HTML 文件链接使用。在设计网站时，要想实现相同的样式风格，可以将一个 CSS 文件链接到所有的网页。如果整个网站需要修改样式，只修改 CSS 文件即可。

3.3.4　导入样式

导入样式和链接样式的实现方式类似，也需要创建一个独立的外部 CSS 文件，然后将其导入 HTML 文件中。但导入样式和链接样式在语法格式和运行过程上有所差别。导入样式是在 HTML 文件初始化时将外部 CSS 文件导入 HTML 文件内，将其作为文件的一部分，类似于嵌入效果。而链接样式则是在 HTML 标记应用样式时才以链接方式引入 CSS 文件。

导入样式是在 HTML 文件的<style>标记中，使用@import 命令导入一个外部 CSS 文件，示例代码如下。

```
<style type="text/css">
    @import "mystyle.css";
</style>
```

其中，@import 命令必须在样式定义的开始部分（位于其他样式代码之前）。

示例代码 3-7 使用导入样式方式，其中的 CSS 文件 mystyle.css 的内容与示例代码 3-6 中的相同，但该文件保存在 css 文件夹内，最终浏览结果与图 3-4 所示一致。

<p align="center">示例代码 3-7　demo0307.html</p>

```
<!DOCTYPE html>
<html>
<head>
    <meta charset="utf-8">
    <style type="text/css">
        @import "css/mystyle.css";
    </style>
</head>
```

```
<body>
    <p id="ss1">《孟子》是中国儒家典籍中的一部，为《四书》之一，成书大约在战国中期，记录了
战国时期思想家孟子的治国思想和政治策略，是孟子和他的弟子记录并整理而成的。</p>
    <p id="ss2">《孟子》现存 7 篇 14 卷，内容丰富，涉及政治、哲学、伦理、经济、教育、文艺等
多个方面，对后世影响深远。</p>
    <p>孟子是儒家学派最主要的代表人物之一，他继承和发展了孔子的学说，与孔子合称"孔孟"。孟子
主张法先王、行仁政，提出"民贵君轻"的民本思想。</p>
</body>
</html>
```

3.3.5　CSS 样式的优先级

CSS 样式的优先级用于解决样式冲突问题，这些问题可能发生在标记选择器、类选择器和 ID 选择器作用于同一网页元素时，也可能发生在引用外部 CSS 文件时，下面逐一讨论。

1. 标记选择器、类选择器和 ID 选择器的优先级

一个网页可以使用标记选择器、类选择器和 ID 选择器，这些选择器的样式定义如果作用于同一元素，可能出现样式冲突。示例代码 3-8 在同一段文字上应用了标记选择器、类选择器和 ID 选择器，并且这些选择器的属性定义的样式存在冲突，用于比较这 3 种选择器的优先级。

示例代码 3-8　demo0308.html

```
<!DOCTYPE html>
<html>
<head>
    <meta charset="UTF-8">
    <title>Title</title>
    <style>
        p {
            color: red;
            font-size: 14px;
        }
        .class1 {
            color: green;
        }

        #first {
            color: blue;
        }
    </style>
</head>
<body>
<p id="first" class="class1"> "天下之本在国，国之本在家" "家是最小国，国是千万家"。
家国情怀，是中国人的一种文化基因。没有国家繁荣发展，就没有家庭幸福美满。同样，没有千千万万家
庭幸福美满，就没有国家繁荣发展。</p>
</body>
</html>
```

浏览该网页，文字显示为蓝色、14px，表明 ID 选择器在起作用；如果删除#first 的 CSS 定义，文字显示为绿色、14px，表明类选择器在起作用。通过对<p>标记的样式比较可以看出，3 种选择器的优先级顺序是：ID 选择器>类选择器>标记选择器。

2. 行内样式优先

如果同一个网页使用多种方式引入 CSS 样式，比如同时使用行内样式、链接样式和嵌入样式，当

< 77 >

以不同方式引入的样式定义共同作用于同一元素时，可能出现样式冲突。原则之一是行内样式优先。

应用 style 属性的标记，其样式优先级高于 ID 选择器和其他选择器定义的样式。例如，修改示例代码 3-8 的<p>标记代码：

```
<p id="first" class="class1" style="color:yellow;">"天下之本在国，国之本在家"
"家是最小国，国是千万家"。家国情怀，……</p>
```

文字显示为黄色、14px，体现了行内样式优先的原则。

3. 嵌入样式、链接样式和导入样式的优先级

下面通过示例代码 3-9 比较嵌入样式、链接样式和导入样式的优先级。

示例代码 3-9　link1.css、import1.css 和 demo0309.html

（1）完成 link1.css 和 import1.css 两个外部 CSS 文件，代码如下。

```
/* link1.css */
div {
    font-size:28px;
    font-style:italic;
    color:blue;
}


/* import1.css */
div {
    font-size:22px;
    font-weight: bolder;
    color:green;
}
```

（2）完成 demo0309.html，代码如下。

```
<!DOCTYPE html>
<html>
<head>
    <meta charset="utf-8">
    <link rel="stylesheet" href="css/link1.css">
    <style type="text/css">
        @import "css/import1.css";
    </style>
    <style>
        div {
            font-size: 16px;
            font-style: normal;
            color:red;
        }
    </style>
</head>
<body>
<div>天下之本在国，国之本在家</div>
</body>
</html>
```

此时，网页中文字样式是正体、16px、红色；如果删除嵌入样式的定义，文字样式是粗体、22px、绿色；如果删除导入样式的定义，文字样式是斜体、28px、蓝色。上述测试表明导入样式的优先级高于链接样式的优先级。

通过前面的例子可以看出，当 CSS 样式在不同位置（CSS 在 HTML 文档内或独立的 CSS 文件中）时，优先级顺序由高到低依次为：行内样式>嵌入样式>导入样式>链接样式。

< 78 >

4. 属性应用 "!important" 命令后具有最高的优先级

标记的属性应用 "!important" 命令后，将不再考虑权重和位置关系，使用 "!important" 的标记的属性具有最高的优先级，例如下面的代码：

```
div {
    font-size:28px;
    font-style:italic;
    color:blue !important;
}
```

应用以上样式的 div 元素中的文本会显示为蓝色（仅对 color 属性），因为应用 "!important" 命令的属性拥有最高的优先级。需要注意的是，"!important" 命令必须位于属性值和英文分号之间，否则无效。示例代码 3-10 是!important 命令的应用，浏览结果如图 3-5 所示。

示例代码 3-10　link2.css 和 demo0310.html

（1）完成 CSS 文件 link2.css，代码如下。

```
/* link2.css */
div {
    font-size:28px !important;
    font-style:italic;
    color:blue !important;
}
```

（2）完成 demo0310.html，代码如下。

```
<!DOCTYPE html>
<html>
<head>
    <meta charset="utf-8">
    <link rel="stylesheet" href="css/link2.css">
    <style>
        div {
            font-size: 16px;
            font-style: normal;
            color:red;
        }
    </style>
</head>
<body>
<div style="color:grey;">天下之本在国，国之本在家</div>
</body>
</html>
```

图 3-5　应用!important 命令的浏览结果

3.4 CSS 复合选择器

每个选择器都有它的作用范围。标记选择器、类选择器、ID 选择器是 3 种基本选择器，它们的作用范围都是一个单独的集合。例如，标记选择器的作用范围是使用该标记的所有元素的集合，类选择器的作用范围是自定义的某一类元素的集合。有时希望先对几种基本选择器的作用范围取交集、并集、子集，再对选中的元素定义样式，这时就要用到复合选择器了。

　　复合选择器就是由两个或多个基本选择器通过不同方式组合而成的选择器，可以实现更强、更方便的选择功能，主要有交集选择器、并集选择器、后代选择器、子选择器、相邻选择器等。

3.4.1　交集选择器

CSS 选择器
详解（1）

　　交集选择器是由两个选择器直接连接构成的，其结果是选中两者各自作用范围的交集。其中，第 1 个选择器一般是标记选择器，第 2 个选择器必须是类选择器或 ID 选择器，例如："h1.class1；p#id1"。交集选择器的基本语法格式如下。

```
tagName.className {
        property:value;
}
```

　　下面给出一个交集选择器的定义。

```
div.class1 {
        color:red;
        font-size:10px;
        font-weight:bold;
}
```

　　交集选择器将选择同时满足前后 2 个选择器定义的元素，也就是指定了标记类型，并且指定了类别或 id 的元素。

　　示例代码 3-11 演示了交集选择器的应用，浏览结果如图 3-6 所示。

示例代码 3-11　demo0311.html

```html
<!DOCTYPE html>
<head>
    <meta charset="utf-8">
    <style>
        div {
            color: blue;
            text-decoration: underline;
            font-size: 12px;
        }

        .class1 {
            font-size: 16px;
        }

        div.class1 {
            text-decoration: overline;
            font-weight: bold;
            font-size: 14px;
        }
    </style>
</head>
<body>
<div>正常<div>标记，蓝色、带下画线、12px</div>
<p class="class1">类选择器，16px</p>
```

< 80 >

```
<div class="class1">交集选择器，带上画线、加粗、14px</div>
</body>
</html>
```

示例代码 3-11 中，第 1 行文本的样式由标记选择器来定
义；第 2 行文本的样式由.class1 类选择器来定义；第 3 行文
本的样式由交集选择器来定义。

图 3-6　交集选择器的应用

3.4.2　并集选择器

所谓并集选择器就是对多个选择器进行集体声明，多个选择器之间用逗号（,）隔开，每个选择器
可以是任何类型的选择器。如果某些选择器定义的样式完全相同，或者部分相同，这时便可以使用并
集选择器。下面是并集选择器的语法格式。

```
selector1,selector2,… {
    property:value;
}
```

下面给出的是一个并集选择器的定义。

```
p,td,li {
    line-height:20px;
    color:red;
}
```

示例代码 3-12 演示了并集选择器的应用。

示例代码 3-12　demo0312.html

```
<!DOCTYPE html>
<head>
    <meta  charset="utf-8">
    <style>
        div,h1,p {
            color:blue;
            font-size:12px;
        }
        div.class1,.class1,#id1{
            color:red;
            font-size:14px;
            font-weight:bold;
        }
    </style>
</head>
<body>
<div><div>标记，蓝色、12px</div>
<p><p>标记，和<div>标记样式相同</p>
<span id="id1" >红色、加粗、14px</span>
<div class="class1" >红色、加粗、14px</div>
<span class="class1">红色、加粗、14px</span>
</body>
</html>
```

示例代码 3-12 中首先通过并集选择器定义 div、h1、p 等元素的样式，这些元素的样式相同，均为
蓝色、12px；另一组并集选择器声明 div.class1、.class1、#id1 等的样式，均为红色、加粗、14px。

< 81 >

3.4.3 后代选择器

后代选择器通过嵌套的方式对内层的 HTML 标记定义样式。例如，当<div>与</div>之间包含<b>标记时，就可以使用后代选择器设置出现在<div>标记中的<b>标记的格式。后代选择器的写法是把外层标记写在前面，内层标记写在后面，两者之间用空格隔开，语法格式如下。

```
selector1 selector2 {
     property:value;
}
```

selector1 和 selector2 之间用空格隔开，selector2 是 selector1 的内层标记。下面是后代选择器的一个示例。

```
.class1 b{
    color:#060;
    font-weight:800;
}
```

上面的选择器应用于类标记.class1 里面包含的<b>标记。

示例代码 3-13 演示了后代选择器的应用，浏览结果如图 3-7 所示。

示例代码 3-13 demo0313.html

```
<!DOCTYPE html >
<head>
    <meta charset="utf-8">
</head>
<style>
    div {
        font-family: "幼圆";
        color: blue;
        font-size: 12px;
        font-weight: bold;
    }
    div li { /*后代选择器*/
    margin: 0px;
    padding: 5px;
    list-style: none; /*隐藏默认列表符号*/
    }
    div li a { /*后代选择器*/
        text-decoration: none; /*取消超链接下画线*/
    }
</style>
<body>
<div><a href="#">CSS 复合选择器</a>
    <ul>
        <li><a href="#">交集选择器</a></li>
        <li><a href="#">并集选择器</a></li>
        <li><a href="#">后代选择器</a></li>
        <li><a href="#">子选择器</a></li>
        <li><a href="#">相邻选择器</a></li>
    </ul>
</div>
</body>
</html>
```

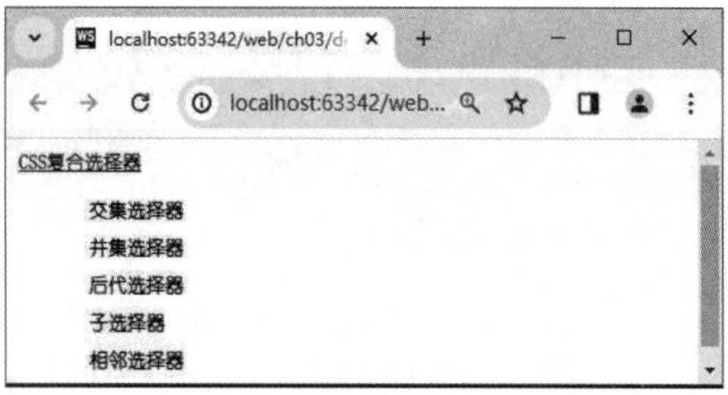

图 3-7 后代选择器的应用

< 82 >

示例代码 3-13 中，div 标记选择器选中的元素的样式是蓝色、幼圆、12px、加粗；<div>标记中的 li 元素被后代选择器选中，样式定义为 margin 值为 0px、padding 值为 5px，且无列表符号。通过后代选择器 div li a {…}取消了列表中超链接的下画线，而未被后代选择器选中的超链接则显示下画线。

上述方法在制作导航菜单中应用比较多，实际上，设计超链接的格式时，还可以设计更多种 div a li 后代选择器。

与其他选择器一样，后代选择器定义的具有继承性的样式同样也能被元素的子元素继承。例如在上例中，<div>标记中的属性将被后代标记<li>继承。所以，<li>标记内样式也是蓝色、幼圆、12px、加粗。

在后代选择器中，标记选择器、类选择器和 ID 选择器都可以进行嵌套，还允许多层嵌套。例如：

```
a b {   /*应用于<a>标记中的<b>标记*/
   font-family:"幼圆"; color:#F00;
}
#menu ul li { /* #menu 包含的<ul>和<li>标记 */
   background:#06C; height:26px;
}
```

定义 CSS 样式时，应用后代选择器可以减少对 class 或 id 的声明。因此在构建 HTML 框架时通常只给外层标记定义 class 或 id，内层标记尽可能使用后代选择器，而不再重新定义新的 class 或 id。

3.4.4　子选择器

子选择器用于选中标记的直接后代，它的定义符号是大于号（>），语法格式如下：

```
selector1>selector2
```

示例代码 3-14 是子选择器的应用，浏览结果如图 3-8 所示。

示例代码 3-14　demo0314.html

```
<!DOCTYPE html>
<head>
<meta  charset="utf-8">
   <style>
      div>p {
         font-family:"幼圆";
         color:#F00;
      }
   </style>
</head>
<body>
   子选择器是在 CSS2.1 以后的版本中增加的
   <div>
   <p>本行应用了子选择器，幼圆、红色</p>
      <em>
        <p>本行不是 div 的直接后代，子选择器无效</p>
      </em>
   </div>
</body>
</html>
```

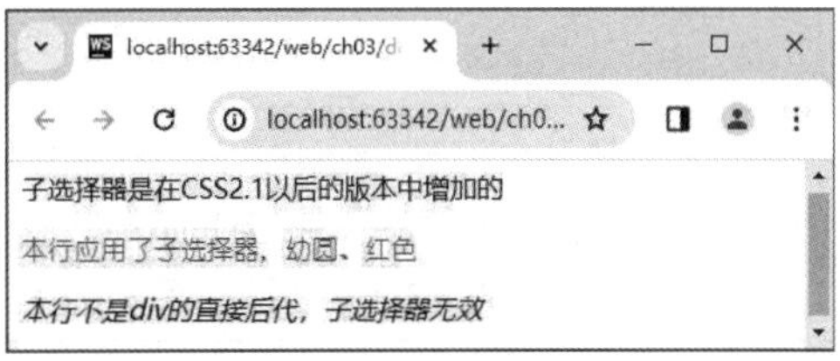

图 3-8　子选择器的应用

示例代码 3-14 中，在浏览器中显示的第 2 行文字显示为幼圆、红色，因为对应的<p>标记是<div>标记的直接后代；而第 3 行文字与子选择器无关，这是因为对应的<p>并不是<div>的直接后代。如果

< 83 >

把"div>p"改为后代选择器"div p"，那么浏览器的第 2 行文字和第 3 行文字均显示为幼圆、红色。这就是子选择器和后代选择器的区别。

3.4.5 相邻选择器

相邻选择器可以选中紧跟在它后面的一个兄弟元素（这两个元素具有共同的父元素），它的定义符号是加号（+）。

示例代码 3-15 是相邻选择器的应用，浏览结果如图 3-9 所示。

示例代码 3-15 demo0315.html

```
<!DOCTYPE html>
<head>
<meta charset="utf-8">
    <style>
      div+p {
        font-family:"幼圆";
        color:#F00;
      }
    </style>
</head>
<body>
    <div>相邻选择器是在 CSS2.1 以后的版本中增加的</div>
    <p>本行应用相邻选择器，幼圆、红色</p>
    <p>本行不与<div>相邻，相邻选择器无效</p>
    *************************
    <div>相邻选择器是在 CSS2.1 以后的版本中增加的
    <p>本行不应用相邻选择器，因为<div>标记和<p>标记不同级</p>
    </div>
    *************************
    <div>相邻选择器是在 CSS2.1 以后的版本中增加的</div>
     本行无标记，不影响应用相邻选择器
    <p>本行应用相邻选择器，幼圆、红色</p>
</body>
</html>
```

图 3-9 相邻选择器的应用

第 1 个段落标记<p>紧跟在<div>标记之后，因此会被选中；在最后 1 个 div 元素后，尽管紧接的是一段文字，但这些文字不属于任何标记，因此紧随文字之后的第 1 个 p 元素也会被选中。

如果希望紧跟在 h2 元素后面的任何元素都显示为幼圆、红色，可使用通用选择器：

```
h2+* { font-family:"幼圆"; color: #F00; }
```

3.5 属性选择器

CSS 选择器
详解（3）

属性选择器可以通过已经存在的属性名或属性值匹配 HTML 标记。属性选择器是在 CSS2 中引入的，并且在 CSS3 中得到了很好的拓展。

3.5.1 属性选择器的定义

HTML 标记通过各种属性为元素增加很多附加信息。例如，通过 id 属性，可以区分不同的元素；

< 84 >

通过 class 属性，可以设置元素的样式。属性选择器可以将样式与具有某种属性的标记绑定，实现各种复杂的选择，语法格式如下。

```
E[property]
```

该选择器用于选择标记名为 E，并设置了 property 属性的元素。其中，E 可以省略。如果省略 E 则表示匹配满足条件的任意标记。例如，设置网页中 id 值为 "first" 的元素的前景色和背景色，使用属性选择器的描述如下。

```
div[id="first"] {
    color:blue;
    background-color:yellow;
}
```

再如，为表单中 text 类型的 input 元素，设置蓝色边框，可以通过下面的属性选择器来实现。

```
input[type="text"] {
    border:1px dotted blue;
}
```

3.5.2　常用的属性选择器

CSS3 可以使用 ^、$ 和 * 等通配符扩展属性选择器的功能。使用通配符的属性选择器及其功能如表 3-1 所示，若属性选择器前未指定 HTML 标记，则其适用于具有该属性的任意标记。

表 3-1　使用通配符的属性选择器及其功能

选择器	功　　能
[att*=value]	匹配属性值包含指定值的元素。例如，a[href="lnnu"]，匹配 `<a href*="▮▮▮▮▮.lnnu. edu.cn">` 包含匹配 `</a>`
[att^=value]	匹配属性值以指定值开头的元素。例如，a[href^="http"]，匹配 `<a href="http:// ▮▮▮▮▮▮">` 头匹配 `</a>`
[att$=value]	匹配属性值以指定值结尾的元素。例如，a[href$="cn"]，匹配 `<a href="▮▮▮▮▮ edu.cn">` 尾匹配 `</a>`
[att|value]	匹配属性值是 value 或以 value- 开头的元素，与 [att^=value] 类似，但可以匹配属性值以 value- 开头的元素
[att=value]	匹配属性值等于指定值的元素。例如，[type="text"]，匹配 `<input type="text" name="username" />`

示例代码 3-16 是关于属性选择器的一个例子，如果 href 属性以 "http" 开头，在内容后添加文字《孟子·告子下》；如果 href 属性以 "jpg" 或 "png" 结尾，在内容前添加图标，浏览结果如图 3-10 所示。

示例代码 3-16　demo0316.html

```
<!DOCTYPE html>
<html>
<head>
    <meta charset="utf-8">
    <style>
        * { /*通配符选择器*/
            text-decoration: none;
            font-size: 14px;
            list-style: none;
        }
        li{
            line-height: 160%;
        }
```

图 3-10　属性选择器的浏览结果

< 85 >

```
    a[href^=http]:after { /*在指定内容之后插入文字*/
        content: "《孟子·告子下》";
        padding-left: 10px;
        font-size: 16px;
    }
    a[href$=jpg]:before, a[href$=png]:before { /*在指定内容之前插入图标*/
        content: url(images/bullet3.gif);
        padding-right: 10px;
    }
    span[id] {
        font-size: 16px;
    }
</style>
</head>
<body>
<ul>
    <li><a href="http://pages/welcome.html">生于忧患而死于安乐</a></li>
    <li><a href="pic1.png">穷则独善其身，达则兼善天下</a></li>
    <li><a href="imgage1.jpg">尽信书，则不如无书</a></li>
    <li><span id="second">权，然后知轻重；度，然后知长短</span></li>
</ul>
</body>
</html>
```

3.6 伪类选择器

伪类选择器指的是在 CSS 中已经定义的选择器，而不是由用户自行定义的。可以分为结构伪类选择器和 UI 伪类选择器两种。

3.6.1 结构伪类选择器

结构伪类选择器是 CSS3 增加的选择器之一。结构伪类选择器利用 HTML 文档结构实现元素过滤，也就是说，通过文档结构的位置关系或其他特征来匹配指定的元素，从而减少文档中 class 属性和 id 属性的定义，使文档更加简洁。

1. 与位置无关的结构伪类选择器

与位置无关的结构伪类选择器用于匹配文档中的特殊元素，主要包括以下 4 种，如表 3-2 所示。

表 3-2 与位置无关的结构伪类选择器

选择器	功 能
:root	匹配文档的根元素
:not	对某个结构元素使用样式，但排除这个结构元素下面的子结构元素
:empty	匹配元素内容为空的元素
:target	对网页中某个 target 元素（元素的 id 作为超链接目标）指定样式，该样式只在用户单击超链接，并且跳转到 target 元素后起作用

下面的代码体现了:root 和:not 选择器的功能。

```
<style>
    :root {            /*网页背景色为天蓝色*/
        background-color: skyblue;
```

< 86 >

```
body *:not(h1) {          /*除<h1>标记外的网页背景色为黄色*/
    background-color: yellow;
}
</style>
```

2. 与位置有关的结构伪类选择器

一些选择器选择的元素与具体位置有关，可以选择父元素的第 1 个子元素、最后 1 个子元素、指定序号子元素，甚至第偶数个、第奇数个子元素，与位置有关的结构伪类选择器如表 3-3 所示（表中第一列中的 E 表示任意元素，而非选择器的组成部分）。

表 3-3   与位置有关的结构伪类选择器

选择器	功　能
E:first-child	选择父元素的第 1 个匹配 E 的子元素，也就是说该元素是父元素的第 1 个子元素
E:last-child	选择父元素的最后 1 个匹配 E 的子元素 例如，h1:last-child 匹配<div><p></p><h1></h1></div>代码段中的 h1 元素
E:nth-child(n)	选择父元素中的第 n 个匹配 E 的子元素。其中，参数 n 可以是数字（1、2、3 等）、关键字（odd、even）、公式（2n、2n+3 等），参数的索引起始值为 1，而不是 0 例如，tr:nth-child(3)匹配所有表格里第 3 行的元素；tr:nth-child(2n+1)匹配表格的所有奇数行；tr:nth-child(2n)匹配表格的所有偶数行；tr:nth-child(odd)匹配表格的所有奇数行；tr:nth-child(even)匹配表格的所有偶数行
E:nth-last-child(n)	选择父元素中倒数第 n 个匹配 E 的子元素。该选择器的计算顺序与 E:nth-child(n)的相反，但语法和用法相同

下面代码使用了:first-child、:last-child 选择器，设置列表的第 1 行和最后 1 行的背景色。

```
<style>
    li:first-child {
        background-color: yellow;
    }
    li:last-child {
        background-color: skyblue;
    }
</style>
```

示例代码 3-17 使用了:first-child、:nth-child(odd)、:nth-child(even)等选择器，浏览结果如图 3-11 所示。

示例代码 3-17   demo0317.html

```
<!DOCTYPE HTML>
<html>
<head>
    <meta charset="utf-8">
    <style type="text/css">
        tr:first-child {
            font-weight:bold;
            color:blue;
            line-height: 140%;
        }
        td {
            font-size: 12px;
            text-align: center;
        }
        tr:nth-child(odd) {
```

图 3-11   :first-child、:nth-child(odd)、:nth-child(even)
等选择器的应用

< 87 >

```
            background-color: greenyellow;
        }

        tr:nth-child(even) {
            background-color: skyblue;
        }
    </style>
</head>
<body>
<table>
    <tr>
        <td colspan="2">儒家思想代表人物</td>
    </tr>
    <tr>
        <td>孟子</td>
        <td>儒家思想的代表人物，强调人民的福祉，提倡以人民为本的价值观……</td>
    </tr>
    <tr>
        <td>孔子</td>
        <td>儒家学派的创始人，提出"仁"和"礼"等政治思想……</td>
    </tr>
    <tr>
        <td>荀子</td>
        <td>儒家思想的代表人物之一，继承了儒家中的礼义思想……</td>
    </tr>
    <tr>
        <td>朱熹</td>
        <td>宋代著名的理学家、思想家、哲学家、教育家、诗人，主张"格物致知"……</td>
    </tr>
    <tr>
        <td>曾子</td>
        <td>提出"修身齐家治国平天下"的政治观，省身、慎独的修养观……</td>
    </tr>
    <tr>
        <td>王守仁</td>
        <td>儒家学派的代表人物之一，提出"心外无物""心外无理"……</td>
    </tr>
</table>
</body>
</html>
```

可以看出，:first-child 选择器用于匹配它的父元素的第 1 个子元素，即表格的第 1 行，:nth-child(odd)、:nth-child(even)分别匹配表格的奇数行和偶数行。

示例代码 3-18 展示了伪类选择器:last-child 的功能，浏览结果如图 3-12 所示。

示例代码 3-18　demo0318.html

```
<!DOCTYPE html>
<head>
    <meta charset="utf-8"/>
    <title>:last-child 的应用</title>
    <style>
        div:last-child {
            font-weight: bold;
            font-family: "黑体";
            font-size: 12px;
```

图 3-12　伪类选择器:last-child 的应用

< 88 >

```
            color: blue;
        }
    </style>
</head>
<body>
<h3>:last-child 选择器</h3>
<article>
    <div>本块非 last-child, 未按指定格式显示</div>
    <div>本块是 article 的 last-child, 按指定格式显示</div>
</article>
<hr>
<div>
    本块是 body 的 last-child, 按指定格式显示
</div>
无标记文本块, 不影响应用伪类选择器
</body>
</html>
```

示例代码 3-18 中, 网页正文第 2 行显示为黑体、蓝色、加粗、12px 的 div 元素是其父元素 article
的最后 1 个子元素, 网页正文第 3 行显示为黑体、蓝色、加粗、12px 的 div 元素是其父元素 body 的最
后 1 个子元素。

3.6.2　UI 伪类选择器

UI (user interface, 用户界面) 伪类选择器作用在元素的状态上, 即指定的样式只有当元素处于某
种状态时才起作用, 默认状态下该选择器不起作用。常用的 UI 伪类选择器如表 3-4 所示。

表 3-4　常用的 UI 伪类选择器

选择器	功　　能
E:enabled	选择匹配 E 的所有可用 UI 元素, 在网页中, UI 元素一般是指包含在<form>内的表单元素。例如, 下面代码段中, input:enabled 匹配的是文本框, 无法匹配按钮 <form> 　<input type="text"/> 　<input type="button" disabled value="finish" /> </form>
E:disabled	选择匹配 E 的所有不可用 UI 元素。例如, 下面代码段中, input:disabled 匹配的是按钮, 无法匹配文本框 <form> 　<input type="text" /> 　<input type="button" disabled value="finish" /> </form>
E:checked	选择匹配 E 的所有处于选中状态的 UI 元素
E:read-only	用来指定当元素处于只读状态时的样式
E:read-write	用来指定当元素处于非只读状态时的样式
E:hover	用来指定当鼠标指针移动到元素上面时元素所使用的样式
E:active	用来指定当元素被激活时使用的样式
E:focus	用来指定当元素获得焦点时使用的样式

示例代码 3-19 是:focus 选择器的应用。:focus 用于定义元素获得焦点时的样式。例如, 当文本框
获得焦点 (单击该文本框或使用<Tab>键切换到文本框) 时, 可以通过 input:focus 选中该元素, 改变
它的背景、字体和字号, 使它突出显示。示例代码 3-19 还使用:disabled 选择器设置了不可用文本框
的样式。

< 89 >

示例代码 3-19   demo0319.html

```html
<!DOCTYPE html>
<html>
<head>
    <meta charset="UTF-8">
    <style>
        input[type="text"]:disabled {
            background: lightgray;
        }
        input:focus {
            background: lightblue;
            font-family: "黑体";
            font-size: 12px;
        }
    </style>
</head>
<body>
<form>
    人物: <input type=text id="text1"/><br/>
    时间: <input type=text id="text2" disabled/><br/>
    地点: <input type=text id="text3" enabled/>
</form>
</body>
</html>
```

　　UI 伪类选择器经常应用在<a>标记上，以设置超链接的 4 种不同状态——未访问链接（:link）、已访问链接（:visited）、鼠标指针停留在链接上（:hover）、激活超链接（:active）。要注意的是，<a>标记可以只具有一种状态，也可以有 2 种或 3 种状态。例如，任何一个具有 href 属性的<a>标记，在没有进行任何操作时都已具备了:link 状态，也就是满足了有链接属性这个条件；如果访问过<a>标记，<a>标记会同时具备:link、:visited 两种状态；把鼠标指针移动到访问过的<a>标记上时，<a>标记就同时具备了:link、:visited、:hover 这 3 种状态。

　　示例代码 3-20 是超链接的 UI 伪类选择器的应用。

示例代码 3-20   demo0320.html

```html
<!DOCTYPE html >
<head>
<meta charset="utf-8">
<style>
    a:link {
        font-family: "幼圆";
        font-size: 12px;
        color: #060;
        text-decoration: none;
    }
    a:visited {
        font-family: "黑体";
        color: #60C;
    }
    a:hover {
        font-size: 16px;
        color: blue;
    }
    a:active {
```

< 90 >

```
        font-family: "华文新魏";
        font-size: 12px;
        color: #666;
    }
</style>
</head>
<body>
    <a href="#">UI 伪类选择器测试</a>
</body>
</html>
```

3.7　伪元素选择器

伪元素选择器

在 CSS 中，伪元素选择器主要有:before、:after、:first-letter、:first-line。之所以称这些选择器是伪元素选择器，是因为它们在效果上使文档增加了一个临时元素，该元素属于"虚构元素"。

3.7.1　选择器:before 和:after

:before 和:after 两个伪元素选择器必须配合 content 属性使用才有意义。它们的作用是在指定的标记内产生一个新的行内元素，该行内元素的内容由 content 属性中的内容指定。

:before 选择器用于在某个元素之前插入内容，格式如下。

```
<E>:before {
    content:文字或其他内容;
}
```

:after 选择器用于在某个元素之后插入内容，格式如下。

```
<E>:after {
    content:文字或其他内容;
}
```

示例代码 3-16 中已经使用了伪元素选择器，示例代码 3-21 为<li>标记和<p>标记应用伪元素选择器，浏览结果如图 3-13 所示。

示例代码 3-21　demo0321.html

```
<!DOCTYPE HTML>
<html>
<head>
    <meta charset=utf-8>
    <style>
        li:after {
            content: "（儒家经典）";
            font-size: 12px;
            color: darkgreen;
        }
        p:before {
            content: " ★ ";
            color: darkgreen;
        }
    </style>
```

图 3-13　伪元素选择器的应用

< 91 >

```
</head>
<body>
<h2>四书</h2>
<ul>
    <li><a href="#">《大学》</a></li>
    <li><a href="#">《中庸》</a></li>
    <li><a href="#">《论语》</a></li>
    <li><a href="#">《孟子》</a></li>
</ul>
<h2>《孟子》</h2>
<p>天下之本在国，国之本在家</p>
<p>行天下之大道</p>
<p>生于忧患，死于安乐</p>
<p>夫物之不齐，物之情也</p>
</body>
</html>
```

3.7.2 选择器:first-letter 和:first-line

:first-letter 用于选中元素的首字符。例如，使用它可以选中<div>或<p>中的第 1 个英文或中文字符。

:first-line 用于选中元素的首行文本。例如，使用它可以选中每个段落的首行，而不考虑其他的显示区域。

示例代码 3-22 中，<div>标记中同时应用了:first-letter 和:first-line 两个选择器。在浏览器中的显示效果是首字下沉 2 行，第 1 行为黑体，并设置了行高。需要注意，:first-line 可使用的 CSS 属性有一些限制，它只能使用字体、文本和背景属性，不能使用盒子模型属性和布局属性。

示例代码 3-22　demo0322.html

```
<!DOCTYPE html>
<head>
    <meta charset="utf-8">
    <style>
        div:first-letter {
            float: left;
            font-size: 2em;
        }

        :first-line {
            font-family: "黑体";
            color: #900;
            line-height: 125%;
        }
    </style>
</head>
<body>
<div>
孟子说："夫物之不齐，物之情也"，意思是天下万物没有同样的，它们都有自己的独特个性，这是客观存在的。这段话强调了事物的差异性。物质世界如此，人的精神世界亦然。
</div>
</body>
</html>
```

< 92 >

3.8 应用示例

"四书"是《大学》《中庸》《论语》《孟子》四部著作的总称，对我国古代教育产生了极大的影响。"四书"中蕴含了儒家思想的核心内容，是儒学认识论和方法论的集中体现，更是中华传统文化中的核心要义。本节完成"四书"网页的设计，综合应用多种 CSS 选择器设置网页样式。

3.8.1 设计"四书"网页的结构

"四书"网页布局使用表格实现，网页中的元素（如文字、超链接、水平线等）由 CSS 来设置，浏览结果如图 3-14 所示。

图 3-14 "四书"网页浏览结果

1. 网页布局

网页布局为 5 行 1 列。网页的第 1 行是标题图像，第 2 行是网页导航，第 3 行是网页位置提示，第 4 行是网页主体内容，最后一行是宣传词。网页布局的代码如下。

```
<!--表格样式用属性选择器定义-->
<table id="out">
    <tr>
        <!--标题图像样式，由行内样式定义-->
    </tr>
    <tr>
        <!--网页导航样式，由后代选择器定义-->
    </tr>
    <tr>
        <!--网页位置提示样式，由类选择器定义-->
```

<93>

```
    </tr>
    <tr>
        <!-网页主体内容样式，由标记选择器、结构伪类选择器、伪元素选择器等定义-->
    </tr>
    <tr>
        <!--宣传词-->
    </tr>
</table>
```

2. 标题图像和网页导航

标题图像置于表格的一个单元格中，使用行内样式设置图像的宽度，代码如下。

```
<td>
    <img src="images/banner02.jpg" style="width: 900px;"/>
</td>
```

网页导航的代码如下。

```
<td class="nav">
    <a href="#anchor1">《大学》</a>
    <a href="#anchor2">《中庸》</a>
    <a href="#anchor3">《论语》</a>
    <a href="#anchor4">《孟子》</a>
</td>
```

3. 网页主体内容描述

网页主体内容置于单元格中，由 4 个自定义列表标记<dl>描述。自定义列表的<dt>标记内放置一幅图像，使用 CSS 设置图像的 height 属性。

自定义列表的<dd>用于文字描述，并设置其中的文字样式。每个<dd>标记前通过伪元素选择器添加图标；为了强调部分文字，使用<span>标记结合伪类选择器定义了突出显示文字的样式。

网页加载时，dl 元素初始状态设置为隐藏，通过:target 选择器将超链接的内容设置为显示，从而实现单击导航链接时显示对应的内容，实现了类似于内嵌框架的效果。

网页主体内容代码结构如下。

```
<tr>
        <td style="height: 471px;">
            <dl id="anchor1">
                <dt></dt>
                <dd></dd>
                <dd></dd>
                <dd></dd>
                <dd></dd>
            </dl>
            ...（共 4 组）
        </td>
    </tr>
```

网页的 HTML 代码如示例代码 3-23 所示。

<div align="center">示例代码 3-23 demo0324.html</div>

```
<!DOCTYPE html>
<html>
<head>
    <title>四书</title>
```

< 94 >

```
        <meta charset="utf-8">
        <link rel="stylesheet" href="demo0324.css">
    </head>
<body>
<table id="out">
    <tr>
        <td><img src="images/banner02.jpg" style="width: 900px;"/></td>
    </tr>
    <tr>
        <td class="nav">
            <a href="#anchor1">《大学》</a>
            <a href="#anchor2">《中庸》</a>
            <a href="#anchor3">《论语》</a>
            <a href="#anchor4">《孟子》</a>
        </td>
    </tr>
    <tr>
        <td>
            <hr/><p class="weizhi">浏览位置&gt;&gt;主页</p><hr/>
        </td>
    </tr>
    <tr>
        <td style="height: 471px;">
            <dl id="anchor1">
                <dt><img src="images/daxue.jpg" alt=""></dt>
                <dd>论述儒家修身齐家治国平天下思想的经典，相传为<span>曾子</span>所
作，实为秦汉时儒家作品。</dd>
                <dd>是一部中国古代讨论<span>教育理论</span>的重要著作。</dd>
                <dd>总结了先秦儒家<span>道德修养</span>理论，以及关于道德修养的基本
原则和方法。/dd>
                <dd>对儒家<span>政治哲学</span>也有系统的论述，对做人、处事、治国等
有深刻的启迪。</dd>
            </dl>
            <dl id="anchor2">
                <dt><img src="images/zhongyong.jpg" alt=""></dt>
                <dd>出自《礼记》，由一批佚名的儒家著作合编而成。</dd>
                <dd>宋、元以后，成为科举考试的必读书。</dd>
                <dd>有雍容和顺、纡徐含蓄的风格。</dd>
                <dd>对古代教育产生了很大的影响。</dd>
            </dl>
            <dl id="anchor3">
                <dt><img src="images/lunyu.jpg" alt=""></dt>
                <dd> 由<span>孔子</span>弟子及再传弟子编写而成。</dd>
                <dd>主要记录<span>孔子</span>及其弟子的言行。</dd>
                <dd>体现了<span>孔子</span>的政治主张、伦理思想、道德观念及教育原则
等。</dd>
                <dd>对古代<span>教育</span>产生了极大的影响。</dd>
            </dl>
            <dl id="anchor4">
                <dt><img src="images/mengzi.jpg" alt=""></dt>
                <dd>思想家孟子及其弟子编写。</dd>
                <dd>儒家经典著作。</dd>
                <dd>记录了思想家孟子的治国思想和政治策略。</dd>
                <dd>提出"仁政""民贵君轻"的思想。</dd>
            </dl>
        </td>
    </tr>
```

< 95 >

```
        <tr>
            <td style="background-color: #f1f4f7;"><p class="foot">激活经典，熔古
铸今，从中华传统文化中汲取力量。</p></td>
        </tr>
</table>
</body>
</html>
```

3.8.2 设计"四书"网页的样式

CSS 提供多种选择器和属性来设置文本、图像、表单等元素的样式，实现网页内容与表现分离。

（1）表格样式包括边框、外边距、内边距、表格线，由属性选择器 table[id="out"]定义。

（2）网页导航和超链接的样式，由后代选择器.nav a 和 UI 伪类选择器 a:link、a:visited、a:hover 来定义。

（3）网页位置提示用类选择器. weizhi 定义，页脚由类选择器. foot 定义。

（4）网页主体内容样式的定义使用了标记选择器 dl、dt、dd，结构伪类选择器 dd:nth-child(even)、dd:nth-child(2)，伪元素选择器 dd:before，等等。

网页的 CSS 代码如示例代码 3-24 所示。

示例代码 3-24　demo0324.css

```css
table[id="out"] {
    border: 1px solid #9fa1a0;
    margin: 0 auto;
    padding: 0;
    border-collapse: collapse;
}
.nav a {
    display: inline-block;
    width: 80px;
    height: 26px;
    line-height: 26px;
    text-align: center;
    color: #3F515E;
    font-size: 16px;
}
a:link, a:visited {
    text-decoration: none;
}
a:hover {
    text-decoration: underline;
    color: #fcf;
}
.weizhi {
    font-size: 16px;
    line-height: 1.75em;
    color: #666666;
    text-indent: 2em;
}
dl {
    display: none;
}
dl img {
```

< 96 >

```
        height: 280px;
}
dt {
        text-align: center;
}
dd {
        line-height: 240%;
        font-size: 16px;
        font-family: "微软雅黑";
        color: #333;
        margin: 0;
        text-indent: 2em;
}
dd:before {
        content: url(images/bullet3.gif);
        padding-right: 8px;
}
dd:nth-child(even) {
        background-color: #e6e6e6;
}
dd:nth-child(2) span {
        font-style: normal;
        font-weight: bold;
        color: #8268FF;
        text-decoration: underline;
}
dd:nth-child(3) span {
        font-weight: 100;
        color: blue;
}
:target {
        display: block;
}
.foot {
        text-align: right;
        font-size: 14px;
}
```

本章小结

本章介绍了 CSS 的概念和常用的选择器，主要内容如下。

（1）3 种基本选择器是标记选择器、类选择器和 ID 选择器，需要注意类选择器和 ID 选择器的区别。

（2）5 种复合选择器是交集选择器、并集选择器、后代选择器、子选择器和相邻选择器。复合选择器是由两个或多个基本选择器通过不同方式组合而成的。

（3）CSS3 中的属性选择器、伪类选择器和伪元素选择器的应用。

（4）HTML 使用 CSS 样式的方式有 4 种，即行内样式、嵌入样式、链接样式和导入样式，其优先级顺序是：行内样式>嵌入样式>链接样式>导入样式。

< 97 >

习题 3

1. 简答题

（1）描述 "选择器" 的含义，设计一个示例，包含标记选择器、类选择器和 ID 选择器，并在具体网页中应用。

（2）在网页中使用 CSS 样式的方式有 4 种，各有什么特点？

（3）ID 选择器和类选择器在使用上有什么区别？

（4）后代选择器和相邻选择器有什么区别？通过示例说明。

（5）列举 4 种结构伪类选择器。

2. 实践题

（1）创建一个名为 my.css 的 CSS 文件，该文件定义如下样式：

① 为<div>标记定义字体为华文仿宋、幼圆和宋体，字号为 12px，文本颜色为蓝色；

② 定义类选择器 c1，背景为浅灰色。

创建一个 HTML 文件，链接 my.css 文件，并应用其中的样式。

（2）设计<a>标记的 CSS 样式，要求如下。

① 超链接无下画线。

② 未访问链接为宋体、12pt、黑色。

③ 已访问链接为黑体、绿色。

④ 鼠标指针停留在链接上时为黑体、16pt、红色。

⑤ 激活超链接时文字为紫色。

（3）使用:before 和:after 两个伪元素选择器实现图 3-15 所示的网页。

图 3-15　实践题（3）的浏览结果

< 98 >

第 **4** 章 美化网页——使用 CSS 设置元素样式

本章导读

网页由文本、图像、超链接等元素组成，使用 CSS 可以精确地设置这些元素的样式。本章介绍如何设置文本、颜色与背景、图像等的 CSS3 样式属性。

知识要点

- 通过设置文本样式来美化网页。
- 掌握设置网页背景样式、圆角边框和图像边框的方法。
- 通过 CSS 设置图像样式实现图文混排。

4.1 设置文本样式

设置文本样式

4.1.1 字体属性

字体属性用于设置网页中文本字符的样式，例如定义文字的大小、粗细以及使用的字体等。CSS 的字体属性包括 font-family、font-size、font-style、font-variant、font-weight、font 等，这些属性在 CSS2 以前就广泛使用。

1．font-family 属性

font-family 属性用于指定要使用的字体列表，取值可以是字体名称，也可以是字体族名称，值之间用逗号分隔。常用的字体包括：宋体、黑体、楷体_GB2312、Arial、Times New Roman 等。字体族和字体类似，只是一个字体族中通常包含多种字体，例如，serif 字体族包括 Times New Roman、Georgia、宋体等字体。

一些特殊字体可能在浏览器中不能正确显示，这时可以通过 font-family 属性预设多种字体，每种字体之间使用逗号隔开。如果前面的字体不能在浏览器正确显示，则浏览器会依次选择后面的字体。

因此，设计网页时要考虑字体的显示问题。最好由 font-family 属性提供多种字体，而且基本的字体应放在最后。

在使用字体或字体族时，如果字体或字体族名称中间有空格，这时需要用引号将字体或字体族包含起来，例如"Times New Roman"。

下面的代码用来设置标记<h1>的 font-family 属性。

```
<style>
    h1 {
        font-family: "微软雅黑", "仿宋_GB2312","楷体_GB2312";
    }
</style>
```

2．font-size 属性

（1）使用 font-size 属性定义文字大小时，它的取值可以是高度值，高度单位包括 px、em 和 rem 等。px 是相对单位。例如，一幅高度为 180px 的图像，在屏幕分辨率从 1024px × 768px 切换为 1440px × 900px 时，图像就会相对变小。

em 以当前字符的高度为单位。例如 p{font-size:2em;}，就是以当前字符的 2 倍高度来显示。但要注意，em 用作长度单位时，是以 font-size 属性为参考依据的，如果没有 font-size 属性，就以浏览器默认的字符高度作为参照。

rem 以网页根元素（html）的字符高度为单位。rem 是 root em 的简称，可以只对 html 元素设置文字大小，其他元素以 rem 为单位进行设置，例如 h1{font-size:1.25rem;}。浏览器一般默认 1rem 是 16px。

（2）font-size 的取值也可以是表示绝对大小、相对大小的 CSS 关键字。

表示绝对大小时，font-size 的取值是：xx-small、x-small、small、medium、large、x-large、xx-large，表示越来越大的字体。font-size 默认值是 medium。

表示相对大小时，可能的取值为 smaller 和 larger，分别表示比父元素中的字体小一号和大一号。例如，如果在父元素中使用了 medium 大小的字体，而子元素采用了 larger，则子元素的字体大小将是 large。

这里的父元素是指包含当前元素的元素。可以认为 body 是所有元素的父元素。

此外，font-size 可以使用百分比值，表示与当前默认字体大小（medium）的比例。

示例代码 4-1 设置了不同段落的 font-size 属性，浏览结果如图 4-1 所示。

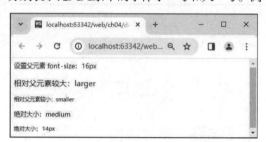

图 4-1　文字大小的浏览结果

示例代码 4-1　demo0401.html

```
<!DOCTYPE html>
<html>
<meta charset="utf-8">
<body>
<div style="font-size:16px">设置父元素 font-size: 16px
    <p style="font-size:larger">相对父元素较大: larger</p>
    <p style="font-size:smaller">相对父元素较小: smaller</p>
    <p style="font-size:medium">绝对大小: medium</p>
    <p style="font-size:14px">绝对大小: 14px</p>
</div>
</body>
</html>
```

3．font-style 属性

font-style 属性用于定义文本元素的字形是普通字形或斜体字形。font-style 属性值包括 normal、italic 和 oblique 这 3 种，默认值为 normal，表示普通字形；italic 和 oblique 表示斜体字形，是字符向右边倾斜一定角度产生的效果。但在 Windows 操作系统中，并不区分 oblique 和 italic，二者都是按照 italic 方式显示的。另外，中文字体的斜体效果并不好看，因此，网页上较少使用中文字体的斜体效果。

示例代码 4-2 设置不同段落的 font-style 属性，浏览结果如图 4-2 所示。

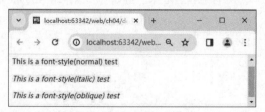

图 4-2　文字倾斜的浏览结果

< 100 >

示例代码 4-2　demo0402.html

```html
<!DOCTYPE html>
<html>
<head>
    <meta charset="utf-8">
<body>
<p style="font-style:normal"> This is a font-style(normal) test </p>
<p style="font-size:16px;font-style:italic">This is a font-style(italic)
test </p>
<p style="font-size:16px;font-style:oblique">This is a font-style(oblique)
test </p>
</body>
</html>
```

4．font-variant 属性

font-variant 属性用于定义元素的字体变体。该属性可以使用 3 个值：normal、small-caps 和 inherit，默认值为 normal，表示使用标准字体。small-caps 表示"小体大写"，也就是说，字体中所有小写字符看上去与大写字符一样，不过大小要比标准的大写字符小一些。

5．font-weight 属性

font-weight 属性用于定义字体的粗细值，它的取值可以是 normal、bold、bolder 和 lighter，默认值为 normal，表示正常粗细，bold 表示粗体。font-weight 属性的取值也可以使用数值，范围为 100~900，对应从最细到最粗，normal 相当于 400，bold 相当于 700。如果使用 bolder 或 lighter，则表示相对于父元素中的字体更粗或更细。

示例代码 4-3 测试了 font-variant 属性和 font-weight 属性，浏览结果如图 4-3 所示。

图 4-3　font-variant 属性和 font-weight 属性的浏览结果

示例代码 4-3　demo0403.html

```html
<!DOCTYPE html>
<html>
<head>
    <meta charset="utf-8">
</head>
<body>
<div style="font-size:14px;font-variant:small-caps">
    测试 Font-Variant: small-caps
</div>
<div style="font-size:14px;font-variant:normal">测试 Font-Variant: normal
</div>
<p>
<div style="font-size:14px">
    <div style="font-weight:normal">font-weight 属性值 normal</div>
    <div style="font-weight:bold">font-weight 属性值 bold</div>
    <div style="font-weight:bolder">font-weight 属性值 bolder</div>
    <div style="font-weight:lighter">font-weight 属性值 lighter</div>
    <div style="font-weight:100">font-weight 属性值 100</div>
    <div style="font-weight:400">font-weight 属性值 400</div>
    <div style="font-weight:700">font-weight 属性值 700</div>
```

< 101 >

```
</div>
</body>
</html>
```

6．font 属性

使用 font 属性可一次性设置前面介绍的各种字体属性（属性之间以空格分隔）。在使用 font 属性设置字体格式时，字体属性名可以省略。字体属性的排列顺序是：font-weight、font-variant、font-style、font-size 和 font-family。

需要说明的是，font-weight、font-variant、font-style 这 3 个属性的顺序是可以改变的，但 font-size、font-family 必须按指定的顺序出现，如果顺序不对或缺少一个，那么整个样式定义可能不起作用。

示例代码 4-4 显示了各种常用字体属性的用法。

示例代码 4-4　demo0404.html

```
<!DOCTYPE html>
<html>
<head>
    <meta charset=utf-8>
    <style>
        .s1 {
            font: normal bolder 18px "幼圆", "宋体", "Arial Black", "sans-serif";
        }
        .s2 {
            font: 16px/1.6 "幼圆", "宋体";
            color: blue;
        }
    </style>
</head>
<body>
<p class="s1">font 属性</p>
<p class="s2">行距的 font 属性</p>
</body>
</html>
```

在设置 font 属性时，也经常使用下面的格式：

```
font:16px/1.6 "幼圆","宋体";
```

表示字号是 16px，行距为 160%（font-size 大小的 160%），这种格式要求必须有字体选项。

4.1.2　文本属性

文本属性用于设置段落格式和文本的修饰方式，例如设置单词间距、字符间距、首行缩进、段落对齐方式等。CSS 中的常用文本属性包括 word-spacing、letter-spacing、text-align、text-indent、line-height、text-decoration 和 text-transform 等。除了这些属性之外，CSS3 还增加了 text-shadow、word-wrap、word-break 等属性。

1．word-spacing 和 letter-spacing 属性

word-spacing 用于设置单词之间的间距，取值是 normal 或具体的长度值，可以是负值；默认值为 normal，表示浏览器根据最佳状态调整单词间距。

letter-spacing 属性用于设置字符间距，取值是 normal 或具体的长度值，可以是负值，默认值为 normal。将 letter-spacing 属性值设置为 0 和 normal 的效果并不相同。

< 102 >

示例代码 4-5 显示了中英文的 word-spacing 和 letter-spacing 属性的用法，浏览结果如图 4-4 所示，可以看出，设置中文的 word-spacing 属性并没有实际意义。

示例代码 4-5　demo0405.html

```html
<!DOCTYPE html>
<html>
<meta  charset="utf-8" >
<body>
<p>英文: word-spacing:normal  
    <span style="word-spacing:normal">Welcome to CSS3 World</span>
</p>
<p>英文: word-spacing:10px  
    <span style="word-spacing:10px">Welcome to CSS3 World</span>
</p>
<p>中文: word-spacing:normal   
    <span style="word-spacing:normal"> 欢迎进入 CSS3 世界</span>
</p>
<p>中文: word-spacing:10px   
    <span style="word-spacing:10px"> 欢迎进入 CSS3 世界</span>
</p>
<hr>
<p>英文: letter-spacing:normal   
    <span style="letter-spacing:normal"> Welcome to CSS3 World</span>
</p>
<p>英文: letter-spacing:3px   
    <span style="letter-spacing:3px">Welcome to CSS3 World</span>
</p>
<p>中文: letter-spacing:normal   
    <span style="letter-spacing:normal"> 欢迎进入 CSS3 世界</span>
</p>
<p>中文: letter-spacing:3px  
    <span style="letter-spacing:3px"> 欢迎进入 CSS3 世界</span>
</p>
</body>
</html>
```

2．text-align 属性

text-align 属性（类似于 HTML 标记中的 align 属性）指定元素中文本的对齐方式，取值是 left、right、center 和 justify，分别表示左对齐、右对齐、居中对齐和两端对齐。text-align 属性的默认值由浏览器决定。CSS3 增加了 start、end 两个属性值，分别表示向行的开始边缘对齐、向行的结束边缘对齐。

3．text-indent 属性

text-indent 属性用于设置 p、div、article 等元素的文本的首行缩进，取值是长度值或百分比。此属性的默认值是 0，表示无缩进。

需要注意的是，英文一般不设置首行缩进。

4．line-height 属性

line-height 属性决定了相邻行之间的间距（或者说行高），其取值是数字、长度值或百分比，默认

图 4-4　word-spacing 和 letter-spacing 属性的浏览结果

< 103 >

值是 normal。当以数字或百分比指定该属性的值时，行高就是当前字体高度与指定值的乘积，例如下面的例子。

```
div{
        font-size: l2px;
        line-height: 1.5;
}
```

这段代码表示行高是 18px。如果指定具体的长度值，则行高为该具体值。

5．text-decoration 属性

text-decoration 属性用于修饰指定的文本，取值为 none、underline、overline、line-through 和 blink，默认值为 none，表示不加任何修饰。

underline 表示添加下画线，overline 表示添加上画线，line-through 表示添加删除线，blink 表示添加闪烁效果（部分浏览器不支持）。

6．text-transform 属性

text-transform 属性用于实现英文字符的大小写转换，取值为 capitalize、uppercase、lowercase 和 none，默认值是 none。capitalize 表示所选文本的每个单词的首字符以大写显示；uppercase 表示所有的文本都以大写显示，lowercase 表示所有文本都以小写显示。

7．text-shadow 属性

text-shadow 属性用于向文本添加一个或多个阴影，语法格式如下。

```
text-shadow: X-Offset Y-Offset shadow color;
```

其中，X-Offset 表示阴影的水平偏移距离，其值为正时阴影向右偏移，其值为负时阴影向左偏移；Y-Offset 是指阴影的垂直偏移距离，其值是正值时阴影向下偏移，其值是负值时阴影向上偏移；shadow 指阴影的模糊值，不可以是负值，用来指定模糊效果的作用距离，值越大阴影越模糊，值越小阴影越清晰，如果不需要阴影模糊可以将 shadow 值设置为 0；color 指定阴影颜色，使用 RGBA 颜色值。

下面的代码为 div 元素中的文字定义了阴影。

```
div {
    text-shadow: 5px 8px 3px gray;
    font: 16px "楷体";
}
```

8．word-wrap 属性

word-wrap 是 CSS3 增加的属性，该属性允许超过父元素（容器）宽度的长单词换行到下一行。它的取值为 normal 和 break-word，默认值为 normal，表示只在允许的断字点换行；break-word 表示在长单词或 URL 内部允许换行。

下面的代码为 div 元素中的文字应用了 word-wrap 属性。

```
div {
    font-size: 14px;
    word-wrap: break-word;
}
```

9．word-break 属性

word-break 是 CSS3 增加的属性，用来处理如何自动换行。它的取值为 normal、break-all 和 keep-all。默认值为 normal，表示使用浏览器默认的换行规则；break-all 表示允许在单词内换行；keep-all 表示只能在半角空格或连接号处换行。

< 104 >

示例代码 4-6 代码使用了 word-break、word-wrap、text-shadow 属性，浏览结果如图 4-5 所示。

示例代码 4-6　demo0406.html

```html
<!DOCTYPE HTML>
<html>
<head>
    <meta charset=utf-8>
    <style>
        div.r1 {
            word-break: normal;
        }
        div.r2 {
            word-break: break-all;
        }
        div.r3 {
            word-wrap: normal;
        }
        div.r4 {
            word-wrap: break-word;
        }
        div#tshadow { /* 设置字体阴影 */
            font-size: 22px;
            text-shadow: 2px 2px 3px #00ff00;
        }
    </style>
</head>
<body>
<div class="r1">what is the fourth technological revolution? New energy,
bio-technology, information technology,
    networking
    ...
</div>
<hr/>
<div class="r2">what is the fourth technological revolution? New energy,
bio-technology, information technology,
    networking
    ...
</div>
<hr/>
<div
class="r3">████████myrunsky.com/morning_news/day202302021656/localinforma
tion/index.html
</div>
<hr/>
<div
class="r4">████████myrunsky.com/morning_news/day202302021656/localinforma
tion/index.html
</div>
<hr/>
<div id="tshadow">what is the fourth technological revolution?
</div>
</body>
</html>
```

< 105 >

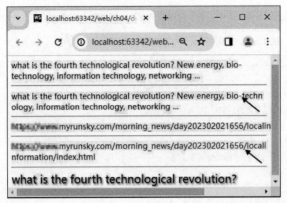

图 4-5 word-break、word-wrap 和 text-shadow 属性的浏览结果

示例代码 4-7 应用了一些 CSS 文本属性，浏览结果如图 4-6 所示。

示例代码 4-7 demo0407.html

```
!DOCTYPE html>
<html>
<head>
    <meta  charset="utf-8" >
    <style>
        :root { /* 伪类选择器，设置页面背景色 */
            background-color:#CCCCCC;
        }
        h2{     /* 设置居中对齐 */
            text-align:center;
        }
        div,p{    /* 标记选择器，设置首行缩进 */
            text-indent:2em;
        }
        .type1 {    /* 类选择器，设置字符间距和样式 */
            letter-spacing:5px;
            font-weight: bold;
        }
        div#region{    /* 设置行距 */
            line-height:200%;
        }
    </style>
</head>
<body>
<h2>半部《论语》治天下</h2>
<p>1. 关于《论语》</p>
<div id="region">《论语》是儒家学派的经典著作之一，由孔子的弟子及其再传弟子编撰而成。
它以语录体和对话文体为主，记录了孔子及其弟子言行，集中体现了孔子的政治主张、伦理思想、道德观
念及教育原则等。……
</div>
<p>2. 第 1 篇《学而》</p>
<div>《学而》是《论语》第一篇的篇名。《论语》中各篇一般都是以第一章的前二三个字作为该篇的
篇名。《学而》一篇包括 16 章，内容涉及诸多方面。其中重点是"吾日三省吾身""学而时习之"……
</div>
<p>3. 《学而》摘抄</p>
<div>子曰："学而时习之，不亦说乎？有朋自远方来，不亦乐乎？人不知而不愠，不亦君子乎？"
</div>
<div>有子曰："其为人也孝弟，而好犯上者，鲜矣；不好犯上而好作乱者，未之有也。<span
class="type1">君子务本，本立而道生。</span>孝弟也者，其为仁之本与!"</div>
    <div>子曰："巧言令色，鲜矣仁！"</div>
```

< 106 >

```
<div>曾子曰："<span class="type1">吾日三省吾身</span>：为人谋而不忠乎？与朋友交而
不信乎？传不习乎？"</div>
<div>子曰："道千乘之国，敬事而信，节用而爱人，使民以时。"</div>
<div>……</div>
</body>
</html>
```

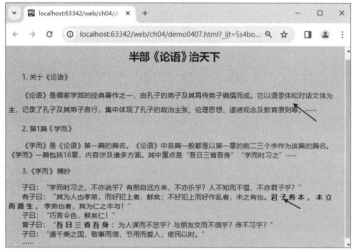

图 4-6　应用 CSS 文本属性的浏览结果

4.2 设置文本颜色与背景样式

在 CSS 中，color 属性用来设置文本的颜色，background-color、background-image、background 等属性用来设置元素的背景色或背景图像，CSS 背景属性还包括 background-attachment、background-position 和 background-repeat 等。

4.2.1 设置文本颜色

使用 color 属性或 background-color 属性设置颜色时，取值可以使用下面的任意一种方式。

（1）颜色名。直接使用颜色的英文名称作为属性值，例如，blue 表示蓝色。

（2）#rrggbb 格式。用一个 6 位的十六进制数表示颜色，例如，#0000ff 表示蓝色。

（3）#rgb 格式。#rgb 是#rrggbb 的一种简便表示，例如，#0000ff 可以表示为#00f，#00ffdd 可以表示为#0fd。

（4）rgb(rrr,ggg,bbb)格式。使用十进制数表示颜色的红、绿、蓝分量，其中，rrr、ggg、bbb 都是 0 ~ 255 的十进制整数。例如，rgb(0,0,0)代表黑色。

（5）rgb(rrr%,ggg%,bbb%)格式。使用百分比表示颜色的红、绿、蓝分量，例如，rgb(50%,50%,50%)表示 rgb(128,128,128)。

示例代码 4-8 是关于文本颜色测试的例子。

示例代码 4-8　demo0408.html

```
<!DOCTYPE html>
<html>
<head>
```

< 107 >

```
<meta charset=utf-8 >
<style>
    .blue{
        color:#00F;
    }
    .green {
        color:#00FF00;
    }
    .black {
        color:black;
    }
    .yellow {
        color:rgb(255,255,0);
    }
    .red {
        color:rgb(100%,0%,0%);
    }
</style>
</head>
<body>
    <p class="blue">颜色测试</p>
    <p class="green">颜色测试</p>
    <p class="black">颜色测试</p>
    <p class="yellow">颜色测试</p>
    <p class="red">颜色测试</p>
</body>
</html>
```

4.2.2　设置背景样式

设置背景样式

1．background-color 属性

background-color 属性用于设置 HTML 元素的背景色,可以使用前面介绍的任意一种表示颜色的方式。该属性的默认值是 transparent,表示没有任何颜色（或者说是透明色）,此时父元素的背景可以在子元素中显示出来。

2．background-image 属性

background-image 属性用于设置 HTML 元素的背景图像, 取值为 url(imageurl)或 none。该属性默认值为 none, 即没有背景图像。如果要指定背景图像, 需要将图像的路径及文件名写为参数 imageurl。

3．background-attachment 属性

background-attachment 属性用于设置背景图像是否随内容一起滚动,取值为 scroll 或 fixed。该属性默认值为 scroll, 表示背景图像随着内容一起滚动; fixed 表示背景图像静止, 而内容可以滚动。

4．background-position 属性

background-position 属性用于设置背景图像相对于元素左上角的位置。该属性取值通常是由空格隔开的一对值, 可以是关键字 left/center/right 和 top/center/bottom, 也可以是百分比数值, 还可以指定具体的距离值。例如, 50%表示将背景图像放在元素的中心位置, 25px 的水平值表示图像距离元素最左侧 25px。如果只提供了一个值而不是一对值, 则相当于只指定水平位置, 垂直位置自动设置为 50%。指定距离值时可以使用负值, 表示图像可超出边界。此属性的默认值是 0%, 表示背景图像与元素左上角对齐。

5．background-repeat 属性

background-repeat 属性用于设置背景图像是否重复显示, 取值可以是 repeat、repeat-x、repeat-y 或 no-repeat。该属性的默认值是 repeat, 表示在水平方向和垂直方向都重复, 即像铺地板一样将背景图像

< 108 >

平铺；repeat-x 表示在水平方向上平铺；repeat-y 表示在垂直方向上平铺；no-repeat 表示不平铺，即只显示一幅背景图像。

6．background 属性

background 属性是复合属性，可用于同时设置 background-color、background-image、background-attachment、background-position 和 background-repeat 等背景属性。不过，在指定 background 属性时，各属性的位置可以是任意的。

示例代码 4-9 显示了颜色和背景属性的用法，浏览结果如图 4-7 所示。

示例代码 4-9　demo0409.html

```
<!DOCTYPE html >
<html>
<head>
    <meta charset="utf-8">
    <style>
        h2 {
            font-family: "黑体";
            text-align: center;
            background-color: blue;                    /*背景色*/
            color: white;                              /*前景色*/
        }
        body {
            background-image: url(images/b6407.jpg);   /*背景图像*/
            background-repeat: no-repeat;              /*不重复*/
            background-position: center;               /*水平居中对齐*/
            background-attachment: scroll;             /*随内容滚动*/
        }
        .footer {
            text-transform: capitalize;
            text-align: right;
        }
        div, p {
            text-indent: 2em;
        }
    </style>
</head>
<body>
<body>
<h2>半部《论语》治天下</h2>
<p>1．关于《论语》</p>
<div id="region">《论语》是儒家学派的经典著作之一，由孔子的弟子及其再传弟子编撰而成。
它以语录体和对话文体为主，记录了孔子及其弟子言行，集中体现了孔子的政治主张、伦理思想、道德观
念及教育原则等。……
</div>
<p>2．第 1 篇 《学而》</p>
<div>《学而》是《论语》第一篇的篇名。《论语》中各篇一般都是以第一章的前二三个字作为该篇的
篇名。《学而》一篇包括 16 章，内容涉及诸多方面。其中重点是"吾日三省吾身""学而时习之"……</div>
<p>3．《学而》 摘抄</p>
<div>子曰："学而时习之，不亦说乎？有朋自远方来，不亦乐乎？人不知而不愠，不亦君子乎？"
</div>
<div>有子曰："其为人也孝弟，而好犯上者，鲜矣；不好犯上而好作乱者，未之有也。君子务本，本
立而道生。孝弟也者，其为仁之本与！"</div>
<div>子曰："巧言令色，鲜矣仁！"</div>
<div>曾子曰："吾日三省吾身：为人谋而不忠乎？与朋友交而不信乎？传不习乎？"</div>
<div>子曰："道千乘之国，敬事而信，节用而爱人，使民以时。"</div>
```

< 109 >

```
<div>……</div>
</body>
<p class="footer">The Analects of Confucius</p>
</body>
</html>
```

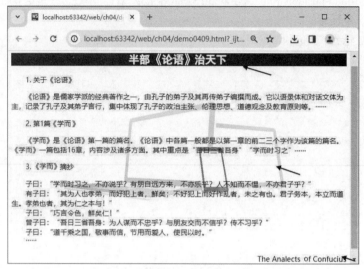

图 4-7　设置背景色和背景图像的浏览结果

4.2.3　圆角边框和图像边框

圆角边框

1．圆角边框

在网页设计中经常应用圆角边框，CSS3 使用 border-radius 属性设计圆角边框，通过给 border-radius 属性赋一组值来定义不同类型的圆角。

（1）如果给 border-radius 属性赋 4 个值，这 4 个值按照 top-left、top-right、bottom-right、bottom-left 的顺序来设置不同方向的圆角。

（2）给 border-radius 属性赋值时，如果 bottom-left 值省略，其圆角效果与 top-right 的相同；如果 bottom-right 值省略，其圆角效果与 top-left 的相同；如果 top-right 值省略，其圆角效果与 top-left 的相同。

（3）如果只设置 1 个值，则表示 4 个圆角效果相同。

示例代码 4-10 用 CSS3 的 border-radius 属性制作圆角边框，浏览结果如图 4-8 所示。

图 4-8　圆角边框的浏览结果

示例代码 4-10　demo0410.html

```
<!DOCTYPE html>
<html>
<head>
    <meta charset="utf-8">
    <style>
        div {
            width: 200px;
            height: 120px;
            padding: 15px;
```

< 110 >

```
        background: #cba276;
        /*border:5px solid red; *//*制作圆角边框的代码*/
        text-align: left;
        border-radius: 8px;
        }
    </style>
</head>
<body>
<div>border-radius 是 CSS3 增加的属性,使用其制作的圆角边框,可以在 Chrome、IE、Firefox
等浏览器中显示。</div>
</body>
</html>
```

如果使用示例代码 4-10 中被注释的代码 "border:5px solid red;",将制作一个实线的圆角边框。另外,border-radius 还提供了一系列衍生属性,可以实现更加丰富的圆角效果。

示例代码 4-11 通过为 border-radius 属性设置 4 个不同的值,实现了 4 个不同的圆角,效果如图 4-9 所示。

图 4-9　不同 border-radius 属性值的圆角效果

示例代码 4-11　demo0411.html

```
<!DOCTYPE html>
<html lang="en">
<head>
    <meta charset="UTF-8">
    <title>Title</title>
    <style>
        div{
            width:200px;
            height:120px;
            border:10px solid grey;
            background-color:#CCC;
            text-align:left;
            padding:10px;
            border-radius:20px 40px 60px 80px;
            margin:auto;
        }
    </style>
</head>
<body>
<div>border-radius 是 CSS3 增加的属性,使用其制作的圆角边框,可以在 Chrome、IE、Firefox
等浏览器中显示。</div>
</body>
</html>
```

修改 border-radius 属性的值为 r1/r2 格式,可以产生椭圆的圆角效果,其中的 r1 和 r2 表示椭圆的水平半径和垂直半径。示例代码 4-12 实现了椭圆的圆角效果,如图 4-10 所示。

示例代码 4-12　demo0412.html

```
<!DOCTYPE html>
<html lang="en">
```

< 111 >

```
<head>
    <meta charset="UTF-8">
    <title>Title</title>
    <style>
        img{
            width:280px;
            height:160px;
            border:10px solid grey;
            border-radius:20px 60px/40px 80px;
        }
    </style>
</head>
<body>
<img src="images/lunyu.jpg" alt="">
</body>
</html>
```

图 4-10   椭圆的圆角效果

示例代码 4-12 设置了图像的圆角半径，其中，左上角的圆角半径是 20px，右下角的圆角半径是 40px，右上角和左下角的圆角水平半径和垂直半径分别是 60px 和 80px。

2. 图像边框

在 CSS3 之前，为元素添加图像边框时，较难做到图像和内容的自适应，需要精心设计图像边框及文本内容的多少。针对这种情况，CSS3 增加了一个 border-image 属性，该属性指定一个图像文件作为边框，边框的长度或宽度会随着网页元素承载内容的多少自动调整。使用 border-image 属性，浏览器在显示图像边框时，自动将用到的图像分割成 9 部分进行处理，不需要用户考虑边框与内容的自适应问题。

示例代码 4-13 中有一个 div 元素，为其设置了图像边框，需要的边框素材在指定的文件夹下，浏览结果如图 4-11 所示。border-image 属性的第 1 个参数需要指明边框图像的地址，另外 4 个参数分别用于指定边框图像四周的偏移量（图像的裁切位置）、图像边框的宽度、图像向外部延伸的距离、图像的填充方式（取值为 repeat 和 stretch，分别表示重复和平铺）。

图像边框的渲染机制比较特殊，而且很多时候对图像的规格和比例也有要求，可能得到的实际效果与期待效果不一致，使用时需要注意。

示例代码 4-13 使用的图像素材和对应的图像边框浏览结果如图 4-11 所示。

示例代码 4-13   demo0413.html

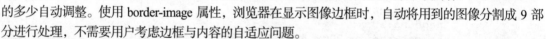

```
<!DOCTYPE HTML>
<html>
<head>
    <meta charset="utf-8">
    <title>image border</title>
```

< 112 >

```
    <style>
        div {
            width: 260px;
            padding: 25px;
            border-image: url(images/border2.jpg) 20%/10px/0 repeat;
        }
    </style>
</head>
<body>
<div>CSS3 增加了一个 border-image 属性，可以让处于随时变化状态的元素的边框统一使用一个
图像文件来绘制。使用 border-image 属性，浏览器在显示图像时，自动将使用到的图像分割成 9 部分
进行处理。</div>
</body>
</html>
```

图 4-11　使用的图像素材和图像边框的浏览结果

　　border-image 属性的参数比较难理解，建议读者在 Chrome 浏览器的调试窗口中，通过调整 div 元
素的 border-image 的参数值，观察图像边框的效果，从而理解这些参数的含义。

4.3　设置图像样式

　　HTML 文档可以直接通过<img>标记来添加图像并使用 border、width、height 等属性设置简单的图
像样式。使用 CSS 可以为图像设置更加丰富的样式，包括添加不同样式的边框、缩放图像、实现图文
混排等。

4.3.1　为图像添加边框

　　使用<img>标记的 border 属性为图像添加边框时，属性值为边框的粗细，以 px 为单位，从而控制
边框的效果。当设置属性值为 0 时，则显示效果为没有边框。例如下面的代码。

```
<img src="img1.jpg" border="2" />
<img src="img2.jpg" border="0" />
```

　　使用上述方法为图像添加边框时，所有的边框都只能是黑色的，而且风格十分单一，都是实线，
只能在边框粗细上进行调整。如果希望设置丰富的边框样式，需要使用 CSS。

　　1．边框的不同属性

　　通过 CSS 的边框属性可以为图像添加不同样式的边框。设置边框样式使用 3 个属性。

　　（1）border-width。设置边框的粗细，可以使用 CSS 的各种长度单位，常用的单位是 px。

　　（2）border-color。设置边框的颜色，使用各种合法的颜色定义。

< 113 >

（3）border-style。使用一些预先定义好的线型，如虚线（dashed）、实线（solid）或点线（dotted）等。示例代码 4-14 说明了使用 CSS 设置边框的方法。

示例代码 4-14　demo0414.html

```html
<!DOCTYPE html>
<html>
<head>
    <meta  charset="utf-8" >
    <style>
        img {
            width:240px;
        }
        .border1{
            border-style:double;
            border-color:#00F;
            border-width:6px;
            width: 150px;
        }
        .border2{
            border-style: dashed;
            border-color: #339;
            border-width:4px;
        }
        .border3{
            border-style: solid;
            border-color: #339;
            border-width:4px;
            border-radius:15px;
        }
    </style>
</head>
<body>
<img src="images/kongzi.jpg"  class="border1" />
<img src="images/lunyu2.jpg" class="border2" />
<img src="images/lunyu3.jpg" class="border3" />
</body>
</html>
```

浏览结果如图 4-12 所示，设置图像的 width 属性后，height 属性将会同比例缩放，除非指定图像的 height 属性。

图 4-12　为图像设置不同边框的浏览结果

2．为不同的边框分别设置样式

如果要单独地定义某一侧边框的样式，使用 border-top-style、border-right-style、border-bottom-style、

< 114 >

border-left-style 可以分别设置上边框、右边框、下边框和左边框的样式。

类似地，可以分别设置上、右、下、左 4 个边框的颜色和宽度。

示例代码 4-15 使用 CSS 设置了图像的不同边框。示例代码 4-15 中，只设置了左、右和上 3 个边框的样式，下边框的样式未做设置。

示例代码 4-15　demo0415.html

```
<!DOCTYPE html>
<html>
<head>
<meta charset="utf-8" >
<style>
        .border1{
            border-left-style:double;
            border-left-width:10px;
            border-left-color:blue;

            border-right-style: dotted;
            border-right-width:4px;
            border-right-color:red;

            border-top-style: ridge;
            border-top-width:7px;
            border-top-color:green;
        }
</style>
</head>
<body>
    <img src="images/kongzi.jpg" width="150px" class="border1" />
</body>
</html>
```

4.3.2　设置图像大小

在网页上显示一幅图像时，默认情况下按图像的原始大小显示。网页排版过程中，有时需重新设置图像的大小。如果图像大小设置不恰当，会造成图像的变形和失真，所以应当保持宽度和高度属性的比例适中。设置图像大小可以采用以下 3 种方式。

1．使用<img>标记的 width 和 height 属性

HTML 通过<img>标记的 width 和 height 属性设置图像大小。width 和 height 分别表示图像的宽度和高度，二者的值可以用数值或百分比表示，用数值表示时单位为 px。

另外，当仅设置 width 属性时，height 属性会按同比例缩放；如果只设置 height 属性，也是一样的情况。只有同时设定 width 和 height 属性时，才会按不同比例缩放。

2．使用 CSS 中的 width 和 height 属性

在 CSS 中，可以使用属性 width 和 height 来设置图像的宽度和高度，从而实现图像的缩放效果。

示例代码 4-16 对图像的 width 和 height 属性进行了应用。

示例代码 4-16　demo0416.html

```
<!DOCTYPE html>
<html>
<head>
```

< 115 >

```
        <meta  charset="utf-8" >
        <style>
            img {
                width:220px;
                height:140px;
                border-style: groove;
            }
        </style>
    </head>
    <body>
    <img src="images/kongzi.jpg"/>
    <img src="images/kongzi.jpg" style="width:160px;" />
    <img src="images/kongzi.jpg" style="width:40%;height:40%" />
    </body>
    </html>
```

示例代码 4-16 的浏览结果如图 4-13 所示。除了设置 width 和 height 属性外，还设置了 border-style 属性。另外，第 2 幅图像使用了离它最近的行内样式定义。第 3 幅图像的大小百分比按浏览器的显示比例计算，该图像的大小将随浏览器窗口的大小发生变化。

图 4-13　设置不同图像大小的浏览结果

3．使用 CSS3 的 max-width 和 max-height 属性

max-width 和 max-height 分别用来设置图像的宽度最大值和高度最大值。在定义图像大小时，如果图像的宽度超过了 max-width 的大小，就以 max-width 所定义的宽度值显示，而图像高度将同比例变化；定义 max-height 也是一样的情况。但是如果图像的宽度或者高度小于宽度最大值或者高度最大值，那么图像就按原大小显示。max-width 和 max-height 的值一般是数值。

示例代码 4-17 展示了 max-width 属性和 width 属性的关系。

示例代码 4-17　demo0417.html

```
<!DOCTYPE html>
<html>
<head>
    <meta charset="utf-8" />
    <style type="text/css">
        img {
            max-width:320px;
        }
    </style>
</head>
<body>
<img src="images/lunyu.jpg" width="500px" />
</body>
</html>
```

图像 lunyu.jpg 的实际宽度是 1000px，示例代码 4-17 中定义图像的 width 属性值为 500px，超过了 max-width 的值，显示的实际宽度是 max-width 的值 320px，图像高度将同比例缩放。

< 116 >

4.3.3　实现图文混排

图文混排是网页排版的基本内容，CSS 可以设置文本环绕图像，构成复杂版式，实现多种图文混排方式。

CSS 的 float 属性用来实现文本环绕效果。float 属性主要设置图像向哪个方向浮动。文本环绕也可以实现文本围绕其他浮动元素（块）。任何一个浮动元素都会生成一个块，浮动元素需要指定一个明确的宽度，否则会很窄。

float 属性语法格式如下：

```
float:none|left|right
```

其中，none 是默认值，表示元素不浮动，left 表示文本流向元素的右边，right 表示文本流向元素的左边。

示例代码 4-18 展示了文本环绕功能。

示例代码 4-18　demo0418.html

```html
<!DOCTYPE html>
<html>
<head>
    <meta charset="utf-8">
    <style>
        body {
            font-size: 14px;
            background-color: #CCC;
            margin: 0px;
            padding: 0px;
        }
        .img1 { /*第 1 种环绕方式*/
            float: right;
            margin: 5px;
            padding: 5px;
            width: 240px;
        }
        .img2 { /*第 2 种环绕方式*/
            float: left;
            margin: 5px;
            padding: 5px;
            width: 160px;
        }
        p {
            color: #000;
            margin: 0px;
            padding-top: 10px;
            padding-left: 5px;
            padding-right: 5px;
        }
        span { /*首字下沉*/
            float: left;
            font-size: 24px;
            font-family: 黑体;
            padding-right: 5px;
        }
    </style>
```

< 117 >

```
</head>
<body>
<h1>半部《论语》治天下</h1>
<p><span>《论语》</span>是儒家学派的经典著作之一，由孔子的弟子及其再传弟子编撰而成。它
以语录体和对话文体为主，记录了孔子及其弟子言行。与《大学》《中庸》《孟子》《诗经》《尚书》《礼记》
《易经》《春秋》并称"四书五经"。通行本《论语》共二十篇。
</p>
<img src="images/kongzi.jpg" class="img2"/>
<p>《学而》是《论语》第一篇的篇名。《论语》中各篇一般都是以第一章的前二三个字作为该篇的篇
名。《学而》一篇包括 16 章，内容涉及诸多方面。其中重点是"学而时习之""吾日三省吾身"等。</p>
<p>子曰："学而时习之，不亦说乎？有朋自远方来，不亦乐乎？人不知而不愠，不亦君子乎？"</p>
<img src="images/zhishu.jpg" class="img1"/>
<p>有子曰："其为人也孝弟，而好犯上者，鲜矣；不好犯上而好作乱者，未之有也。君子务本，本立
而道生。孝弟也者，其为仁之本与!"</p>
<p>子曰："巧言令色，鲜矣仁！"</p>
<p>曾子曰："吾日三省吾身：为人谋而不忠乎？与朋友交而不信乎？传不习乎？"</p>
<p>子曰："道千乘之国，敬事而信，节用而爱人，使民以时。</p>
<p>……</p>
<p style="text-align: right;">摘自《学而》</p>
</body>
</html>
```

示例代码 4-18 的浏览结果如图 4-14 所示。示例代码中的.img1 和.img2 两个类选择器，分别对图像设置了"float:right"和"float:left"两种环绕方式，使得图像分别显示在浏览器窗口的右侧和左侧。另外，对文本"《论语》"设置了"float: left"样式，并增加文字字号，实现了首字下沉的效果。

为了避免文本紧密环绕图像，希望文本与图像有一定间隔，为<img>标记设置 margin 和 padding 属性。float、margin、padding 等属性的功能将在第 5 章详细介绍。

图 4-14　图文混排的浏览结果

4.4 应用示例

4.4.1 用 CSS 样式美化表单

网站中的用户登录、在线交易都是以表单的形式呈现的，美化表单是 CSS 的一个典型应用。

在默认情况下，表单元素的背景是灰色的，文本框边框是有立体感的粗线条，可以通过 CSS 改变

< 118 >

表单的边框样式、颜色和背景色，也可以重新定义文本框、按钮、列表框等元素的样式。示例代码 4-19
用 CSS 美化一个网站的在线注册网页，如图 4-15 所示。

示例代码 4-19　demo0419.html

```html
<!DOCTYPE html>
<head>
    <meta charset="utf-8">
    <style>
        div.bg {
            background-image: url(images/bj2.jpg);
            width: 1024px;
            margin: 0 auto;
        }
        form {
            width: 320px;
            margin-left: 120px;
            border: 1px dotted #999;
            padding: 1px 6px 1px 16px;
            font: bolder 14px 微软雅黑, 宋体;
        }
        p span { /* 定义表单上的文字格式 */
            display: inline-block;
            width: 100px;
            text-align: right;
            color: darkblue;
        }
        input[type="text"], input[type="password"],
        input[type="email"] , input[type="tel"]{ /* 属性选择器*/
            width: 160px;
            background-color: #ADD8E6;
            border: none;
            border-bottom: 1px groove #266980;
            color: #1D5061;
        }
        select, input[type="date"] {
            width: 160px;
            color: #00008B;
            background-color: #ADD8E6;
            border: 1px solid #00008B;
        }
        .btn {
            margin-left: 100px;
        }
        .btn input {
            width: 80px;
            height: 30px;
            background-color: #99bb18;
            border: 1px solid #00008B;
            border-radius: 12px 8px;
            color: white;
        }
    </style>
</head>
<body>
<div class="bg">
    <form name="myForm1" action="" method="post">
        <h2>新用户注册</h2>
        <p><span>用户昵称: </span><input type="text" name="name"/></p>
```

< 119 >

```
            <p><span>登录密码: </span><input name="pwd" type="password"/></p>
            <p><span>重复密码: </span><input name="pwd2" type="password"/></p>
            <p><span>性别: </span>
                <input name="sex" type="radio" value="male"/>男
                <input name="sex" type="radio" value="female"/>女</p>
            <p><span>所在省份: </span><select name="addr">
                <option value="1">辽宁</option>
                <option value="2">吉林</option>
                <option value="3">黑龙江</option>
            </select></p>
            <p><span>电子邮箱: </span><input type="email" name="email1" required
placeholder="abc@qq.com"></p>
            <p><span>手机号码: </span><input type="tel" name="mytel" required
pattern="^\d{11}$"></p>
            <p><span>注册日期: </span><input type="date" name="regdate"/></p>
            <p class="btn">
                <input type="submit" name="Submit" value="提交"/>
                <input type="reset" name="Submit2" value="重置"/></p>
        </form>
    </div>
    </body>
    </html>
```

示例代码 4-19 涉及的文本、颜色及背景的样式定义如下。

（1）在选择器 div.bg 中，应用 background-image 属性设置了 div 元素的背景。

（2）在 form 的样式定义中，应用 font 属性设置了文本样式。

（3）表单的文字描述主要在<span>标记中，为其应用了 color 属性和 text-align 属性。

（4）应用属性选择器 input[type="text"]、input[type="password"]等来选择元素并定义元素的样式。

（5）使用后代选择器 .btn input 定义了按钮的样式，并设计了圆角边框。

图 4-15　用 CSS 样式美化表单的浏览结果

可以看出，美化表单主要就是重新定义表单元素的边框和背景色等的属性。此外，示例代码 4-19 中还用到了 margin、padding、display 等布局属性。

4.4.2　设置图标项目符号

很多网页使用图标项目符号，以实现生动美观的效果。可使用 ul 的 CSS 属性 list-style-image 实现，将列表项前默认的符号修改为图标（图像），但这种方法不能调整图标与列表项文字之间的距离。更常用的一种方法是将图标设置为 li 元素的背景，不平铺，居左，为防止文字覆盖图标，可根据图标大小设置 padding 属性。示例代码 4-20 使用两种不同的方法设置了图标项目符号，效果如图 4-16 所示。

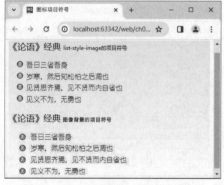

图 4-16　用 CSS 设置图标项目符号的效果

< 120 >

示例代码 4-20　demo0420.html

```html
<!DOCTYPE html>
<html>
<head lang="en">
    <meta charset="UTF-8">
    <title>图标项目符号</title>
</head>
<style>
    div {
        background-image: linear-gradient(0deg, #fff, #f2f2f2);
    }
    h2 {
        font-size: 20px;
        font-weight: normal;
    }
    h2 span {
        font-size: 12px;
    }
    ul#m1 {
        font: 16px/1.6 幼圆, 华文中宋;
        list-style-image: url("images/bullet22.gif");
    }
    ul#m2 {
        list-style-type: none;
        margin: 0;
        padding-left: 20px;
    }
    ul#m2 li {
        margin-left: 0;
        font: 16px/1.6 幼圆, 华文中宋;
        background: url("images/bullet3.gif") no-repeat 4px 6px;
        padding-left: 30px;
    }
</style>
<body>
<div>
    <h2>《论语》经典 <span>list-style-image 的项目符号</span></h2>
    <ul id="m1">
        <li>吾日三省吾身</li>
        <li>岁寒, 然后知松柏之后凋也</li>
        <li>见贤思齐焉, 见不贤而内自省也</li>
        <li>见义不为, 无勇也</li>
    </ul>
    <h2>《论语》经典 <span>图片背景的项目符号</span></h2>
    <ul id="m2">
        <li>吾日三省吾身</li>
        <li>岁寒, 然后知松柏之后凋也</li>
        <li>见贤思齐焉, 见不贤而内自省也</li>
        <li>见义不为, 无勇也</li>
    </ul>
</div>
</body>
</html>
```

示例代码 4-20 涉及的文本、颜色及背景的样式定义如下。

< 121 >

（1）网页内容在 div 元素中，为该 div 元素定义背景，在 background-image 属性中应用 linear-gradient()
函数设计了线性渐变背景。代码如下：

```
background-image: linear-gradient(0deg, #fff, #f2f2f2);
```

linear-gradient()函数的第 1 个参数是渐变角度，0deg 表示从下向上渐变，后面可以有若干参数，是
渐变颜色描述。

（2）选择器 h2 和 h2 span 定义了标题样式。

（3）ul#m1 使用 list-style-image 属性实现图标项目符号。

（4）ul#m2 和 ul#m2 li 用于定义用图像背景实现的项目符号。为实现美观的效果，需要设置外边距
margin 和内边距 padding 的相关属性。设置图像背景的代码如下：

```
background: url("images/bullet3.gif") no-repeat 4px 6px;
```

其中的背景图像位置参数需要根据背景图像大小及 li 元素的文字大小调整。

本章小结

本章介绍了 CSS 的字体属性、文本属性、背景属性等，主要内容如下。

（1）CSS 中的字体属性用于设置字体、字号、风格等，包括 font、font-family、font-size、font-style、
font-variant 和 font-weight 等。

（2）CSS 中的文本属性用于设置段落格式、修饰方式等，包括 word-spacing、letter-spacing、
text-align、text-indent、line-height、text-decoration 和 text-transform 等。

（3）CSS 背景属性包括 background、background-attachment、background-color、background- image、
background-position 和 background-repeat 等。

（4）CSS3 中的 border-radius 属性和 border-image 属性用于设置圆角边框和图像边框。

（5）在 HTML 中可以通过<img>标记来添加图像。img 元素的 width、height、max-width、border-width、
border-color、border-style 等属性可以用来设置图像样式。

习题 4

1. 简答题

（1）在应用 font 属性时需要注意哪些问题？

（2）设置图像边框需要使用 border-image 属性，该属性包括哪些参数？含义是什么？

（3）比较 word-wrap 属性与 word-break 属性的区别，并通过示例验证。

（4）本章介绍的 CSS 属性既有 CSS2 及以前版本的属性，也有 CSS3 新增的属性，列举出 CSS3
新增属性，说明其作用。

2. 实践题

（1）用 CSS 设计如图 4-17 所示的网页，要求如下。

① 设置图像的 border、width、height 等属性，图像在浏览器窗口的水平和垂直方向均居中对齐。

② 设置背景图像的 background-image、background-repeat、background-position 等属性，背景图像
位置在浏览器窗口中部，在垂直方向重复。

（2）制作一个如图 4-18 所示的竖排动态菜单。要求如下：菜单背景为灰色；每个菜单项下方有深

< 122 >

绿色横线，当鼠标指标悬浮在菜单项上时，横线由深绿色变成浅绿色，同时菜单文字呈黄色。

图 4-17　实践题（1）的浏览结果

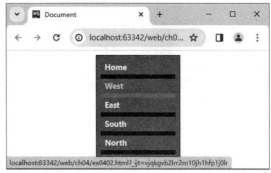

图 4-18　实践题（2）的浏览结果

< 123 >

第 **5** 章 | 规划页面——使用 CSS 实现精美布局

本章导读

　　DIV+CSS 布局以其代码简洁、定位精准、载入快捷、维护方便等优点曾被视为网页的主流布局。为适应用户使用移动设备进行浏览的需要，响应式布局日趋流行。CSS 盒模型是响应式布局的基础，本章介绍 CSS 盒模型及其应用。

知识要点

- 理解 CSS 盒模型在网页布局中的作用。
- 熟练掌握 CSS 布局的常用属性。
- 使用 DIV+CSS 实现多种形式的网页布局。

5.1 CSS 盒模型

CSS 盒模型

　　盒模型是 CSS 控制网页布局的一个非常重要的概念。网页上的所有元素，例如文本、图像、div 元素等，都可以被看作盒子。由盒子将网页元素包含在一个矩形区域内，这个矩形区域则被称为"盒模型"（盒模型本质上是一个盒子）。

5.1.1 盒模型的组成

　　网页布局的过程可以看作在网页中摆放盒子的过程。通过调整盒子的边框、边距等属性控制各个盒子位置，实现对整个网页的布局。盒模型由内到外依次分为内容（content）、内边距（padding）、边框（border）和外边距（margin）4 部分，如图 5-1 所示。盒模型所占用的宽度（或高度）是这 4 部分之和，即盒模型所占用宽度（高度）=内容+内边距+边框+外边距。其中，内边距包括左右（上下）内边距，边框包括左右（上下）边框，外边距包括左右（上下）外边距。

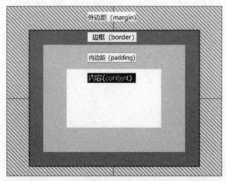

图 5-1　盒模型

1．内容

内容是盒子里的"物品"，是盒子中必须有的部分，可以是任何网页元素，例如文本、图像、视频等。内容的大小由 width 和 height 属性定义。如果盒子里信息过多，超出 width 属性和 height 属性限定的大小，盒子的宽度和高度将会自动增大。这时需要使用 overflow 属性设置溢出处理方式。定义盒子宽度、高度和溢出处理方式的语法格式如下。

```
width: auto | length;
height: auto | length;
overflow: auto | visible | hidden | scroll;
```

在 width 和 height 中，属性值 auto 表示盒子的宽度或高度可以根据内容自动调整；属性值 length 是长度值或百分比值，百分比值表示基于父元素的大小来计算当前盒子大小。

overflow 的属性值中，auto 表示盒子根据内容是否溢出决定是否显示滚动条；visible 表示显示所有内容，不受盒子大小的限制，是默认值；hidden 表示隐藏超出盒子的内容；scroll 表示始终显示滚动条。

示例代码 5-1 定义了 2 个含有文字信息的盒子。第 1 个盒子为 width 和 height 指定具体数值，大小是固定的；第 2 个盒子的 width 属性值是百分比值，宽度随浏览器的宽度按比例改变，这两个盒子用 div 元素定义，单独占一行。为方便查看盒子在浏览器中的效果，设置了盒子的背景色。

图 5-2　两个盒子对比的浏览结果

第 1 个盒子的 height 属性值为 48px，如果盒子里信息超出 height 所限定的高度，其中的内容将溢出；第 2 个盒子的 overflow 属性值为 auto，保证盒子中的内容不溢出。两个盒子通过是否设置 overflow 属性进行对比，浏览结果如图 5-2 所示。

示例代码 5-1　demo0501.html

```html
<!DOCTYPE html>
<html>
<head>
    <meta charset="utf-8">
    <style>
        * {
            font-size: 16px;
        }
        .box1 {
            height: 48px;
            width: 240px;
            background-color: #3CC;
        }
        .box2 {
            height: 48px;
            width: 50%;
            overflow: auto;
            background-color: #CCC;
        }
    </style>
</head>
<body>
<div class="box1">吾尝终日而思矣，不如须臾之所学也；吾尝跂而望矣，不如登高之博见也。</div>
<p> </p>
```

< 125 >

```
<div class="box2">吾尝终日而思矣，不如须臾之所学也；吾尝跂而望矣，不如登高之博见也。</div>
</body>
</html>
```

2．外边距

盒子的外边距是盒子与其他盒子之间的距离，使用 margin 属性定义，其语法格式如下。

```
margin: auto | length;
```

length 是长度值或百分比值，百分比值是基于父元素的值。长度值可以为负值，实现盒子间的重叠效果。也可以利用 margin 的 4 个子属性 margin-top、margin-right、margin-bottom、margin-left 分别定义盒子 4 个方向的外边距值，语法格式与 margin 的语法格式相同。如果盒子是行内（inline）元素，则只有左、右外边距起作用。

示例代码 5-2 设置了盒子的外边距，浏览结果如图 5-3 所示。

示例代码 5-2　demo0502.html

```
<!DOCTYPE html>
<html>
<head>
    <meta charset="utf-8">
    <style>
        div {
            height: 160px;
            width: 120px;
        }
        .m1 {
            overflow: hidden;
            margin: 10px;
        }
        .m2 {
            overflow: hidden;
            margin-top: 20px;
            margin-right: 30px;
            margin-bottom: 40px;
            margin-left: 40px;
        }
    </style>
</head>
<body>
<div class="m1"><img src="images/xunzi.jpg" width=150 height=200/></div>
<div class="m2"><img src="images/xunzi.jpg" width="150" height="200"/></div>
</body>
</html>
```

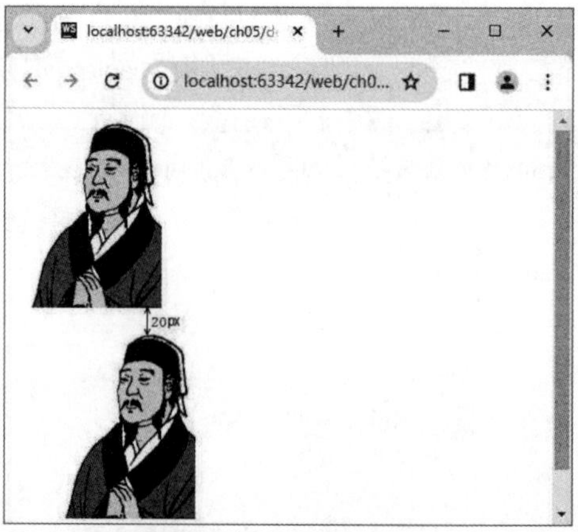

图 5-3　margin 属性的应用

从图 5-3 中可以看到，通过设置外边距使盒子不能紧贴在一起，保持了距离。但二者的距离值并不是 10px 与 20px 的和，而是 20px。因此，相邻盒子的距离不是取 margin 值的和，而是取二者中的较大值。而且，两个盒子均设置了"overflow: hidden"属性，图像溢出盒子的部分不显示。

示例代码 5-2 中，第 1 个盒子的 margin 属性后只有 1 个值，表示 4 个外边距相同。第 2 个盒子分别设置了 4 个不同的外边距，也可以直接在 margin 属性后加 4 个值，用空格隔开进行设置，代码如下。

```
margin: 20px 30px 40px 40px;  /*值顺序为上、右、下、左*/
```

若 margin 属性后有 2 或 3 个值，则省略的值与其相对的边的值相等，即上下外边距相等或左右外

< 126 >

边距相等，例如：

```
margin: 20px 30px;      /*表示上下外边距均为 20px，左右外边距均为 30px*/
margin: 20px 30px 40px; /*表示上外边距为 20px，左右外边距均为 30px，下外边距为 40px*/
```

3．内边距

盒子的内边距用来设置内容和盒子边框之间的距离，使用 padding 属性定义，其语法格式如下。

```
padding: length;
```

length 是长度值或百分比值，百分比值是基于父元素的值。与 margin 类似，也可以利用 padding 的 4 个子属性 padding-top、padding-right、padding-bottom、padding-left 分别定义盒子 4 个方向的内边距值。length 值不可以为负。

示例代码 5-3 是 padding 属性的应用，浏览结果如图 5-4 所示。示例代码 5-3 中，3 个 div 元素的 height 属性值均设置为 30px。实际上，第 1 个盒子 div.padding1 的实际高度为 70px，这是因为它的 padding 属性值为 20px，计算其实际高度时，上下均增加了 20px。同理，第 3 个盒子 div.padding2 的实际高度为 70px，其中包括上下内边距的高度。

示例代码 5-3　demo0503.html

```html
<!DOCTYPE html>
<html>
<head>
    <meta charset="utf-8">
    <style>
        div {
            height: 30px;
            width: 100px;
            background-color: #999;
            margin: 10px;
            color: yellow;
        }
        div.padding1 {
            padding: 20px;
        }
        div.padding2 {
            padding: 10px 20px 30px 40px;
        }
    </style>
</head>
<body style="font-size: 14px">
<div class="padding1">君子曰：学不可以已。</div>
<div class="padding0">君子曰：学不可以已。</div>
<div class="padding2">君子曰：学不可以已。</div>
</body>
</html>
```

图 5-4　padding 属性的应用

4．边框

边框是盒子中介于内边距和外边距之间的分界线，可用 border-width、border-style、border-color 属性分别定义边框的宽度、样式、颜色，也可以直接在 border 属性后加 3 个对应值，用空格隔开进行设置。

（1）边框样式

边框样式用 border-style 属性描述，其值可取的关键字如下。

< 127 >

- none: 无边框，默认值。
- hidden: 隐藏边框。
- dashed: 点画线构成的虚线边框。
- dotted: 点构成的虚线边框。
- solid: 实线边框。
- double: 双实线边框。
- groove: 根据 color 值，显示 3D 凹槽边框。
- ridge: 根据 color 值，显示 3D 凸槽边框。
- inset: 根据 color 值，显示 3D 凹边边框。
- outset: 根据 color 值，显示 3D 凸边边框。

（2）边框宽度

边框宽度用 border-width 属性描述，值可以是关键字 medium、thin、thick，以及长度值或百分比值。

（3）边框颜色

边框颜色用 border-color 属性描述，值同 color 属性，可以是 RGB 值、颜色名等。

需要注意的是，为边框进行属性设置时，边框的样式属性不能省略，否则边框不存在，即使设置其他属性也无意义。

示例代码 5-4 设置了不同的边框，浏览结果如图 5-5 所示。

图 5-5 border 属性的应用

示例代码 5-4　demo0504.html

```
<!DOCTYPE html>
<html>
<head>
    <meta charset=utf-8>
    <style>
        div {
            width: 200px;
            background-color: #EFEFEF;
            margin: 10px auto;
            padding: 10px;
        }
        .b1 {
            border-style: inset;
            border-width: 10px;
            border-color: rgb(100%, 0%, 0%);
        }
        .b2 {
            border-style: double;
            border-width: thick;
            border-color: black;;
        }
        .b3 {
            border: groove thin rgb(255, 255, 0);
        }
        .b4 {
            border: #000 medium dashed;
        }
```

< 128 >

```
    </style>
</head>
<body>
<div class="b1">博学省身</div>
<div class="b2">博学省身</div>
<div class="b3">博学省身</div>
<div class="b4">博学省身</div>
</body>
</html>
```

当 4 个方向的边框不同时，可以利用 border 的 4 个子属性 border-top、border-right、border-bottom、border-left 分别定义。例如，为 border-top、border-right、border-bottom、border-left 设置不同的样式，代码如下。

```
border-top:solid medium #000;
border-right:outset 10px #0F0;
border-bottom:ridge thin #F0F;
border-left: dotted thick #F00;
```

也可以为 border-style、border-width、border-color 属性设置不同方向的边框样式，代码如下。

```
border-style:solid outset ridge dotted;      /*值顺序为上、右、下、左*/
border-width:medium 10px thin thick;         /*值顺序为上、右、下、左*/
border-color:#000 #0F0 #F0F #F00;            /*值顺序为上、右、下、左*/
```

5.1.2 盒子的类型

CSS 中的盒子可分为 block 类型与 inline 类型，使用 display 属性来定义。例如，默认 div 元素与 p 元素属于 block 类型，span 元素与 img 元素属于 inline 类型。CSS2 以后，新增了几种盒子的类型，包括 inline-block 类型、inline-table 类型、list-item 类型等。下面通过示例代码 5-5，对 block 类型、inline 类型、inline-block 类型进行对比。

示例代码 5-5   demo0505.html

```
<!DOCTYPE HTML>
<html>
<head>
    <meta charset=utf-8>
    <title>block、inline、inline-block 对比</title>
    <style>
        div {
            color: yellow;
        }
        div.div1 {
            display: block;     /*div 默认值*/
            width: 120px;
            height: 40px;
            margin: 2px;
            background-color: green;
        }
        div.div2 {
            display: inline; /*inline 类型*/
            width: 120px;
            height: 40px;
```

< 129 >

```
        margin: 2px;
        background-color: blue;
    }
    div.div3 {
        display: inline-block; /*inline-block 类型*/
        width: 120px;
        height: 40px;
        margin: 2px;
        background-color: red;
    }
    div.div4 {
        display: inline-block;
        margin: 2px;
        background-color: grey;
    }
    </style>
</head>
<body>
<h3>block 类型, 设置 width 和 height 属性</h3>
<div class="div1">block 类型</div>
<div class="div1">block 类型</div>
<hr/>
<h3>inline 类型, 设置 width 和 height 属性无意义</h3>
<div class="div2">inline 类型</div>
<div class="div2">inline 类型</div>
<hr/>
<h3>inline-block 类型, 设置 width 和 height 属性</h3>
<div class="div3">inline-block 类型</div>
<div class="div3">inline-block 类型</div>
<hr/>
<h3>inline-block 类型, 无 width 和 height 属性</h3>
<div class="div4">inline-block 类型</div>
<div class="div4">inline-block 类型</div>
</body>
</html>
```

示例代码 5-5 设置了 div 元素的 margin 属性和不同的背景色等。浏览结果如图 5-6 所示。

这 3 种类型的区别如下。

（1）声明为 block 类型的元素为块元素，占据整行的位置，该类元素无 width 属性设置时，将占满浏览器的宽度；如果设置了 width 属性，默认两侧也不能放置其他元素，除非设置了 block 类型元素的 float 属性。

（2）声明为 inline 类型的元素为行内元素，该类元素的宽度只等于其内容的宽度，设置 width 属性和 height 属性无意义。

（3）声明为 inline-block 类型的元素为行内的块元素，实际上是块元素。inline-block 类型的元素，如果未设置 width 属性和 height 属性，和 inline 类型的元素是一样的；如果设置了 width 属性和 height 属性，则按指定的宽度和高度显示为行内的块元素。

图 5-6 block 类型、inline 类型、
inline-block 类型对比

< 130 >

另外，span、p、table 等元素的 display 属性都有默认值，默认为块元素或行内元素，但可以通过修改其 display 属性值改变这些元素的盒子类型。例如，下面的代码修改了 p、span、a 等元素的盒子类型。

```
p {
    display:inline;
}
span,a {
    display:block;
}
```

p 元素默认为块元素，修改 display 属性为 inline-table，则 p 成为行内元素；如果将一个元素的 display 属性值设置为 none，则该元素将不会被显示，当某些元素需要被隐藏时需要用 none 定义。

5.1.3 CSS3 增加的与盒子相关的属性

1. overflow-x 与 overflow-y 属性

前面已经介绍过，当指定了盒子的宽度与高度后，可能出现盒子无法容纳其中内容的情况，为了避免内容溢出，可使用 overflow 属性来指定如何显示盒子中容纳不下的内容。CSS3 增加了 overflow-x 属性和 overflow-y 属性。通过 overflow-x 属性或 overflow-y 属性，可以单独指定在水平方向上或垂直方向上内容溢出时的显示方法，属性的取值是 auto、visible、hidden、scroll。

在示例代码 5-6 中，将 span 元素的 display 属性设置为 block，使其成为块元素；将 overflow-x 的属性值设定为 hidden，将 overflow-y 的属性值设定为 scroll，只显示垂直方向上的滚动条。浏览结果如图 5-7 所示。

示例代码 5-6　demo0506.html

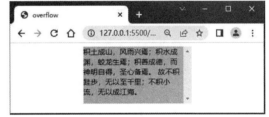

图 5-7　overflow-x 和 overflow-y 属性的应用

```
<!DOCTYPE HTML>
<html>
<head>
    <meta charset=utf-8>
    <title>overflow</title>
    <style>
        span {
            display: block;
            margin: auto;
            width: 240px;
            height: 120px;
            background-color: #CCC;
            overflow-x: hidden;
            overflow-y: scroll;
        }
    </style>
</head>
<body>
<span>积土成山，风雨兴焉；积水成渊，蛟龙生焉；积善成德，而神明自得，圣心备焉。
    故不积跬步，无以至千里；不积小流，无以成江海。
</span>
</body>
</html>
```

2. text-overflow 属性

text-overflow 属性用于指定盒子中文本溢出时的显示方法，可以在盒子的末尾显示一个代表省略的

< 131 >

符号 "..."。使用 text-overflow 属性需要 2 个条件，一是 overflow-x 的属性值为 hidden，不显示滚动条，这样才能产生水平方向溢出的效果；二是 text-overflow 属性只在当盒子中的内容在水平方向上超出盒子的容纳范围时有效，这需要将 white-space 属性的属性值

图 5-8　text-overflow 属性的应用

设定为 nowrap，使得盒子右端内容不能换行显示，这样一来，盒子中的内容就在水平方向上溢出了。

示例代码 5-7 应用了 text-overflow 属性，浏览结果如图 5-8 所示。

示例代码 5-7　demo0507.html

```html
<!DOCTYPE HTML>
<html>
<head>
<meta charset=utf-8>
<title>text-overflow</title>
<style>
    div {
        width:300px;
        height:30px;
        white-space:nowrap;          /*水平方向不换行，保证水平溢出*/
        overflow-x:hidden;           /*隐藏水平滚动条*/
        text-overflow:ellipsis;      /*text-overflow 设置效果*/
        border:1px solid grey;
    }
</style>
</head>
<body>
<div>青，取之于蓝，而青于蓝；冰，水为之，而寒于水。木直中绳，𫐓以为轮，其曲中规。
</div>
</body>
</html>
```

3. box-shadow 属性

在 CSS3 中，可以使用 box-shadow 属性让盒子在显示时产生阴影效果。box-shadow 属性的语法格式如下。

```
box-shadow: xlength ylength r color;
```

其中，xlength 和 ylength 分别指定阴影与盒子的横向距离、阴影与盒子的纵向距离，r 指定阴影的模糊半径，color 指定阴影的颜色。

示例代码 5-8 实现了使用 box-shadow 属性为盒子设置灰色阴影。阴影与盒子的横向和纵向距离均为 10px，阴影的模糊半径为 5px。浏览结果如图 5-9 所示。

示例代码 5-8　demo0508.html

```html
<!DOCTYPE HTML>
<html>
<head>
<meta charset=utf-8>
<title>box-shadow</title>
<style>
    div {
```

< 132 >

```
        width: 300px;
        height: 100px;
        background-color: blue;
        box-shadow: 10px 10px 5px grey;
        /*box-shadow: 10px 10px 0px grey;
        box-shadow: 0px 0px 5px grey;
        box-shadow: -10px -10px 5px grey;*/
    }
</style>
</head>
<body>
    <div></div>
</body>
</html>
```

如果阴影与盒子的横向距离为负值，将绘制向左的阴影；如果阴影与盒子的纵向距离为负值，将绘制向上的阴影。

示例代码 5-8 注释中的代码分别指定了阴影半径为 0、阴影与盒子的距离为 0、阴影与盒子的距离为负值的这 3 种情况，请读者自行调试。

图 5-9　box-shadow 属性的应用

4．box-sizing 属性

CSS 使用 width 属性与 height 属性来指定盒子的宽度与高度。box-sizing 属性用于说明应用 width 属性与 height 属性时，指定的宽度值与高度值是否包含元素的内边距（padding）与边框（border）的宽度与高度，从而实现更为精确的定位。

box-sizing 属性的取值为 content-box 与 border-box。content-box 属性值表示盒子的宽度与高度不包括 padding 与 border 的值，border-box 属性值表示盒子的宽度与高度包括 padding 与 border 的值。如果没有使用 box-sizing 属性，默认值是 content-box。

示例代码 5-9 可以直观地说明这两个属性值的区别。在该示例中存在两个 div 元素，第 1 个 div 元素的 box-sizing 属性指定 content-box 属性值，第 2 个 div 元素的 box-sizing 属性指定 border-box 属性值，在浏览器中的浏览结果如图 5-10 所示，可以看出这两个属性值的区别。

示例代码 5-9　demo0509.html

```
<!DOCTYPE HTML>
<html>
<head>
    <meta charset=utf-8>
    <title>box-sizing</title>
    <style>
        div {
            width: 240px;
            border: solid 20px blue;
            padding: 30px;
            background-color: #ccc;
            margin: 20px auto;
        }

        div#div1 {
            box-sizing: content-box;
        }
        div#div2 {
            box-sizing: border-box;
```

< 133 >

```
        }
    </style>
</head>
<body>
<div id="div1">锲而舍之，朽木不折；锲而不舍，金石可镂。</div>
<div id="div2">锲而舍之，朽木不折；锲而不舍，金石可镂。</div>
</body>
</html>
```

示例代码 5-9 中，虽然同时指定两个 div 元素的宽度都是 240px，但是第 1 个 div 元素的 box-sizing 属性指定了 content-box 属性值，所以元素内容部分的宽度为 240px，元素的总宽度为：240px+30px × 2+20px × 2=340px。

第 2 个 div 元素的 box-sizing 属性指定了 border-box 属性值，所以元素的总宽度为 240px，元素内容部分的宽度为：240px–30px × 2–20px × 2=140px。

使用 box-sizing 属性的目的是对元素的总宽度进行控制，如果不使用该属性，默认使用 content-box 属性值，它只对内容的宽度进行指定，却没有对元素的总宽度进行指定。在有些场合下利用 border-box 属性值会使得网页布局更加方便。

示例代码 5-10 使用了 box-sizing 属性，每个盒子的总宽度为浏览器宽度的 50%，实现了一个精确的布局，浏览结果如图 5-11 所示。

示例代码 5-10 demo0510.html

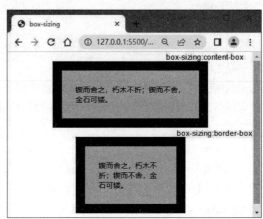

图 5-10 content-box 和 border-box 属性值的区别

```
<!DOCTYPE HTML>
<html>
<head>
    <meta charset=utf-8>
    <title>box-sizing</title>
    <style>
        div {
            width: 50%;
            height: 160px;
            float: left;
            padding: 20px;
            box-sizing: border-box;
        }
        div#div1 {
            border: solid 20px blue;
        }
        div#div2 {
            border: solid 20px green;
        }
    </style>
</head>
<body>
<div id="div1">登高而招，臂非加长也，而见者远；</div>
<div id="div2">顺风而呼，声非加疾也，而闻者彰。</div>
</body>
</html>
```

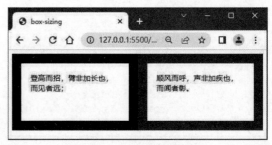

图 5-11 box-sizing 属性的应用

< 134 >

5.2 CSS 布局常用属性

CSS 布局一般先利用 div 元素将页面整体分为若干个盒子，而后对各个盒子进行定位或设置样式。常用的布局方式主要有定位和浮动两种，相应的布局属性为定位属性和浮动属性。

5.2.1 定位属性

盒子的定位与前面介绍的盒子的类型密切相关。盒子可被归类为块元素或行内元素，默认情况下，作为块元素的盒子，例如 div、p，HTML 规则约定盒子上下排列；作为行内元素的盒子，例如 span、a，HTML 规则约定盒子左右排列。这些默认的设置可以通过 display 属性重新定义。

使用定位属性（position）可以控制盒子的位置，语法格式如下。

```
position: static |relative | absolute;
```

各属性值含义如下。

- static: 静态定位，默认的定位方式，盒子按照 HTML 规则定位，使用 top、right、bottom、left 等属性值无意义。
- relative: 相对定位，通过 top、right、bottom、left 等属性值定位元素相对其原来所在位置的偏移位置，占用原页面空间。
- absolute: 绝对定位，通过 top、right、bottom、left 等属性值定位盒子相对其具有 position 属性的父元素的偏移位置，不占用原页面空间。

1. 静态定位

设置 position 属性的值为 static 或省略 position 属性时为静态定位，元素按照 HTML 规则定位。

示例代码 5-11 中，在外层的盒子 div#container 中嵌套两个 div 元素，在一个父元素内放置两张图像。3 个元素均未设定 position 属性，即使用默认值 static，按照 HTML 规则，父元素起始于浏览器左上角，荀子、孔子图像相对其父元素 div#container 无偏移。浏览结果如图 5-12 所示。

示例代码 5-11 demo0511.html

```html
<!DOCTYPE html>
<html>
<head>
    <meta charset=utf-8>
    <style>
        #container {
            width: 250px;
            height: 340px;
            padding: 5px;
            background: rgb(235, 221, 221);
        }
    </style>
</head>
<body>
<div id="container">
    <div><img src="images/xunzi.jpg"
width="140px"/></div>
    <div><img src="images/kongzi.jpg" width="140px"/></div>
</div>
```

图 5-12 静态定位的浏览结果

< 135 >

```
</body>
</html>
```

2．相对定位

设置 position 属性的值为 relative 时即采用相对定位，设置盒子相对其原来位置的定位。相对定位的盒子不释放原来占用的空间。示例代码 5-12 中，对孔子图像设置了相对定位。

示例代码 5-12　demo0512.html

```
<!DOCTYPE html>
<html>
<head>
    <meta charset="utf-8">
    <style>
        .container {  /*默认采用静态定位，设置 left、top 等属性无意义*/
            width: 250px;
            height: 340px;
            background: rgb(235, 221, 221);
            /* left: 100px;
            top: 0px; */
        }
        #img1 {
            position: relative;
            left: 100px;
            top: 20px;
        }
    </style>
</head>
<body>
<div class="container">
    <div><img id="img1" src="images/kongzi.jpg" width=140/></div>
    <div><img src="images/xunzi.jpg" width=140/></div>
</div>
</body>
</html>
```

示例代码 5-12 的浏览结果如图 5-13 所示。div.container 默认是静态定位，设置 left、top 等属性无意义。

孔子图像距左外边距 100px，距上外边距 20px，即向右、向下分别移动 100px 和 20px，但仍占用其原有位置，所以荀子图像并没有移动，保留在原位置，也就是位于孔子图像原来的位置之下。

3．绝对定位

设置 position 属性的值为 absolute 时即采用绝对定位，盒子相对其具有 position 属性的父元素来定位。绝对定位的元素浮于页面之上，释放原来占用的空间，后续元素不受其影响，填充其原来的位置。

（1）父元素有 position 属性

图 5-13　相对定位的浏览结果

绝对定位以离当前元素最近的设有 position 属性的父元素为起始点，如示例代码 5-13 中，孔子图像的父元素 div.container 设置有 position 属性（即使未设置 top 或 left 属性），所以孔子图像以其作为父元素来绝对定位，荀子图像占据孔子图像的原有位置，浏览结果如图 5-14 所示。

< 136 >

示例代码 5-13 demo0513.html

```html
<!DOCTYPE html>
<html>
<head>
    <meta charset="utf-8">
    <style>
        .container {              /*父元素*/
            width: 240px;
            height: 240px;
            border: medium #00C double;
            position: relative;
        }
        #img1 {
            position: absolute;
            left: 50px;
            top: 50px;
        }
    </style>
</head>
<body>
<h3>absolute 属性测试</h3>
<div class="container">
    <div><img id="img1" src="images/kongzi.jpg" width="140px" /></div>
    <div><img src="images/xunzi.jpg" width="140px"/></div>
</div>
</body>
</html>
```

（2）父元素无 position 属性

绝对定位元素的所有上层父元素均无 position 属性时，该元素以 body（即浏览器窗口）为参照来定位。在示例代码 5-13 中，删除图像的父元素的 position 属性，即删除如下代码。

```
position: relative;
```

浏览结果如图 5-15 所示，孔子图像脱离其父元素，以浏览器窗口为参照进行定位，其后的荀子图像占据其原来的位置。

图 5-14 参照父元素绝对定位的浏览结果　　　　图 5-15 参照浏览器窗口绝对定位的浏览结果

从前面定位的例子中可以看到，被定位的元素可能会遮住部分其他元素，可以通过层叠定位属性（z-index）定义页面元素的层叠次序。z-index 的取值可以为负数，表示各元素间的层次关系，值大者在

< 137 >

上；当为负数时表示该元素位于页面之下。示例代码 5-14 对盒子应用了 z-index 属性，浏览结果如图 5-16 所示。

示例代码 5-14　demo0514.html

```html
<!DOCTYPE html>
<html>
<head>
    <meta charset="utf-8">
    <style>
        img {
            width: 160px;
        }
        #p1 {
            position: relative;
            top: 100px;
            left: 120px;
            z-index: 30;
        }
        #p2 {
            position: relative;
            top: -150px;
            left: 200px;
            z-index: 2;
        }
        #p3 {
            position: absolute;
            top: 30px;
            left: 60px;
            z-index: -1;
        }
    </style>
</head>
<body>
    <div><img id="p1" src="images/xunzi.jpg" /></div>
    <div style="color:red;">通过 z-index 属性控制层叠次序</div>
    <div><img id="p2" src="images/kongzi.jpg" /></div>
    <div><img id="p3" src="images/laozi.jpg" /></div>
</body>
</html>
```

图 5-16　z-index 属性的应用

图 5-16 中元素原来的层叠次序为老子图像、孔子图像、荀子图像，即后放置的图像在最上面。

设置了 z-index 属性值后，荀子图像、孔子图像的 z-index 值皆为正，都浮于页面上，即在示例中的文字之上，荀子图像的 z-index 值最大，该图像位于最上面。老子图像的 z-index 值为负，因此位于页面之下，即位于示例中的文字下方。

5.2.2　浮动属性

浮动属性（float）可以控制盒子左右浮动，直到外边距碰到父元素或另一个浮动元素。float 属性语法格式如下。

```
float:none|left|right;
```

各属性值含义如下。

< 138 >

- none: 默认值，元素不浮动。
- left: 元素向父元素的左侧浮动。
- right: 元素向父元素的右侧浮动。

1. 基本浮动定位

设置了向左或向右浮动的盒子，整个盒子会做相应的浮动。浮动盒子不再占用原来在文档中的位置，其后续元素会自动向前填充，遇到浮动元素边界则停止。示例代码 5-15 对孔子图像和荀子图像设置了向左浮动，浏览结果如图 5-17 所示。

示例代码 5-15　demo0515.html

```html
<!DOCTYPE html>
<html>
<head>
    <meta charset="utf-8">
    <style>
        img {
            width: 160px;
            height: 140px;
        }
        .fleft {
            float: left;
        }
    </style>
</head>
<body>
<div class="fleft"><img src="images/kongzi.jpg"/></div>
<div class="fleft"><img src="images/xunzi.jpg"/></div>
<div><img src="images/laozi.jpg"/></div>
</body>
</html>
```

由图 5-17 可以看到，原本每个元素应各占其对应的水平位置，即 3 个元素纵向排列，由于图像设置了向左浮动，实现后一元素紧跟前一元素。

2. 清除浮动属性

浮动设置使用户能够更加自由、方便地布局网页，但有时某些盒子可能需要清除浮动，这时需要用到清除浮动属性（clear），语法格式如下。

```
clear:none|left|right|both;
```

各属性值含义如下。

- none: 默认值，允许浮动。
- left: 清除左侧浮动。
- right: 清除右侧浮动。
- both: 清除两侧浮动。

示例代码 5-16 对老子图像设置了清除左侧浮动，所以该图像换行显示，忽略掉其前一个元素荀子图像设置的向左浮动，浏览结果如图 5-18 所示。与图 5-17 对比，可以看到老子图像与其前一元素之间的距离增加了，这是因为 clear 属性在清除浮动时增加了清除空间。

示例代码 5-16　demo0516.html

```html
<!DOCTYPE html>
<html>
<head>
```

< 139 >

```
    <meta charset="utf-8">
    <style>
        img {
            width: 140px;
            height: 120px;
        }
        .fleft {
            float: left;
        }
        .clear {
            clear: left;
        }
    </style>
</head>
<body>
<div class="fleft"><img src="images/kongzi.jpg"/></div>
<div class="fleft"><img src="images/xunzi.jpg"/></div>
<div class="clear"><img src="images/laozi.jpg"/></div>
</body>
</html>
```

图 5-17　图像向左浮动

图 5-18　清除浮动

5.3　典型的网页布局

网页布局大体分为单列、两列和三列等布局，部分网页也使用嵌套的布局，这些布局大都采用 DIV+CSS 结构。适应移动设备的响应式布局也以 DIV+CSS 结构为基础。CSS3 对网页布局提供了更好的支持，下面介绍常用的单列布局，宽度可变的两列布局、三列布局和一些嵌套布局。

5.3.1　单列布局

单列布局相对简单，一些复杂布局往往以单列布局为基础。单列布局中的布局元素位置可固定在左侧、浮动在左侧或居中；宽度单位可以是 px、em、rem，或使用相对于父元素的百分比。

示例代码 5-17 实现常见的单列布局，用 HTML5 结构元素（header、footer、article 等）或<div>标记将网页划分为 3 个盒子，分别定义各盒子的 width、height、margin、padding 等属性，实现单列居中布局，浏览结果如图 5-19 所示。

< 140 >

示例代码 5-17　demo0517.html

```html
<!DOCTYPE html>
<html>
<head>
    <meta charset="utf-8">
    <title>单列布局</title>
    <style>
        * {
            box-sizing: border-box;
        }
        .container {
            min-width: 900px;
        }
        header {
            width: 80%;          /*自适应页面大小*/
            height: 80px;
            text-align: center;
            margin: 0px auto;
            padding: 6px;
            background: #FFC;
        }
        article {
            width: 80%;
            height: 240px;
            padding: 5px;
            margin: 5px auto;
            background: #D0FFFF;
            text-align: left;
        }
        footer {
            width: 80%;
            height: 100px;
            padding: 5px;
            margin: 5px auto;
            background: #FFC;
            text-align: left;
        }
    </style>
</head>
<body>
    <div class="container">
    <header>
        <h2>劝学•荀子</h2>
    </header>
    <article>
        Article:
        <p>
            君子曰：学不可以已。</p>
        <p>     青，取之于蓝，而青于蓝；冰，水为之，而寒于水。木直中绳，𫐐以为轮，其曲中
规。虽有槁暴，不复挺者，𫐐使之然也。故木受绳则直，金就砺则利，君子博学而日参省乎己，则知明而
行无过矣。
        </p>
        <p>……</p>
    </article>
    <footer>
        Footer:
            <p>
```

< 141 >

故不登高山，不知天之高也；不临深溪，不知地之厚也；不闻先王之遗言，不知学问之大也。干、越、夷、貉之子，生而同声，长而异俗，教使之然也。诗曰："嗟尔君子，无恒安息。靖共尔位，好是正直。神之听之，介尔景福。"神莫大于化道，福莫长于无祸。</p>
　　　　　　</footer>
　　</div>
　</body>
　</html>

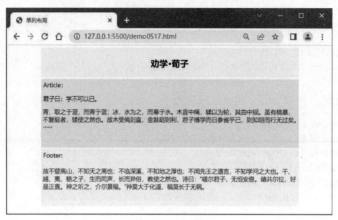

图 5-19　单列布局

5.3.2　使用 float 属性实现的两列布局

　　两列布局使用 2 个盒子，第 1 个盒子（第 1 列）在网页左侧，第 2 个盒子（第 2 列）在网页右侧，可用 fixed 属性或 float 属性设置；宽度可以使用单位 px、em、rem，或使用百分比设置。

　　两个盒子的位置根据具体页面来设计。示例代码 5-18 实现的是第 1 个盒子固定宽度且浮在左侧；第 2 个盒子的左外边距等于第 1 个盒子的宽度，但盒子本身未设置宽度，会随网页的变化而变化（是自适应的），浏览结果如图 5-20 所示。

示例代码 5-18　demo0518.html

```
<!DOCTYPE html>
<html>
<title>使用 float 属性实现的两列布局</title>
<head>
    <meta charset="utf-8">
    <style>
        * {
            box-sizing: border-box;
        }
        div.container {
            width: 85%;
            min-width: 800px;
            margin: 0 auto;
        }
        div {
            border: 1px solid #999;
        }
        #left {
            height: 400px;
            width: 200px;
```

< 142 >

```
            padding: 12px;
            background: #FFC;
            float: left;
        }
        #right {
            height: 400px;
            padding: 6px;
            margin-left: 200px;
            background: #D0FFFF;
        }
    </style>
</head>
<body>
<div class="container">
    <div id="left">Left:<br>
        <h3>劝学</h3>
        <h5>荀子</h5>
    </div>
    <div id="right">Right:<p>君子曰：学不可以已。</p>
        <p>青，取之于蓝，而青于蓝；冰，水为之，而寒于水。木直中绳，輮以为轮，其曲中规。
虽有槁暴，不复挺者，輮使之然也。故木受绳则直，金就砺则利，君子博学而日参省乎己，则知明而行无
过矣。</p>
        <p>吾尝终日而思矣，不如须臾之所学也；吾尝跂而望矣，不如登高之博见也。登高而招，
臂非加长也，而见者远；顺风而呼，声非加疾也，而闻者彰。假舆马者，非利足也，而致千里；假舟楫者，
非能水也，而绝江河。君子生非异也，善假于物也。</p>
    </div>
</div>
</body>
</html>
```

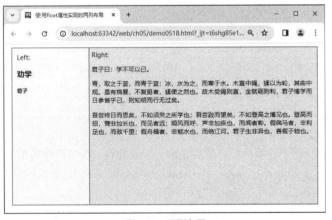

图 5-20　两列布局

示例代码 5-18 存在一个问题，如果两个盒子没有设置统一的高度 "height: 400px"，这两个盒子的高度是不一致的，将影响页面效果。而且，如果右侧盒子中的内容增加，盒子不会自动放大或缩小，可能出现内容溢出边界的现象。解决这个问题的办法是通过 CSS3 的 flex 属性实现弹性布局。

5.3.3　使用 flex 属性实现的两列布局

DIV+CSS 布局在控制网页元素位置方面不如弹性布局灵活。应用弹性布局，可以替代 CSS 的 position、display、float 等属性，为 CSS 盒模型赋予更大的灵活性。

< 143 >

1．弹性布局的概念

弹性布局是使用弹性盒子（flexible box）来实现的布局，优点体现在当外层盒子或其中子元素的大小未知或者动态变化时，也能很好地进行布局。

为方便描述弹性布局，约定如下描述。采用弹性布局的元素，被称为弹性容器，简称"容器"。容器的所有子元素自动成为容器的成员，称为弹性项目（flex item），简称"项目"。为方便描述在水平方向和垂直方向上的对齐特性，可以认为容器存在两根轴：水平方向的主轴（main axis）和垂直方向的交叉轴（cross axis）。

应用弹性布局时，需要先将父元素设置为容器，即设置父元素的 display 属性为 flex，再设置子元素的属性，并改变子元素的宽度、高度及顺序，保证弹性布局可以适应各种设备和屏幕大小。设置容器的语法格式如下：

```
display:flex|inline-flex;
```

2．弹性布局的相关属性

body、div、span、section 等元素都可以指定为容器，弹性布局及相关属性可以很好地解决与盒子宽度可变、布局方向、布局顺序等有关的问题。

CSS3 中与弹性布局相关的部分属性如表 5-1 所示。

表 5-1　CSS3 中与弹性布局相关的部分属性

属　性	功能或说明
display	设置容器，可以是块级盒子或行内的块级盒子，取值为 flex 或 inline-flex
justify-content	设置容器中项目的水平对齐方式，取值为 flex-start、flex-end、center 等
align-items	设置容器中项目的垂直对齐方式，取值为 flex-start、flex-end、center 等
flex-direction	设置容器中项目的排列方向，取值为 row、column、row-reverse 等
order	设置项目的排列顺序，取值为整数，数值越小，排列越靠前，默认为 0
flex-grow	设置项目的放大比率，默认为 0。表示即使存在剩余空间，项目也不放大
flex-shrink	设置项目的缩小比率，默认为 1。表示当空间不足时，项目将缩小
flex-basis	设置元素的宽度。如果同时设置了 width 属性和 flex-basis 属性，flex-basis 值将覆盖 width 值
flex	flex-grow、flex-shrink、flex-basis 的缩写，用于设置弹性盒子中的项目如何分配空间
box-sizing	指定使用 width、height 属性时，其值是否包括元素的 padding 值，取值为 content-box 或 border-box

3．两列布局的实现

如果使用弹性布局，需要设置外层容器的 display:flex 属性，为容器中的需要改变宽度（高度）的元素添加 flex:auto 属性，即将 flex-grow、flex-shrink、flex-basis 等属性的值分别定义为 1、1、auto，表示等分的放大和缩小操作。

注意观察示例代码 5-19 中 CSS 定义部分的变化。为了实现良好的网页显示效果，为.container 和 #left 设置了 min-width 属性。该示例的浏览结果与图 5-20 所示的基本相同，但盒子的高度不需要设置，是自适应的。

示例代码 5-19　demo0519.html

```
<!DOCTYPE html>
<html>
<head>
    <meta charset="utf-8">
    <style>
        body {
```

< 144 >

```
        margin: 5px;
        padding: 0;
    }
    div {
        border: 1px solid blue;
    }
    .container {
        width: 85%;
        min-width: 600px;
        display: flex;
        margin: 0 auto;
    }
    #left { /*区别于使用 float 属性的布局，删除了 float 和 height 属性*/
        width: 200px;
        min-width: 200px;
        padding: 8px;
        background: #FFC;
    }
    #right {
        flex: auto;
        padding-left: 4px;
        background: #d8f4f4;
    }
    </style>
</head>
<body>
<div class="container">
    <div id="left">Left:<br>
        <h3>劝学</h3>
        <h5>荀子</h5>
    </div>
    <div id="right">Right:
        <p>君子曰: 学不可以已。</p>
        <p>青，取之于蓝，而青于蓝；冰，水为之，而寒于水。木直中绳，輮以为轮，其曲中规。
虽有槁暴，不复挺者，輮使之然也。故木受绳则直，金就砺则利，君子博学而日参省乎己，则知明而行无
过矣。</p>
        <P>吾尝终日而思矣，不如须臾之所学也；吾尝跂而望矣，不如登高之博见也。登高而招，
臂非加长也，而见者远；顺风而呼，声非加疾也，而闻者彰。假舆马者，非利足也，而致千里；假舟楫者，
非能水也，而绝江河。君子生非异也，善假于物也。</P>
    </div>
</div>
</body>
</html>
```

4．嵌套两列布局

顶部固定，一列宽度固定、一列宽度可变的布局是常见的布局形式。通常，将侧边导航栏的宽度固定，主体内容栏的宽度设置为可变的。使用弹性布局可以很方便地实现，而且，弹性布局及相关属性可以很好地解决与宽度可变及元素显示顺序调整等相关的问题。

示例代码 5-20 是一个典型的嵌套两列布局，用到了弹性布局属性 display:flex。浏览结果如图 5-21所示。

示例代码 5-20　demo0520.html

```
<!DOCTYPE html>
<head>
    <meta charset="utf-8">
    <title>嵌套两列布局</title>
```

< 145 >

```
<style>
    header,
    footer,
    article {
        width: 85%;
        min-width: 960px;
        margin: 0 auto;
        box-sizing: border-box; /*盒子的 height 和 width 属性包括 padding 和
border 值*/
        border: 1px solid #99CCFF;
        background-color: #99CCFF;
    }
    header, footer {
        padding: 5px;
    }
    article {
        display: flex;
    }
    #main {
        flex: auto;
        padding: 5px;
        background-color: #9CC;
    }
    #left {
        min-width: 220px;
        width: 220px;
        /*固定宽度*/
        padding: 5px;
        background-color: rgb(255, 209, 255);
    }
    footer {
        background-color: #FFC;
    }
</style>
</head>
<body>
<header>
    <h2>劝学</h2>
    [作者] 荀子  
</header>
<article>
    <div id="left">
        <h2>Left</h2>
        <p>荀子 [xún zǐ]，战国末期思想家、教育家，创立了先秦时期完备的朴素唯物主义哲
学体系。</p>
    </div>
    <div id="main">
        <h2>Page Content</h2>
        <p> 君子曰: 学不可以已。</p>
        <p>青，取之于蓝，而青于蓝；冰，水为之，而寒于水。木直中绳，𫐓以为轮，其曲中规。
虽有槁暴，不复挺者，𫐓使之然也。故木受绳则直，金就砺则利，君子博学而日参省乎己，则知明而行无
过矣。</p>
        <p>……</p>
    </div>
</article>
<footer>
    <p>版权所有</p>
```

< 146 >

```
</footer>
</body>
</html>
```

图 5-21　用弹性布局实现的嵌套两列布局

上述代码中，通过将 box-sizing 设置为 border-box，同时设置 header、footer、article 等元素的 min-width 值为 960px，再合理设置 padding 属性值，进一步优化了布局。

5.3.4　三列布局

三列布局可以使用 float 属性实现，对 3 个盒子（列）分别设定位置和宽度，再设置浮动属性即可。下面的代码使用 float 属性，实现的是左列和右列固定宽度，分别浮于左右，中间列采用自适应布局，这种布局方式有一定的局限。示例代码如下。

```
#left{
    height: 400px;
    width: 120px;
    float: left;
}
#right{
    height: 400px;
    width: 100px;
    float: right;
    background:#FFC;
}
#main{
    height: 400px;
    margin-left:120px;
    background: #D0FFFF;
}
```

1. 简单三列布局

示例代码 5-21 是一个使用弹性盒子实现的三列布局。左右两列宽度固定，中间列宽度是可变的。示例代码 5-21 中旨在呈现 display: flex 属性和 flex:auto 属性的作用。示例代码 5-21 中还使用了 order 属性，用于调整列的顺序，实现三列顺序的改变。浏览结果如图 5-22 所示。

< 147 >

示例代码 5-21　demo0521.html

```
<!DOCTYPE html>
<html>
<head>
    <meta charset="utf-8">
    <style>
        * {
            box-sizing: border-box;
        }
        body {
            margin: 5px;
        }
        div {
            border: 1px solid #999;
        }
        .container {
            display: flex;
            min-width: 800px;
            width:80%;
            margin: auto;
        }
        #left {
            width: 160px;
            min-width: 160px;
            background: #FFC;
            order: 1;
            padding: 4px;
        }
        #right {
            width: 180px;
            min-width:180px;
            background: #FFC;
            order: 3;
            padding: 4px;
        }
        #main {
            background: #D0FFFF;
            padding: 4px;
            flex:auto;
            order: 2;
        }
    </style>
</head>
<body>
<div class="container">
    <div id="main">中间列可变：<p> 君子曰：学不可以已。</p>
        <p>青，取之于蓝，而青于蓝；冰，水为之，而寒于水。木直中绳，鞣以为轮，其曲中规。
虽有槁暴，不复挺者，鞣使之然也。故木受绳则直，金就砺则利，君子博学而日参省乎己，则知明而行无
过矣。</p>
        <p>……</p>
    </div>
    <div id="right">右列固定：
        <p>荀子［xún zǐ］，战国末期思想家、教育家，创立了先秦时期完备的朴素唯物主义哲
学体系。</p>
    </div>
    <div id="left">左列固定：
```

< 148 >

```
            <h3>劝学</h3>
            <h5>荀子</h5>
        </div>
    </div>
</body>
</html>
```

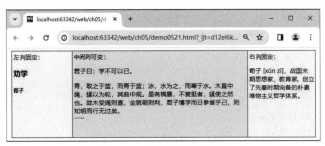

图 5-22 三列布局的浏览结果

2．嵌套三列布局

前面的布局采用的策略是将 div 盒子从上到下、从左到右依次排列。实际上，网页布局灵活多变，一种典型的复杂网页布局是，顶部是 1 个 div 盒子，中间部分是并排的 2 个或 3 个 div 盒子，下面是 1 个 div 盒子，如图 5-23 所示。

实现上面布局的关键是实现中间 3 个 div 盒子的嵌套，即将中间的 3 个 div 盒子放入 1 个容器中，当然，这个容器也是 1 个 div 盒子。图 5-23 对应布局的代码如示例代码 5-22 所示。

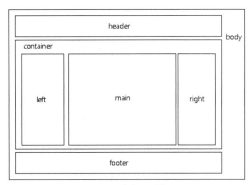

图 5-23 嵌套三列布局

示例代码 5-22 demo0522.html

```
<!DOCTYPE HTML>
<head>
    <meta charset="utf-8">
    <style>
        * {
            box-sizing: border-box;
        }
        header,
        footer {
            margin: 0 auto;                /*与width配合实现水平居中对齐*/
            width: 80%;
            border: 1px dashed #FF0000;    /*添加边框*/
        }
        div.container {
            width: 80%;
            margin: 0 auto;
            display: flex;
        }
        #left,
        #main,
        #right {
            border: 1px solid #0066FF;     /*添加边框*/
        }
```

< 149 >

```
    #left {
        width: 200px;
        order: 1;
    }
    #main {
        flex: auto;
        order: 2;
    }
    #right {
        width: 160px;
        order: 3;
    }
    </style>
</head>
<body>
    <header>header</header>
    <div class="container">
        <div id="left">id="left"</div>
        <div id="main">id="main"</div>
        <div id="right">id="right"</div>
    </div>
    <footer>footer</footer>
</body>
</html>
```

5.4 响应式布局

响应式布局可以为包含移动设备在内的不同类型终端提供良好的用户浏览体验，CSS3 的媒体查询（media queries）模块是响应式布局的基础。目前的浏览器和各种移动终端都能很好支持响应式布局。

5.4.1 响应式布局的含义

响应式布局是指根据屏幕大小或显示分辨率，自动改变网页布局的网页设计方法。

例如，一个网页的布局为 3 列，如果用不同（类型）的终端来浏览，网页会根据不同终端（浏览器窗口的大小）来显示不同的样式，在台式机上以 3 列方式显示，在平板电脑上可能是以 2 列显示，在大屏手机上将将 3 列转化为 3 行显示，在屏幕宽度小于 320px 的手机上只显示主要内容，隐藏某些次要元素。这些就是响应式布局需要实现的内容。

响应式布局使用 CSS3 的媒体查询模块实现，CSS 前端框架 Bootstrap 很好地支持了响应式布局，本节介绍用媒体查询实现的响应式布局。

响应式布局的
含义

5.4.2 媒体查询

媒体查询的核心就是通过 CSS3 命令来查询媒体类型，然后调用指定的样式。媒体查询在 CSS2.1 中已经出现，但并不强大，典型的应用是为打印设备添加打印样式。随着响应式布局的日趋流行，响应式布局应用越来越广泛，媒体查询包括两个重要的内容，一是媒体类型，二是媒体特性。

1. 媒体类型

媒体在 CSS 中代指各种设备。媒体类型（media type）是一个非常重要的属性，通过媒体类型可以对不同的设备指定不同的样式。W3C 共定义了 10 种媒体类型，但一些媒体类型已经废弃，常用的有 all（全部）、screen（屏幕）、print（打印或预览模式）等 3 种媒体类型，如表 5-2 所示。

< 150 >

表 5-2 媒体查询模块常用的媒体类型

媒体类型	描 述
all	所有设备
screen	显示器、平板电脑、手机等设备
print	打印机或打印预览视图

2．媒体特性

要在 CSS3 中实现媒体查询，除需要指明媒体类型外，还需要说明媒体特性。CSS3 的媒体特性与 CSS 属性类似。但与 CSS 属性不同的是，媒体特性使用 min/max 来完成大于或等于/小于或等于的逻辑判断，CSS3 常用的媒体特性如表 5-3 所示。

表 5-3 常用的媒体特性

媒体特性	描 述
width 和 height	浏览器窗口宽度和高度
device-width 和 device-height	输出设备屏幕的宽度和高度
orientation	浏览器窗口的方向。取值为 portrait（纵向）或 landscape（横向）
resolution	设备的分辨率
aspect-ratio	浏览器窗口的宽度与高度的比值
device-aspect-ratio	输出设备屏幕的可见宽度与高度的比值

3．媒体查询的方法

在实际应用中，媒体查询主要使用 CSS3 的@media 特性，也可以在使用<link>标记引用 CSS 文件或使用@import 命令导入 CSS 文件时通过 media 属性指定媒体类型和媒体特性。

（1）@media 特性

@media 是 CSS3 中增加的媒体查询特性，在网页中可以通过其来引入媒体类型。@media 引入媒体类型和@import 有些类似，语法格式如下。

```
@media 媒体类型 and （媒体特性）{样式定义}
```

需要说明的是，要实现媒体查询必须使用"@media"开头，然后指定媒体类型和媒体特性。媒体特性的书写方式与 CSS 样式的书写方式非常相似，主要分为两个部分，一部分是媒体特性，另一部分为媒体特性的值，而且这两个部分之间使用冒号分隔。例如：

```
(max-width: 480px)
```

使用@media 实现媒体查询是 CSS3 响应式布局的重点，大多数的媒体查询都使用@media 特性。

（2）引用或导入 CSS 文件时实现媒体查询

在使用<link>标记引用 CSS 文件时，通过<link>标记中的 media 属性可以指定不同的媒体类型，例如：

```
<link rel="stylesheet" type="text/css" href="astyle.css" media="screen" />
<link rel="stylesheet" type="text/css" href="bstyle.css" media="screen and
(min-width:980px)" />
```

上面的第 1 行代码表示，对于屏幕，应用 CSS 文件 astyle.css；第 2 行代码表示，对于宽度大于或等于 980px 的屏幕，应用 CSS 文件 bstyle.css。

在使用@import 命令导入 CSS 文件时也可以指定媒体类型，在<style></style>中引入，代码如下。

```
<style>
```

< 151 >

```
@import url(mystyle.css) screen and  (max-width:980px);
</style>
```

上面的代码表示，对于宽度小于或等于 980px 的屏幕，应用 CSS 文件 mystyle.css

4．媒体查询的具体应用

（1）最大宽度 max-width

"max-width"是最常用的媒体特性之一，是指媒体类型宽度小于或等于指定的宽度时，样式生效。例如：

```
@media screen and (max-width:480px){
 .ads {
    display:none;
  }
}
```

上面的代码表示，当屏幕宽度小于或等于 480px 时，网页中的广告区域（.ads）将被隐藏。

（2）最小宽度 min-width

"min-width"与"max-width"相反，指的是媒体类型宽度大于或等于指定宽度时，样式生效，例如：

```
@media screen and (min-width:1024px){
    .wrapper{width: 980px;}
}
```

上面的代码表示，当屏幕宽度大于或等于 1024px 时，容器".wrapper"的宽度为 980px。

（3）使用多个媒体特性

媒体查询可以使用关键字"and"将多个媒体特性结合在一起。即一个媒体查询可以包含 0 个、1 个或多个表达式，表达式又可以包含 0 个、1 个或多个关键字及一种媒体类型。例如，设置当屏幕宽度为 600～900px 时，body 的背景色为"#f5f5f5"，代码如下。

```
@media screen and (min-width:600px) and (max-width:900px){
    body {background-color:#f5f5f5;}
}
```

（4）设置输出设备屏幕的宽度 device-width

在 iPhone、iPad 等智能设备上，可以根据屏幕的大小来设置相应的样式（或者调用相应的 CSS 文件），通常使用"min/max"对应参数，如"min-device-width"或"max-device-width"。例如：

```
<link rel="stylesheet" media="screen and (max-device-width:480px)" href=
"mystyle.css" />
```

上面的代码表示，mystyle.css 适用于最大屏幕宽度为 480px 的设备，其中的 max-device-width 指的是设备屏幕的实际分辨率，也就是指可视面积分辨率。

（5）not 关键字

使用关键字"not"可以排除某种指定的媒体类型，也就是用来排除符合表达式的设备。换句话说，not 关键字表示对后面的表达式执行取反操作，例如：

```
@media not print and (max-width:1200px) {样式代码}
```

上面的代码表示，样式代码将被使用在最大宽度小于或等于 1200px 的所有非打印设备中。

（6）only 关键字

only 用来指定特定的媒体类型，可以用来排除不支持媒体查询的设备。例如：

< 152 >

```
<link rel="stylesheet" media="only screen and (max-device-width:320px)"
href="android320.css" />
```

在媒体查询时，如果没有明确指定媒体类型，那么其默认为 all，例如：

```
<link rel="stylesheet" media="(min-width:700px) and (max-width:900px)"
href="mediu.css" />
```

将应用于所有满足媒体特性要求的设备。

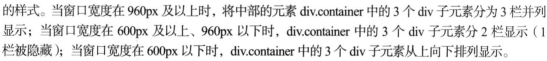

5.4.3 响应式布局的实现

示例代码 5-23 根据不同的窗口大小来选择使用不同样式。该示例的水平方向包括 3 个 div 元素，当浏览器的窗口宽度不同时，网页会根据当前窗口的宽度选择使用不同的样式。当窗口宽度在 960px 及以上时，将中部的元素 div.container 中的 3 个 div 子元素分为 3 栏并列显示；当窗口宽度在 600px 及以上、960px 以下时，div.container 中的 3 个 div 子元素分 2 栏显示（1 栏被隐藏）；当窗口宽度在 600px 以下时，div.container 中的 3 个 div 子元素从上向下排列显示。

示例代码 5-23 demo0523.html

```html
<!DOCTYPE html>
<html>
<head>
    <meta charset="UTF-8">
    <meta name="viewport" content="width = device-width,initial-scale=1">
    <title>响应式布局</title>
    <style>
        * {
            margin: 0px;
            padding: 0px;
        }
        .heading, .container, .footing {
            margin: 10px auto;
        }
        .heading {
            height: 100px;
            background-color: chocolate;
        }
        .left, .right, .main {
            background-color: cornflowerblue;
        }
        .footing {
            height: 100px;
            background-color: aquamarine;
        }
        /*窗口宽度在 960px 及以上*/
        @media screen and (min-width: 960px) {
            .heading,
            .container,
            .footing {
                width: 960px;
            }
            .left, .main, .right {
                float: left;
                height: 500px;
            }
```

< 153 >

```
        .left, .right {
            width: 200px;
        }
        .main {
            margin-left: 5px;
            margin-right: 5px;
            width: 550px;
        }
        .container {
            height: 500px;
        }
    }

/*窗口宽度在 600px 及以上、960px 以下*/
@media screen and (min-width: 600px) and (max-width: 960px) {
    .heading,
    .container,
    .footing {
        width: 600px;
    }
    .left, .main {
        float: left;
        height: 400px;
    }
    .right {
        display: none;
    }
    .left {
        width: 160px;
    }
    .main {
        width: 435px;
        margin-left: 5px;
    }
    .container {
        height: 400px;
    }
}

/*窗口宽度在 600px 以下*/
@media screen and (max-width: 600px) {
    .heading, .container, .footing {
        width: 400px;
    }
    .left, .right {
        width: 400px;
        height: 100px;
    }
    .main {
        margin-top: 10px;
        width: 400px;
        height: 200px;
    }
    .right {
        margin-top: 10px;
    }
    .container {
        height: 420px;
    }
```

< 154 >

```
        }
    </style>
</head>
<body>
<div class="heading"></div>
<div class="container">
    <div class="left"></div>
    <div class="main"></div>
    <div class="right"></div>
</div>
<div class="footing"></div>
</body>
</html>
```

示例代码 5-23 中，为了适应在移动设备上进行网页的重构或开发，在 head 部分添加下面代码：

```
<meta name="viewport" content="width = device-width,initial-scale=1">
```

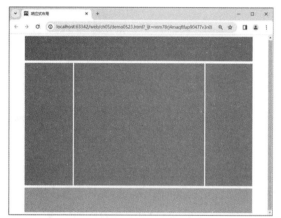

图 5-24　窗口宽度在 960px 及以上时的浏览结果

其中，name 的属性值 viewport 被称为可视区域，是指设备的屏幕上能用来显示网页的区域，即浏览器（或一个 App 中的 WebView）上用来显示网页的那部分区域。同时设置浏览器的显示宽度与设备屏幕宽度相等。initial-scale 属性的功能是定义网页首次显示时可视区域的缩放级别，取值 1.0 表示可视区域按实际大小显示，无任何缩放。

示例代码 5-23 的运行结果有以下 3 种情况。

（1）当窗口宽度在 960px 及以上时，div.container 中的 3 个 div 元素呈 3 栏并列显示，如图 5-24 所示。

（2）当窗口宽度在 600px 及以上、960px 以下时，div.container 中的最后 1 个 div 子元素被隐藏，前 2 个 div 子元素呈 2 栏显示，如图 5-25 所示。

（3）当窗口宽度在 600px 以下时，div.container 的 3 个 div 子元素从上向下排列，如图 5-26 所示。

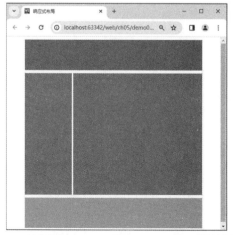

图 5-25　窗口宽度在 600px 及以上、960px 以下时的浏览结果

图 5-26　窗口宽度在 600px 以下时的浏览结果

< 155 >

5.5 应用示例

在设计网页之前，首先要对布局有一个总体思路，使用盒子分割网页；然后在设计过程中根据需要细化各部分的布局；最后利用各种标记、属性对盒子内部及盒子之间的相对位置进行详细设计和调整。本节通过一个图文混排网页和一个导航条说明 DIV+CSS 布局的应用。

5.5.1 图文混排的实现

图文混排是布局的重要内容，用 DIV+CSS 布局方式实现图文混排的浏览结果如图 5-27 所示。

（1）可以利用 div 元素对文档结构进行划分，代码如下。

```
<body>
<div class="container">
    <div> <!--文字："君子曰：学不可以已……知明而行无过矣。" --></div>
    <div><!-- 第一张图像--></div>
    <div><!--文字："故不登高山……善假于物也。" --></div>
    <div><!-- 第二张图像--></div>
    <div><!--文字："物类之起……君子慎其所立乎!"--></div>
    <div><!--文字："积土成山……用心躁也。" --></div>
    <hr>
    <div><!--文字："荀子……哲学体系。" --></div>
</div>
</body>
```

（2）根据要实现的效果，对每部分内容进行详细设计。对于图像内容，使用 float 属性设置文字环绕方式，使用 padding、margin 属性设置内边距和外边距，调整图像与文字内容之间的空隙。对于文字内容，使用 padding-top 属性设置段前距离，使用 line-height 属性设置行距等。

采用 DIV+CSS 布局可以使页面更为清晰，可读性和可扩展性也得到了增强，如示例代码 5-24 所示，浏览结果如图 5-27 所示。

示例代码 5-24　demo0524.html

```
<!DOCTYPE html>
<html>
<head>
    <meta charset="utf-8" />
    <style>
        .container {
            width: 80%;
            margin: 5px auto;
            font-size: 1rem;
        }
        img {
            width: 140px;
            height: 180px;
        }
        div {
            padding-top: 10px;
            margin: 5px;
            line-height: 150%;
        }
        #img2 {        /*第一种环绕方式*/
```

< 156 >

```
        float: right;
            margin: 10px;
            padding: 5px;
        }
        #img1 {  /*第二种环绕方式*/
            float: left;
            margin: 10px;
            padding: 5px;
        }
        div#first:first-letter {            /*实现首字下沉*/
            float: left;
            font: 36px 黑体;                /*注意 font 属性的顺序*/
            padding: 0px 5px;
        }
        div.footer {
            text-align: right;
            font-size: 0.875em;
        }
    </style>
</head>
<body>
    <div class="container">
        <div id="first">君子曰: 学不可以已。<br>
青，取之于蓝，而青于蓝；冰，水为之，而寒于水。木直中绳，輮以为轮，其曲
中规。虽有槁暴，不复挺者，輮使之然也。故木受绳则直，金就砺则利，君子博学而日参省乎己，则
知明而行无过矣。</div>
        <div id="img1"><img src="images/xunzi9.jpg" /></div>
        <div>
故不登高山，不知天之高也；不临深溪，不知地之厚也；不闻先王之遗言，不知
学问之大也。干、越、夷、貉之子，生而同声，长而异俗，教使之然也。诗曰:"嗟尔君子，无恒安
息。靖共尔位，好是正直。神之听之，介尔景福。"神莫大于化道，福莫长于无祸。
            <p>吾尝终日而思矣，不如须臾之所学也；吾尝跂而望矣，不如登高之博见也。登
高而招，臂非加长也，而见者远；顺风而呼，声非加疾也，而闻者彰。假舆马者，非利足也，而致千
里；假舟楫者，非能水也，而绝江河。君子生非异也，善假于物也。
        </div>
        <div id="img2"><img src="images/xunzi0.jpg" /></div>
        <div>
物类之起，必有所始。荣辱之来，必象其德。肉腐出虫，鱼枯生蠹。怠慢忘身，
祸灾乃作。强自取柱，柔自取束。邪秽在身，怨之所构。施薪若一，火就燥也，平地若一，水就湿也。
草木畴生，禽兽群焉，物各从其类也。是故质的张，而弓矢至焉；林木茂，而斧斤至焉；树成荫，而
众鸟息焉。醯酸，而蚋聚焉。故言有招祸也，行有招辱也，君子慎其所立乎!
        </div>
        <div>
积土成山，风雨兴焉；积水成渊，蛟龙生焉；积善成德，而神明自得，圣心备焉。
故不积跬步，无以至千里；不积小流，无以成江海。骐骥一跃，不能十步；驽马十驾，功在不舍。锲
而舍之，朽木不折；锲而不舍，金石可镂。蚓无爪牙之利，筋骨之强，上食埃土，下饮黄泉，用心一
也。蟹六跪而二螯，非蛇鳝之穴无可寄托者，用心躁也。
        </div>
        <hr>
        <div class="footer">荀子，战国末期思想家、教育家，创立了先秦时期完备的朴
素唯物主义哲学体系。</div>
    </div>
</body>
</html>
```

< 157 >

图 5-27　图文混排的浏览结果

5.5.2　导航条的制作

一些网站将水平导航条作为网站的主导航，用于说明网站的功能。也有一些网站将垂直导航条用于网站信息分类。

制作导航条经常使用<ul>、<li>、<a>等标记。导航条在 DIV+CSS 布局中可以使用 float 属性实现，使用弹性布局的相关属性可以更方便地制作导航条。

1．使用 float 属性的导航条

（1）确定导航条内容

导航条内容可以通过列表描述。在一个盒子（div 元素）中，使用列表定义的导航条代码如下。

```
<div>
    <ul>
        <li><a href="#">春秋战国</a></li>
        <li><a href="#">两汉</a></li>
        <li><a href="#">盛唐</a></li>
        <li><a href="#">宋元</a></li>
        <li><a href="#">明清</a></li>
    </ul>
</div>
```

（2）定义导航的 CSS 样式

创建样式#nav，设置导航条大小、外边距等属性，并添加到<div>标记中；创建样式#nav ul，设置隐藏列表符号、清除边距，代码如下。

```
#nav {
    width: 605px;
    height: 36px;
    margin: 0px auto;
    border: 1px solid #999;
}
#nav ul {
    margin: 0px;
    padding: 0px;
    list-style: none; /*隐藏默认列表符号*/
}
```

创建样式#nav ul li，设置导航项背景色、高度、行距、文字居中对齐等属性。

< 158 >

创建样式 a，设置字体、颜色属性，并将下画线隐藏。为样式 a 添加 display:block 属性，将其设置为块元素，鼠标指针在链接所在块范围内即可激活链接。如果不设置该属性，鼠标指针只有在链接文字上时才可激活链接。

创建样式#nav ul li:hover 和 a:hover，设置鼠标指针经过链接时的效果，具体代码如下。

```css
#nav ul li {
    background: #06c;
    height: 36px;
    line-height: 36px;                /*行距*/
    text-align: center;
    border-right: 1px solid #999;
    position: relative;
    width: 120px;
    border-bottom: 3px solid #f2f2f2;

    float: left;
}
a {
    display: block;
    font-size: 13px;
    border: 2px solid white;
    color: #FFF;
    text-decoration: none;
}
#nav ul li:hover {
    background-color: #7a26e9;
    border-bottom: 3px solid #57b59d;
    transform: translate(-8px);
    transition: all 0.3s;
}
a:hover {
    color: yellow;
    font-size: 16px;
    transition: all 0.3s;
}
```

导航条的浏览结果如图 5-28 所示。

图 5-28　导航条的浏览结果

完整的代码如示例代码 5-25 所示。

示例代码 5-25　demo0525.html

```html
<!DOCTYPE html>
<html>
<head>
    <meta charset="utf-8">
    <style>
        #nav {
            width: 605px;
            height: 36px;
            margin: 0px auto;
```

< 159 >

```
        border: 1px solid #999;
    }
    #nav ul {
        margin: 0px;
        padding: 0px;
        list-style: none;                    /*隐藏默认列表符号*/
    }
    #nav ul li {
        background: #06c;
        height: 36px;
        line-height: 36px;                   /*行距*/
        text-align: center;
        border-right: 1px solid #999;
        width: 120px;
        border-bottom: 3px solid #f2f2f2;

        float: left;
    }
    a {
        display: block;
        font-size: 13px;
        border: 2px solid white;
        color: #FFF;
        text-decoration: none;
    }
    #nav ul li:hover {
        background-color: #7a26e9;
        border-bottom: 3px solid #57b59d;
        transform: translate(-8px);
        transition: all 0.3s;
    }
    a:hover {
        color: yellow;
        font-size: 16px;
        transition: all 0.3s;
    }
    </style>
</head>
<body>
    <div id="nav">
        <ul>
            <li><a href="#">春秋战国</a></li>
            <li><a href="#">两汉</a></li>
            <li><a href="#">盛唐</a></li>
            <li><a href="#">宋元</a></li>
            <li><a href="#">明清</a></li>
        </ul>
    </div>
</body>
</html>
```

2．使用弹性布局的导航条

应用弹性布局可以更快捷地创建导航条。与使用 float 属性创建的导航条相比，使用弹性布局的导航条中，每个导航项的宽度不需要设定，将根据内容自动调整。而且，导航条的总体宽度也不需要设定。具体创建过程如下。

（1）确定导航条内容。与使用 float 属性创建导航条的过程和内容均一样，而且，不需要考虑每个导航项的宽度。

< 160 >

（2）定义 CSS 样式，具体代码如下，涉及弹性布局的内容用粗体表示。

```
<style>
    #nav {
        width: 605px;
        margin: 0px auto;
        border: 1px solid #999;
    }
    #nav ul {
        margin: 0px;
        padding: 0px;
        list-style: none; /*隐藏默认列表符号*/

        display: flex;
        justify-content: flex-start;
    }
    #nav ul li {
        padding: 10px 12px;
        text-align: center;

        background: #06C;
        border-right: 1px solid #999;
        border-bottom:3px solid #f2f2f2;

        display: inline-block;
        flex:auto;
    }
    a {
        display: block;
        font-size: 14px;
        color: #FFF;
        text-decoration: none;
    }
    #nav ul li:hover {
        background-color: #7a26e9;
        border-bottom: 3px solid #57b59d;
        transform:translate(-8px);
        transition: all 0.3s;
    }
     a:hover {
        color: yellow;
        font-size: 16px;
        transition: all 0.3s;
    }
</style>
```

浏览结果与图 5-28 基本一致，只是部分导航项的宽度有所变化。

本章小结

本章介绍了如何使用 DIV+CSS 对网页进行布局，主要内容如下。

（1）盒模型。盒模型是 CSS 网页布局的基本概念之一，读者必须充分理解其概念和掌握其属性。

（2）常用布局属性。主要包括定位属性和浮动属性。通过对不同属性值的设置，实现网页元素绝对定位、相对定位及层叠次序的设置。

（3）CSS 的网页布局。介绍了单列、两列和三列等多种常见的布局方式。还介绍了使用 CSS3 的

< 161 >

弹性布局的相关属性，包括 flex、flex-grow、flex-shrink、flex-basis、order 等，可以很好地解决与宽度可变布局及布局顺序等相关的问题。

（4）图文混排网页和导航条的制作过程。

本章内容涵盖了 DIV+CSS 网页布局的大部分基础知识，并介绍了一些美化页面的方法。读者在充分理解本章内容的基础上，可在实际网页制作中充分运用这些知识，设计出更多具有特色的网页。

习题5

1. 简答题

（1）什么是 CSS 盒模型，如何计算其实际宽度？设置 box-sizing 属性后，实际宽度又是如何计算的？

（2）CSS3 增加了哪些与盒子相关的属性？说明这些属性的功能。

（3）说明下列 border-style 属性值的含义：solid、dotted、ridge。

（4）CSS 的定位属性 position 的取值包括哪几个？各是什么含义？

（5）什么是绝对定位？

（6）什么是弹性布局？如何设置弹性布局？

2. 实践题

（1）应用盒模型实现如图 5-29 所示的网页。

（2）设计如图 5-30 所示的图文混排网页。

图 5-29　实践题（1）的浏览结果

图 5-30　实践题（2）的浏览结果

（3）请参考本章应用示例完成如图 5-31 所示的图文混排网页。

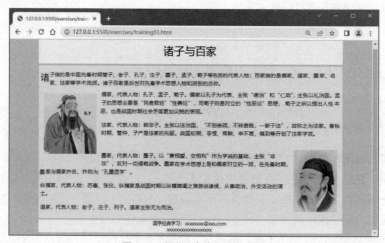

图 5-31　实践题（3）的浏览结果

< 162 >

JavaScript 技术及其应用

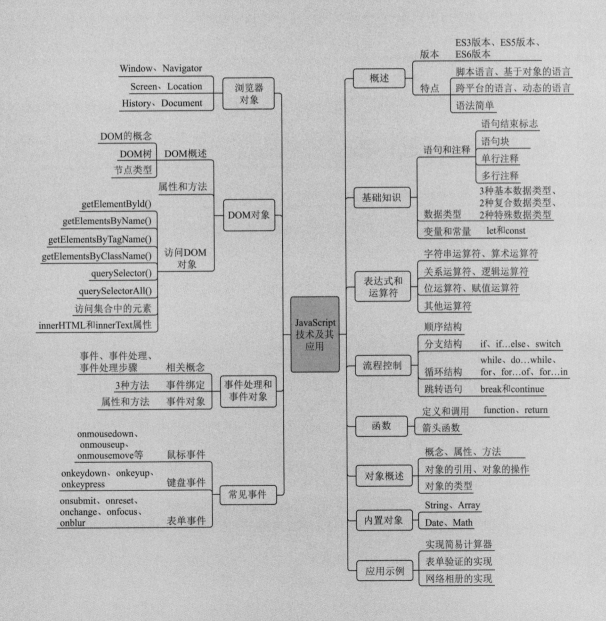

第 **6** 章 让网页动起来——使用 JavaScript 技术

本章导读

按照 Web 标准，网页包括结构、表现和行为 3 部分。前面介绍了使用 HTML 来描述网页内容和组织网站结构，通过 CSS 来控制网页表现形式，将网页的内容与表现分离。网页设计还包括一项重要内容——JavaScript，它可以实现网页的动态效果，控制网页的交互行为。

知识要点

- 了解 JavaScript 的版本和特点。
- 掌握数据类型、变量、表达式和运算符等语法元素。
- 应用流程控制语句和函数编写程序。

6.1 JavaScript 概述

JavaScript 是一种脚本语言，是应用于 Web 前端开发、信息系统、科学计算等领域的通用程序设计语言。JavaScript 脚本是一种完成指定功能的小程序段，由一组可以在服务器或浏览器运行的语句组成。JavaScript 程序可以嵌入 HTML 文档，被浏览器解释执行。JavaScript 程序的主要功能是控制网页对象和浏览器对象的行为，使网页具有动态效果和交互功能。

6.1.1 JavaScript 的版本

JavaScript 最早在网景公司的 Netscape Navigator 浏览器中使用。

1997 年，JavaScript 1.1 被提交到 ECMA，JavaScript 早期版本遵循 ECMA-262 标准。

1999 年 12 月，ECMAScript 3.0 发布并取得了成功，成为当时 JavaScript 的通用标准，得到众多厂商支持并被广泛应用。2009 年，ECMAScript 5 发布。ECMAScript 3.0 和 ECMAScript 5 这两个版本即 ES3 和 ES5 版本，也是常见的 JavaScript 版本。

2015 年，ECMAScript 2015 发布，迅速成为各浏览器厂商共同使用的标准。ECMAScript 2015 通常被称作 ES6，是 ECMAScript 语言标准的第 6 个主要版本，它定义了 JavaScript 的实现标准。虽然在 ES6 之后，相关组织继续发布了几个版本，但是它们都是基于 ES6 进行完善的版本，ES6 版本极大地改进了 JavaScript 语言。

就 ECMAScript 和 JavaScript 的关系而言，ECMAScript 是 Web 前端开发的行为标准，JavaScript 是标准的具体实现。本书介绍的 JavaScript 核心内容就是基于 ES6 版本的。

6.1.2　JavaScript 的特点

JavaScript 是一种跨平台、基于对象和事件驱动的脚本语言。JavaScript 开发环境简单，无须编译，编写的代码可以直接在浏览器中运行。JavaScript 主要有以下特点。

（1）脚本语言

JavaScript 是脚本语言，采用小程序段的方式编程，程序结构与 C、C++、Java 等计算机语言的十分类似。但 JavaScript 是解释型语言，不需要先编译，使用它编写的程序在运行过程中被逐行地解释执行。JavaScript 可以与 HTML 标记结合在一起，从而方便用户的使用。

（2）基于对象的语言

JavaScript 是一种基于对象（object-based）的语言。发展到 ES6 后，JavaScript 的面向对象功能得到增强。JavaScript 可以把 HTML 网页中的每个元素都看作对象，并且这些对象之间存在着层次关系。通过 HTML 对象的方法和属性，可以捕捉到用户在浏览器中的操作，从而实现网页的动态效果。

（3）跨平台的语言

JavaScript 依赖于浏览器本身，与操作环境无关，只要浏览器支持，JavaScript 就可正确执行，具有"write once, run everywhere"（一次编写，到处运行）的特点。

（4）动态的语言

JavaScript 是动态的，它可以直接对用户输入做出响应，无须经过 Web 服务程序。JavaScript 对用户的响应是以事件驱动的方式进行的。事件（event）是指在浏览器中执行的某种操作，例如单击、移动窗口、打开菜单等都可以视为事件。当事件发生后，可能会引起相应的事件响应，这就是事件驱动（event driven）。

（5）语法简单

在语法上，JavaScript 可视作基于 Java 的语句和控制流，如果读者有 Java 或 C 语言的学习基础，学习 JavaScript 将会非常容易；反之，学习 JavaScript 也有利于学习 Java 或 C 语言。而且，JavaScript 的变量类型是弱类型，并不需要定义严格的数据类型。

综上，JavaScript 是一种基于对象和事件驱动的脚本语言。JavaScript 代码可嵌入 HTML 文件中，使用 JavaScript 可以开发客户端的应用程序，实现与用户的交互。

需要说明的是，JavaScript 作为一种脚本语言，与 Java 语言并无直接关系，仅仅是借用了"Java"的名字。

编写 Java
Script 程序

6.1.3　编写 JavaScript 程序

JavaScript 代码可以嵌入 HTML 文件中，也可以单独保存为以.js 为扩展名的脚本文件，各种文本编辑工具和集成开发环境都可以用来编辑 JavaScript 程序，例如 Notepad3、WebStorm、VS Code 等。

1．程序的创建和运行

下面通过一个示例来说明 JavaScript 程序的创建和运行过程。

（1）启动 WebStorm 开发环境，新建 HTML 文件。

（2）在 WebStorm 的代码窗口中输入程序，如示例代码 6-1 所示。本示例的 JavaScript 代码写在<body>与</body>标记内。

（3）将文件保存为.html 或.htm 格式，示例代码如下。

示例代码 6-1　demo0601.html

```
<!DOCTYPE html>
<html>
```

< 165 >

```
<head>
    <meta charset="UTF-8">
</head>
<body>
<h2>第一个 JavaScript 程序</h2>
<script>
    document.write("Hello JavaScript! ");
    console.log("Hello JS!")
</script>
</body>
</html>
```

JavaScript 程序由标记<script>和</script>声明，其中，document.write()语句的功能是在浏览器窗口中输出信息，console.log()语句的功能是在调试窗口的控制台中输出信息。

在 Chrome 浏览器中打开 demo0601.html 文件，浏览结果如图 6-1 所示。

图 6-1　demo0601.html 文件的浏览结果

Chrome 浏览器提供了丰富的开发者工具来调试 JavaScript 程序，在浏览器窗口中单击鼠标右键，在弹出的快捷菜单中选择"检查"命令（或按快捷键<F12>），将出现调试窗口，在该窗口可以看到 console.log()语句的输出结果，该语句主要用于程序调试。

2．调试 JavaScript 程序

程序中经常有语法错误，语法错误是指在程序中使用了不符合语言规则的语句而产生的错误，包括关键字错误、变量名错误、对象名错误等。

例如，将 demo0601.html 中的语句 console.log("Hello JS!")修改为 console.lof("Hello JS!")，保存后在 Chrome 浏览器中运行，浏览器窗口显示内容不变。但在浏览器的调试窗口中会给出错误的提示和错误所在行的行号等信息，如图 6-2 所示，给出的提示"console.lof is not a function"表明 console.lof 不是函数。

参考调试窗口中的错误提示信息，然后在错误所在行附近查错、修改和调试程序。

图 6-2　Chrome 浏览器的错误提示信息

程序中除了语法错误还可能存在逻辑错误。逻辑错误表现为程序中不存在语法错误，也没有执行非法的语句，但程序运行的结果是不正确的。逻辑错误主要是程序中存在逻辑问题，得不到期望的结果，从程序的功能上看是错误的。

逻辑错误很难调试和发现，用户能看到的就是程序的功能没有实现。因此，在编写程序的过程中，一定要确保语句和函数的书写完整、逻辑清晰。

< 166 >

6.2　JavaScript 基础知识

JavaScript 是一种基于对象和事件驱动的脚本语言，可用于编写在浏览器中执行的程序，还可以编写运行在服务器的程序。JavaScript 程序的语法格式、数据类型、变量和常量等内容，构成了 JavaScript 的语言基础。

6.2.1　JavaScript 程序书写位置

可以将 JavaScript 程序直接嵌入 HTML 文件中，也可以在 HTML 文件中引入外部的脚本文件。HTML 中的 JavaScript 程序代码需要用<script>和</script>标记来标识，语法格式如下：

```
<script>
    statements;
 </script>
```

1．在<body>和</body>之间嵌入 JavaScript 代码

JavaScript 代码用于在网页上输出信息时，通常将代码置于 HTML 文件<body>标记中需要输出该信息的位置，此时代码在 HTML 文件载入浏览器时便被执行。

2．在<head>和</head>之间嵌入 JavaScript 代码

如果所编写的 JavaScript 代码需要在当前 HTML 文件中多次使用，就应该将这部分代码写成函数，并将其置于<head>标记内，此时，JavaScript 函数并不是在 HTML 文件载入浏览器时便被执行，而是在某个事件调用的时候才执行。

示例代码 6-2 是一个单击按钮时调用 JavaScript 函数的例子，用户单击"调用函数"按钮时调用 check()函数。函数将在第 6.5 节详细讲解。

示例代码 6-2　demo0602.html

```
<!DOCTYPE html >
<html>
<head>
    <meta charset="utf-8"/>
    <title>置于<head>标记中的 javascript 代码</title>
    <script>
        function check() {
            console.log("这是 JavaScript 函数，需要被调用执行");
        }
    </script>
</head>
<body>
<input type="submit" value="调用函数" onclick="check()">
</body>
</html>
```

3．引用外部 JavaScript 文件

如果 JavaScript 代码需要在多个 HTML 文件中使用，或者代码比较长，通常将这段代码放到单独的 JavaScript 文件中，然后在 HTML 文件中通过<script>标记的 src 属性引用该 JavaScript 文件。示例代码 6-3 的浏览结果如图 6-3 所示。

< 167 >

示例代码 6-3　demo0603j.js 和 demo0603.html

（1）demo0603j.js 文件的内容如下。

```
document.write("页面输出信息")
console.log("调试窗口控制台输出信息");
```

（2）demo0603.html 文件的内容如下。

```
<!DOCTYPE html>
<html>
<head>
<meta charset="utf-8">
</head>
<body>
<script src="demo0603j.js"></script>
</body>
</html>
```

图 6-3　引用外部 JavaScript 文件及浏览结果

需要注意，外部 JavaScript 文件中只能出现代码，不能出现<script>标记。另外，引用外部 JavaScript 文件时，如果 HTML 文件与 JavaScript 文件不在同一路径下，需要加上路径说明，通常使用相对路径，并且文件名要包含扩展名。

6.2.2　JavaScript 的语句

语句是组成程序的基本单元。JavaScript 语句由若干运算符、表达式和关键字等组成。

1. 语句结束标志

JavaScript 可以使用分号";"表示一条语句的结束，但用分号结束一条语句并不是强制要求。例如：

```
let a=1;                      //以分号结束的语句
let b=2                       //不以分号结束的语句
```

let 是 ES6 标准中用于声明变量的关键字，相当于 JavaScript 以前版本中的 var 关键字。上面两条语句均是正确的，但是当把多条语句写到同一行的时候，则要求每条语句必须以分号结束。例如：

```
let x=1;y=20;z=300;           //多条语句写到一行时必须以分号结束
```

JavaScript 解释器在语法检查方面相对宽松，但还是建议用户书写代码时要尽量保持比较严谨的风格，最好用分号来结束一条语句。这样可以保证代码便于阅读，不会产生歧义，而且某些浏览器的 JavaScript 解释器要求语句必须以分号结束，否则不能执行。

2. 语句块

一组花括号"{}"内的 JavaScript 语句称为语句块，也叫复合语句，一个语句块内的多条语句可以被当作一条语句处理。语句块通常用在分支结构、循环结构或函数中。下面的代码中使用了语句块。

```
<script>
    time = 15;
    // if 语句中的语句块
    if (time < 12) {
        document.write("<b>Good morning</b>");
        windoow.alert("现在是上午时间");
    }
    else {
        document.write("<b>Good afternoon</b>");
```

< 168 >

```
    alert("现在是下午时间");
    }
</script>
```

6.2.3　JavaScript 的注释

为了提高程序的可读性，便于修改和维护代码，可以在程序中为代码添加注释。JavaScript 的注释可分为单行注释和多行注释。

单行注释用两个斜线"//"来表示；多行注释则以"/ *"开始，以"* /"结束。程序执行过程中，JavaScript 解释器并不会解释执行注释部分，下面的代码分别使用了单行注释和多行注释。

```
<script>
    if (time < 12) {
        document.write("<b>Good morning</b>");  //单行注释
        alert("现在是上午时间");
    }
    else {
        document.write("<b>Good afternoon</b>");
        alert("现在是下午时间");
    }
    /* 多行注释，当注释的内容多于一条时，采用此方式；
    推荐使用多行的单行注释来替代多行注释，这样有助于区分代码和注释
    */
</script>/
```

6.2.4　数据类型

数据类型

JavaScript 中的数据类型可以分为 3 类，分别是 3 种基本数据类型、2 种复合数据类型和 2 种特殊数据类型。ES6 新增了符号型（Symbol），Symbol 指的是独一无二的值，每个通过 Symbol() 函数生成的值都是唯一的，符号型主要是为了解决可能出现的全局变量冲突的问题，用来表示唯一的标识符，本书不涉及符号型。

JavaScript 采用的是弱数据类型，因此变量或常量不需要先声明类型，而是在使用或赋值时确定数据类型。特殊数据类型包括空数据类型 null、未定义类型 undefined。

1．基本数据类型

基本数据类型包括数值型（Number）、字符串型（String）、布尔型（Boolean）等 3 种。

（1）数值型

数值型既可以是整型也可以是浮点型，对应于数学中的整数和实数。下面的代码定义了数值型数据。

```
let num1=12.3;
let num2=0o123;                    //表示八进制数 123
let num3=0xEF;                     //表示十六进制数 EF
let num4=3.5e11;                   //表示 3.5×10¹¹
```

与其他高级语言类似，数值型可以表示十进制、八进制、十六进制数，也可以使用科学记数法。八进制数的表示方法是在数字前加"0o"，如"0o123"表示八进制数"123"。十六进制数则是加"0x"，如"0xEF"表示十六进制数"EF"。使用科学记数法表示数值型数据时，3.5e11 或 3.5E11 表示的是 $3.5×10^{11}$。

< 169 >

（2）字符串型

字符串型数据是用英文双引号（" "）或单引号（' '）括起来的 0 个、1 个或多个字符，如"I like JavaScript"、"1112"、"hello812"等。需要注意的是，单引号定界的字符串中可以含有双引号，双引号定界的字符串中也可以包含单引号，但是单引号和双引号定界的字符串中却不能再包含使用同样定界符的字符串，如下面的代码。

```
let str1= "I like JavaScript!"         //双引号定界符
let str2= 'I like JavaScript!'         //单引号定界符
let str3="I like 'JavaScript'!"        //双引号中包含单引号
let str4='I like "JavaScript" ! '      //单引号中包含双引号
let str5="I love "JavaScript" ! "      //错误的表示方法
```

（3）布尔型

布尔型主要用于逻辑运算，通常用来说明一种状态或表示比较的结果。布尔型只有真值 true 或假值 false 两个值。在 JavaScript 中，也可以用非 0 数值表示 true，数值 0 表示 false。

2．复合数据类型

复合数据类型也叫引用数据类型，主要包括数组类型和对象类型。

（1）数组类型

在 JavaScript 中，数组主要用来保存一组相同或不同数据类型的数据。

（2）对象类型

对象是对一个事物的描述。JavaScript 的对象保存的是一组数据和函数，对象中的数据被称为属性，函数被称为方法。不同类别的对象具有不同的对象类型。

3．特殊数据类型

（1）空数据类型

JavaScript 中的关键字 null 是一个特殊的值，用于定义空的或不存在的引用。如果试图引用一个没有定义的变量，则返回 null。这里必须要注意的是，null 不等同于空的字符串""或 0。

由于 JavaScript 区分大小写，所以空值 null 不同于 Null 或 NULL。

（2）未定义类型

当一个变量被创建后，未给该变量赋值，则该变量的值就是 undefined。另外，引用一个不存在的数组元素时，会返回 undefined；引用一个不存在的对象属性时，也返回 undefined。

6.2.5 变量

变量是指在程序运行过程中可以改变的量，是程序中被命名的存储单元。在程序中使用变量来临时保存数据。变量用标识符来命名，涉及变量名、变量数据类型和作用域等内容。

1．变量名

变量名是一个合法的标识符，变量名应具有一定的含义，以提高程序的可读性。变量的命名规则如下。

（1）必须以字母或下画线开头，中间可以是数字、字母或下画线。

（2）除下画线作为连接号外，变量名中不能有空格、加号、减号、逗号等符号。

（3）JavaScript 的变量名严格区分大小写，例如，UserName 与 username 代表两个不同的变量。

（4）变量名长度原则上没有限制。

（5）不能使用关键字作为变量名。JavaScript 中定义了 40 多个关键字，这些关键字是 JavaScript 内部使用的，不能作为变量名，如 let、for、if、new 等不能作为变量名。

2．变量的声明与赋值

JavaScript 中的变量可以由关键字 let 声明，语法格式如下：

< 170 >

```
let variableName;
```

下面的代码声明了不同的变量。

```
let girName;                //声明变量但未赋值
let boyName="mike";         //声明变量同时赋值
let a,b,c;                  //用一个 let 关键字同时声明 a、b 和 c 等 3 个变量
let i=1,j=2,k=3;            //同时声明 1、j 和 k 这 3 个变量，并分别赋值
```

由于 JavaScript 采用弱数据类型的形式，所以变量可以无须声明而直接赋值，然后在使用时根据数据的类型来确定变量的类型。例如：

```
v=100;                     //变量 v 是数值型
str="hello!";              //变量 str 是字符串型
flag=true;                 //变量 flag 是布尔型
```

下面通过示例代码 6-4 来说明变量的声明和赋值，浏览效果如图 6-4 所示。

示例代码 6-4　demo0604.html

```
<!DOCTYPE html>
<html>
<head>
    <meta charset="utf-8">
    <title>变量的声明和赋值</title>
</head>
<body>
<script language="javascript">
    let length;                        //声明变量 length
    length = 4.5;                      //为变量 length 赋值
    width = 3;                         //直接为变量赋值数值型数据
    area = length * width;
    let str = "长方形的面积是: " + area;  //声明变量的同时赋值
    //let str = '长方形的面积是:${area}';
    document.write(str);
</script>
</body>
</html>
```

图 6-4　变量的声明和赋值

在 JavaScript 中，虽然变量可以不提前声明，但是建议在使用变量前对其进行声明。声明变量的最大好处就是便于发现代码中的错误。JavaScript 是动态编译的，而动态编译不易于发现代码中的错误，特别是变量命名方面的错误。

3. 变量的作用域

变量的作用域是指变量在程序中的有效范围，也就是程序中可以使用这个变量的区域。在 JavaScript 中，根据作用域，变量可以分为两种——全局变量和局部变量。全局变量定义在所有函数之外，作用于整个脚本；局部变量定义在函数体内，只作用于函数体本身，函数的参数也是局部变量，

< 171 >

只在函数内部起作用。

4．变量的生存期

变量的生存期是指变量在计算机中存在的有效时间。从编程的角度来讲，变量的生存期可以简单地理解为变量的作用域，因此 JavaScript 中变量的生存期有两种——全局变量生存期和局部变量生存期。

全局变量的有效范围从程序定义开始，一直到程序结束为止。局部变量在程序的函数中定义，其有效范围是定义它的函数，在函数结束后，局部变量生存期也就结束了。

6.2.6 常量

在程序运行过程中值保持不变的量称为常量，用于为程序提供固定的和精确的值。JavaScript 中用关键字 const（ES6 引入）声明常量。在声明常量时，必须同时进行初始化，例如下面的代码：

```
const PI = 3.14;
const rate=0.031;
```

-99、23、true、"javascript"等数据也是常量，这类常量一般称为字面量。

常量中可以使用转义字符。转义字符也叫控制字符，是一些反斜线（\）开头的不可显示的特殊字符，常用的转义字符如表 6-1 所示。

表 6-1 JavaScript 常用的转义字符

转义字符	说　　明	转义字符	说　　明
\b	退格	\"	双引号
\n	回车换行	\v	跳格
\t	制表符	\r	换行
\f	换页	\\	反斜线
\'	单引号		

下面的代码说明了转义字符的应用。

```
<script>
    document.write("<h3>示例代码安装路径是：\"f:\\web\\ch06\"</h3>");
</script>
```

代码中使用了双引号转义字符（\"）和反斜线转义字符（\\），在浏览器中的显示结果是"示例代码安装路径是："f:\web\ch06""，并且以<h3>标题样式显示。

6.3 表达式与运算符

6.3.1 表达式

在定义变量后，就可以对其进行赋值、修改、计算等一系列操作，这些操作通常用表达式来完成。表达式是由操作数和运算符按一定的语法形式组成的符号序列。在表达式中，表示各种不同运算的符号称为运算符，参与运算的变量或常量称为操作数。根据运算符或表达式的运算结果，通常将表达式分为字符串表达式、算术表达式、赋值表达式或逻辑表达式等。

< 172 >

6.3.2　运算符

运算符用于对一个或多个数据进行运算，以实现自然算法的计算机表示。JavaScript 中常用的运算符有字符串运算符、算术运算符、关系运算符、逻辑运算符、位运算符、赋值运算符等。

1．字符串运算符

（1）"+"运算符

JavaScript 可以使用字符串运算符"+"将两个字符串连接起来，形成一个新的字符串，例如下面的示例代码。

```
<script>
    let str1="I like ";
    let str2="JavaScript programming!!";
    let str=str1+str2;
    document.write(str);
</script >
```

在以上代码执行后，变量 str 的值是"I like JavaScript programming!!"。需要注意的是，如果将两个数字相加，那么"+"被当作算术运算符；如果将数字与字符串相加，结果将成为字符串。示例代码 6-5 显示的是"+"运算符的应用。

示例代码 6-5　demo0605.html

```
<!DOCTYPE html>
<html>
<head>
<meta charset="utf-8">
<title>字符串运算符实例</title>
</head>
<body>
<script>
    x=1+19;                      //+作为算术运算符
    document.write(x);           //20
    document.write("<br/>");
    x="1"+"19";                  //+作为字符串运算符
    document.write(x);           //119
    document.write("<br/>");
    x=1+"19";
    document.write(x);           //119
    document.write("<br/>");
    x="1"+19;
    document.write(x);           //119
</script>
</body>
</html>
```

（2）字符串模板

字符串模板在 ES6 中引入，它提供了一种简便的方法来创建包含变量的字符串，可以方便地将变量或表达式插入字符串中。

创建字符串模板的方法是字符串用反引号（`）括起来，使用$\{变量名或表达式\}将变量或表达式插入字符串中。

示例代码 6-6 是字符串模板的应用。

< 173 >

示例代码 6-6　demo0606.html

```html
<!DOCTYPE html>
<html>
<head>
    <meta charset="UTF-8">
<body>
<script>
    let a = 10;
    let b = 20;
    document.write("The sum of " + a + " and " + b + " is " + (a + b));
    document.write("<p>");
    document.write(`The sum of ${a} and ${b} is ${a + b}`);
</script>
</body>
</html>
```

在网页上显示的浏览结果是"The sum of 10 and 20 is 30"，可以看出，字符串模板比"+"运算符使用起来更加直观方便。

2．算术运算符

算术运算符用来连接算术表达式，包括+（加）、−（减）、*（乘）、/（除）、%（取模）、++（自加）、−−（自减）等运算符，运算结果是数值。常用的算术运算符如表 6-2 所示。

表 6-2　常用的算术运算符

算术运算符	表达式	功　　能
+	x+y	加法运算，返回 x+y 的值
−	x−y	减法运算，返回 x−y 的值
*	x*y	乘法运算，返回 x*y 的值
/	x/y	除法运算，返回 x/y 的值
++	x++ ++x	自增运算，x 值加 1，但仍返回原来的 x 值； x 值加 1，返回后来的 x 值
−−	x−− −−x	自减运算，x 值减 1，但仍返回原来的 x 值； x 值减 1，返回后来的 x 值
%	x%y	取模运算，返回 x 与 y 的模（x 除以 y 的余数）

下面的代码应用算术运算符来计算各表达式的值。

```html
<script>
    let x = 20, y = 8, z = -5;
    let result1 = result2 = result3 = 0;
    result1 = x + y;
    result2 = x / y;
    result3 = x % y;
    document.write(result1 + "  " + result2 + "  " + result3);
</script>
```

3．关系运算符

关系运算是指两个数据之间的比较运算。关系运算符有 8 个，即>（大于）、<（小于）、>=（大于或等于）、<=（小于或等于）、==（等于）、===（严格等于）、!=（不等于）、!==（严格不等于）。

JavaScript 是弱数据类型的语言，不同类型的数据大都可以进行关系运算，但需要考虑实际的应用意义。需要指出的是，"=="和"==="是有区别的，后者表达的是严格等于，区别如下。

< 174 >

（1）使用"=="时，如果比较数据的类型不同，会先自动进行类型转换，然后进行比较。如果转换后二者相等，返回 true。

（2）使用"==="时，如果比较数据的类型不同，不会进行类型转换，直接返回 false。只有相同类型的数据才能进行比较操作。

常用的关系运算符如表 6-3 所示，其中，x=4, y=10。

表 6-3　常用的关系运算符

关系运算符	表达式	运　　算
< 或 <=	x<y 或 x<=y	小于、小于或等于，值为 true
> 或 >=	x>y 或 x>=y	大于、大于或等于，值为 false
==	x==y	等于。返回 false
!=	x!=y	不等于。返回 true
===	x===y	严格等于，返回 false
!==	x!==y	严格不等于。返回 true

下面的代码应用关系运算符计算各表达式的值。

```
<script>
    let x = 4, y = '10', z = 10;
    document.write(x > z);      //false
    document.write("<br>");
    document.write(x < z);      //true
    document.write("<br>");
    document.write(x == y);     //false
    document.write("<br>");
    document.write(y == z);     //true
    document.write("<br>");
    document.write(y === z);    //false
</script>
```

4．逻辑运算符

逻辑运算符用于描述表达式间的逻辑关系，实现自然语言中并且、或者等连词在计算机中的表示。使用逻辑运算符可以连接关系表达式以构成复杂的逻辑表达式。JavaScript 中共有 4 种逻辑运算符，分别为&&（逻辑与）、||（逻辑或）、!（逻辑非）和^（逻辑异或），如表 6-4 所示，其中，x 和 y 是两个变量。

表 6-4　逻辑运算符

逻辑运算符	表达式	功　　能
&&	x&&y	逻辑与，当 x 和 y 同时为 true 时返回 true，否则返回 false
||	x||y	逻辑或，当 x 和 y 任意一个为 true 时返回 true，当两者同时为 false 时返回 false
!	!x	逻辑非，返回与 x（布尔值）相反的布尔值
^	x^y	逻辑异或，当 x 和 y 相同时，返回 false，否则返回 true

示例代码 6-7 用来验证表单中的姓名信息是否包含除数字、字母和下画线外的特殊字符，if 语句的条件表达式中应用了逻辑运算符，网页中的浏览结果如图 6-5 所示。

示例代码 6-7　demo0607.html

```
<!DOCTYPE html >
<html>
```

< 175 >

```
<head>
    <meta charset="utf-8">
    <title>逻辑运算符</title>
    <script>
        function checkName() {
            let strLoginName = document.fr.loginName.value;//从表单文本框中读
取姓名并赋给变量 strLoginName
            for (let i = 0; i < strLoginName.length; i++) {
                str1 = strLoginName.substring(i, i + 1);//从字符串中依次取出字
符验证
                //判断字符是否是除数字、字母和下画线的特殊字符
                if (!((str1 >= "0" && str1 <= "9") || (str1 >= "a" && str1 <=
"z") || (str1 == "_"))) {
                    alert("姓名中不能包含特殊字符");
                    document.fr.loginName.focus();
                }
            }
        }
    </script>
</head>
<body>
<form name="fr" method="post" action="">
    请输入姓名<input type="text" name="loginName"/>
    <br>
    <input type="submit" value="提交" onclick="checkName()"/>
</form>
</body>
</html>
```

图6-5　逻辑运算符的应用

5. 位运算符

位运算符分为两种，一种是普通位运算符，另一种是移位运算符。在进行运算前，都是先将操作数转换为 32 位的二进制数，然后进行运算，最后的输出结果以十进制数表示。常用的位运算符如表 6-5 所示，其中，x 和 y 是两个变量。

表6-5　常用的位运算符

位运算符	表达式	功　　能
&	x&y	与运算符，当两个数位同时为 1 时，返回数据的当前数位为 1，其他情况都为 0
|	x|y	或运算符，两个数位中只要有一个为 1，则返回 1；只有当两个数位都为 0 时才返回 0
^	x^y	异或运算符，两个数位中有且只有一个为 0 时返回 0，否则返回 1
~	~x	非运算符，反转操作数的每一位
>>	x>>y	右移 y 位
<<	x<<y	左移 y 位

< 176 >

6．赋值运算符

基本的赋值运算符是等号（＝），用于对变量进行赋值，而其他运算符可以和赋值运算符联合使用，构成组合赋值运算符。常用的赋值运算符如表 6-6 所示，其中，x 和 y 为数值。

表 6-6　常用的赋值运算符

赋值运算符	表达式	功　　能
＝	x=10	将右边表达式的值赋给左边的变量
+=	x+=y	将运算符左边的变量加上右边表达式的值赋给左边的变量，相当于 x=x+y
-=	x-=y	将运算符左边的变量减去右边表达式的值赋给左边的变量，相当于 x=x-y
*=	x*=y	将运算符左边的变量乘右边表达式的值赋给左边的变量，相当于 x=x*y
/=	x/=y	将运算符左边的变量除以右边表达式的值赋给左边的变量，相当于 x=x/y
%=	x%=y	将运算符左边的变量用右边表达式的值取模，并将结果赋给左边的变量，相当于 x=x%y

7．其他运算符

JavaScript 还包括一些特殊的运算符，如表 6-7 所示。

表 6-7　其他运算符

运算符	功　　能
?:	条件运算符，等价于一个简单的 if...else 语句，例如，age>=18?"成年人":"未成年人"
[]	下标运算符，用于引用数组元素，例如，myBook[3]
()	紧接函数名，用于调用函数的运算符，例如，myCheck()
;	逗号运算符，用于分隔不同的值，例如，let bookId,bookName
.	成员运算符，用于引用对象的属性和方法，例如，window.close()

8．运算符优先级和结合性

运算符有明确的优先级和结合性。优先级较高的运算符将先于优先级较低的运算符进行运算。结合性则是指具有同等优先级的运算符将按照怎样的顺序进行运算。结合性包括左结合和右结合，例如对于表达式"x+y+z"，左结合就是先计算"x+y"，即"(x+y)+z"；而右结合就是先计算"y+z"，即"x+(y+z)"。运算符的优先级和结合性如表 6-8 所示。

表 6-8　运算符的优先级和结合性

优先级别	运算符	功　　能	结合性
1	.、[]、()	成员访问、数组下标访问以及函数调用	左结合
2	++、--、-、!	一元运算符、其他运算符	左结合
3	*、/、%	乘法、除法、取模	左结合
4	+、-、+	加法、减法、字符串连接	左结合
5	<、<=、>、>=	小于、小于或等于、大于、大于或等于	左结合
6	==、!=	等于、不等于	左结合
7	&	按位与	左结合
8	^	按位异或	左结合
9	|	按位或	左结合
10	&&	逻辑与	左结合
11	||	逻辑或	左结合
12	?:	条件运算	右结合
13	=、*=、/=、%=、+=、-=、&=、^=、|=	赋值、组合赋值	右结合
14	,	逗号运算符	右结合

< 177 >

6.4 程序的流程控制

程序是由若干语句组成的，语句可以是以分号（;）结束的单一语句或是用花括号{}括起来的语句块（复合语句）。在编程的过程中，不同的计算机语言都涉及流程控制。JavaScript 的流程控制与其他高级语言的基本相同，包括顺序、分支和循环 3 种结构。

6.4.1 程序的控制结构

一个程序可以有多条语句，通常，这些语句按照它们的书写顺序从头到尾依次执行，这样的程序即顺序结构程序。

除了顺序结构程序外，JavaScript 还包括分支结构程序，用 if…else 或 switch 等语句描述；循环结构程序，用 while、do…while、for 等语句描述。在程序中使用跳转语句 break 和 continue 可以改变程序的流程。

6.4.2 分支结构

分支结构主要包括两类语句，一类是条件分支 if 语句，另一类是多重分支 switch 语句。下面分别介绍两种类型的分支语句。

1. if 语句

if 语句是最简单的分支语句。通过判断条件表达式的值为 true 或者 false，来确定是否执行某一分支。if 语句的语法格式如下：

```
if(boolCondition) {
    statements;
}
```

其中，boolCondition 是必选项，用于指定 if 语句执行的条件。当 boolCondition 的值为 true 时执行花括号中的 statements 语句块；当 boolCondition 的值为 false 时则跳过花括号中的语句块。

可以用 if 语句来检测提交的表单数据的合法性。示例代码 6-8 应用 if 语句判断提交的表单数据是否为空，浏览结果如图 6-6 所示，如果用户名或密码为空将弹出对话框进行提示。

示例代码 6-8　demo0608.html

```html
<!DOCTYPE html >
<html>
<head>
    <meta charset="utf-8">
    <title>if 语句</title>
    <script>
        //check()用于验证用户名和密码是否为空
        function check() {
            if (fr.username.value == "") {
                alert("用户名不允许为空！");   //弹出对话框
                fr.username.focus();           //将焦点聚焦在用户名文本框上
            }
            if (fr.password.value == "") {
                alert("密码不允许为空！");
                fr.password.focus();
            }
```

< 178 >

```
    }
    </script>
</head>
<body>
<form action="" method="post" name="fr">
    <p style="text-align:left">用户名: <input type="text" name="username"/>
</p>
    <p style="text-align:left">密   码:<input type="password"
name="password"/></p>
    <input type="button" value="登录" onclick="check()"/>
    <input type="reset" value="重置"/>
</form>
</body>
</html>
```

2. if…else 语句

if…else 语句被称为选择分支语句，是在 if 语句的基础上增加一个 else 子句，语法格式如下。

```
if(boolCondition) {
    statements1;
}else{
    statements2;
}
```

图6-6　if语句用于表单验证

if…else 语句执行时，首先判断 boolCondition 的值，如果它的值为 true，执行 statements1 语句块中的内容；否则执行 statements2 语句块中的内容。示例代码 6-9 应用 if…else 语句计算输入的两个数的最大值，浏览结果如图 6-7 所示。

示例代码 6-9　demo0609.html

```
<!DOCTYPE html >
<html>
<head>
    <meta charset="utf-8">
    <title>if...else 语句</title>
    <script>
        function maxnumber() {
            let x = Number(fr.num1.value);      //将字符串转换为数值
            let y = Number(fr.num2.value);
            let maxnum;
            if (x > y)
                maxnum = x;
            else
                maxnum = y;
            fr.max.value = maxnum;
        }
    </script>
</head>
<body>
<form action="" method="post" name="fr">
    请输入第一个数: <input type="text" name="num1"/><br/>
    请输入第二个数: <input type="text" name="num2"/><br/>
    两个数的最大值: <input type="text" name="max"/> <br/>
    <input type="button" value="求最大值" onclick="maxnumber()"/>
    <input type="reset" value="重置"/>
```

< 179 >

```
    </form>
  </body>
</html>
```

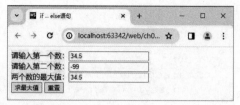

図 6-7　用选择分支语句求两个数的最大值

3．if…else if…else 语句

if…else 语句可以根据 boolCondition 的值，执行两个语句块中的一个。如果要执行多个分支中的某一分支，则应该使用 else if 语句，通过 else if 语句可以对多个条件进行判断，并且根据判断的结果执行不同的语句块。if…else if…else 语句的语法格式如下。

```
if(boolCondition1) {
    statements1;
}else if(boolCondition2) {
    statements2 ;
}
    ...
else {
    statementsN;
}
```

示例代码 6-10 说明了 if…else if…else 语句的用法，该程序根据获取的不同时间，弹出相应的信息。

示例代码 6-10　demo0610.html

```
<!DOCTYPE html >
<html>
<head>
    <meta charset="utf-8"/>
    <title>if...else if...else</title>
</head>
<body>
<script>
    let now = new Date();
    let hour = now.getHours();
    if ((hour > 5) && (hour <= 7))
        alert("早餐时段");
    else if ((hour > 7) && (hour <= 11))
        alert("上午好!工作时段");
    else if ((hour > 11) && (hour <= 13))
        alert("午休时段");
    else if ((hour > 13) && (hour <= 17))
        alert("下午好!工作时段 ");
    else
        alert("休息时段");
</script>
</body>
</html>
```

4．switch 语句

switch 是一种多重分支语句，其作用与 if…else if…else 语句的作用基本相同，但有时 switch 语句更具有可读性和灵活性，而且 switch 语句允许在找不到匹配条件的情况下执行默认的一组语句。switch 语句的语法格式如下。

```
switch(expression) {
  case value:
```

< 180 >

```
        statements;
        break;
    case value:
        statements;
        break;
            ...
    default:
        defaultStatements;
}
```

各参数的含义如下。

（1）expression 为表达式或变量。

（2）value 为常数表达式。当 expression 的值与某个 value 的值相等时，就执行对应 case 后的 statements 语句，如果 expression 的值与所有 value 的值都不相等，则执行 default 后面的 defaultStatements 语句

（3）break 用于结束 switch 语句，从而使 JavaScript 只执行匹配的分支。如果省略了 break 语句，则对应 case 之后的分支都将被执行，switch 语句也就失去了选择分支的意义。

switch 语句的工作流程是：首先获取 expression 的值，然后查找和这个值匹配的 value 值。如果找到相应的值，则开始执行对应 case 后的 statements 语句，直到遇到 break 语句终止 case 分支，并结束整个 switch 语句；如果没有找到和 expression 值相匹配的 value 值，则开始执行 default 分支后的语句；如果没有 default 分支，则结束 switch 语句。

示例代码 6-11 用 switch 语句实现了 demo0610.html 的功能。

示例代码 6-11　demo0611.html

```html
<!DOCTYPE html >
<html>
<head>
    <meta charset=utf-8>
    <title>switch 语句</title>
</head>
<body>
<script>
    var now = new Date();
    var hour = now.getHours();
    switch (hour) {
        case 6:
        case 7:
            alert("早餐时段");
            break;
        case 8:
        case 9:
        case 10:
        case 11:
            alert("上午好!工作时段");
            break;
        case 12:
        case 13:
            alert("午休时段");
            break;
        case 14:
        case 15:
```

< 181 >

```
        case 16:
        case 17:
            alert("下午好!工作时段");
            break;
        default:
            alert("休息时段");
    }
</script>
</body>
</html>
```

6.4.3 循环结构

循环结构

循环结构是在一定条件下反复执行某段代码的流程控制结构，反复执行的代码段被称为循环体。循环是非常重要的一种程序流程，是由循环语句来实现的。JavaScript 的循环语句共有 3 种——while 语句、do…while 语句和 for 语句。

1．while 语句

while 语句的语法格式如下。

```
while (boolCondition) {
    statements;
}
```

当条件表达式 boolCondition 的值为 true 时，执行花括号中的 statements 语句块。执行完 statements 语句块后，再次检查 boolCondition 的值，如果还为 true，则再次执行该语句块。如此反复，直到 boolCondition 的值为 false 时结束循环，执行 while 语句后面的代码。

示例代码 6-12 说明了 while 语句的用法，浏览结果如图 6-8 所示。

示例代码 6-12　demo0612.html

```
<!DOCTYPE html >
<html>
<head>
<meta  charset=utf-8>
<title>while 语句</title>
</head>
<body>
<script>
  let i=1;
  while(i<7){
        document.write('<h${i}>使用 while 语句输
出标题文字</h${i}>');
        i++;
    }
</script>
</body>
</html>
```

图 6-8　用 while 语句输出字符串

注意，使用 while 语句时，必须先声明循环变量并赋初值，同时在循环体中修改循环变量的值，否则 while 语句将成为一个死循环。

例如，下面的代码中将出现死循环。

< 182 >

```
let i=1;
while (i<4) {
    alert("未修改循环变量，出现死循环！");
}
```

在上述代码中，循环体内没有指定循环变量的增量，始终没有改变 i 的值，即 i<4 永远返回 true，所以循环永远不会结束，出现死循环。出现死循环时可通过强制关闭浏览器来结束程序的执行。

正确代码如下：

```
let i=1;
while (i<4) {
    alert("如果不修改循环变量的值，将出现死循环！");
    i++;
}
```

2. do…while 语句

do…while 语句与 while 语句很类似，但它不像 while 语句那样先计算条件表达式 boolCondition 的值，而是无条件地先执行一遍循环体，再来判断 boolCondition 的值。若 boolCondition 的值为 true，则再执行循环体，否则跳出循环，执行循环体外面的语句。可以看出，do…while 语句的特点是它的循环体将至少被执行一次。do…while 语句的语法格式如下。

```
do{
    statements;
}while(boolCondition);
```

请看下面的代码。

```
<script>
    let i = 0;
    do {
        document.write(i);
        i++;
    } while (i > 1);
</script>
```

上面的代码运行后将在网页输出 "0"，因为程序在执行时首先执行循环语句，然后判断循环条件，所以，虽然当 i=0 时不满足 i>1 的条件，但是仍然可以执行一次循环语句。

需要注意的是，do…while 语句结尾处的 while 分支后面有一个分号 ";"，在书写的过程中一定不能遗漏，否则 JavaScript 会认为循环语句是一个空语句，花括号中的语句一次也不被执行，并且程序会陷入死循环。

3. for 语句

for 语句应用比较广泛，适用于循环次数已知的循环。通常 for 语句使用一个变量作为计数器来控制循环的次数，这个变量被称为循环变量。for 语句的语法格式如下。

```
for (initialization;boolExpression;post-loop-expression ) {
    statements;
}
```

for 语句的参数说明如下。

boolExpression 是返回布尔值的条件表达式，用来判断循环是否继续；initialization 语句完成初始化循环变量和其他变量的工作；post-loop-expression 语句用来修改循环变量，改变循环条件。3 个表达式

< 183 >

之间用分号隔开。

for 语句的执行过程：首先执行 initialization 语句，完成必要的初始化工作；再判断 boolExpression 的值，若为 true，则执行循环体，执行完循环体后返回 post-loop-expression，计算并修改循环变量与循环条件，这样一轮循环就结束了。第二轮循环从计算并判断 boolExpression 的值开始，若表达式的值仍为 ture，则继续循环，否则跳出整个循环体，执行循环体外的语句。for 语句的 3 个表达式都可以为空，但若 boolExpression 也为空，则表示当前循环是一个死循环，需要在循环体中书写另外的跳转语句终止循环。

将示例代码 6-12 使用 for 语句实现，关键代码如下。

```
<script>
    for (let i = 1; i < 7; i++) {
        document.write('<h${i}>使用 while 语句输出标题文字</h${i}>');
    }
</script>
```

上述代码中，for 语句的循环变量也可以在 for 语句外面声明，代码修改如下，其中，for 循环中的第 1 个分号是不可以缺少的。

```
<script>
    let i=1;
    for (; i < 7; i++) {
        document.write('<h${i}>使用 while 语句输出标题文字</h${i}>');
    }
</script>
```

4. 跳转语句

跳转语句用来实现程序执行过程中流程的转移，switch 分支中使用过的 break 语句就是一种跳转语句。JavaScript 的跳转语句包括 break 和 continue 语句。

break 语句的功能是使程序立即跳出循环，并执行该循环之后的代码。continue 语句的功能是结束本次循环，即本次循环中 continue 语句后面的语句不再执行，进入下次循环的条件判断，条件为 true 则进入下次循环。

下面的代码中使用了 break 语句，程序的运行结果是在网页中输出数字 0 ~ 11。

```
<script>
    for (i = 0; i < 20; i++) {
        document.write(i);
        if (i > 10)
            break;
    }
</script>
```

下面的代码中使用了 continue 语句，在浏览器中输出 10 以内的除 2、5 和 7 外的所有数字，即输出 1 3 4 6 8 9 10。

```
<script>
    let i=1;
    while(i<=10){
        if (i==2||i==5||i==7){
            i++;
            continue;
        }
        document.write(i+" ");
```

< 184 >

```
        i++;
    }
</script>
```

5．for...of 语句

ES6 中的 for...of 语句被称为迭代器，用于遍历数组或集合类型的数据。使用 for...of 语句遍历类似数组或集合的数据非常方便，代码更加清晰易读，Java、Python 等语言都提供了类似于 for...of 语句的循环方式。在 JavaScript 中，还可以使用 for...in 语句来访问对象的所有属性。

下面的代码使用 for...of 语句计算数组 arrays 中的偶数之和。

```
<script>
    let arrays = [12, 3, 7, 8, 2.2, 0, 99,1,1,4];
    let sum = 0;
    for (let i of arrays) {
        if (i % 2 == 0) {
            sum += i;
        }
    }
    console.log(sum);
</script>
```

6.5 函数

函数是一段能够实现特定运算的代码，它可以被事件处理或其他语句调用。JavaScript 中的函数包括内部函数（内置函数）和外部函数（自定义函数）。

6.5.1 函数的定义和调用

在设计一个复杂的程序时，通常根据所要完成的功能，将程序中相对独立的部分编写为一个函数，从而使程序清晰、可读、易维护。函数还用来封装可能要多次用到的代码，以提高程序的可重用性。在事件处理中，可将函数作为事件驱动的结果来调用，从而实现函数与事件驱动相关联。

函数的定义和调用

1．函数的定义

函数由关键字 function 定义，包括函数名、参数和置于花括号中需要执行的语句块，定义函数的语法格式如下：

```
function functionName(parameters) {
    statements;
    [return 返回值];
}
```

关于函数定义，说明如下。

（1）函数由关键字 function 定义，functionName 是用户定义的函数名。

（2）parameters 是参数表，可以包含一个或多个参数，多个参数用逗号隔开，是传递给函数使用或操作的值，其值可以是常量、变量或其他表达式。

（3）statements 是函数体。

（4）当函数有返回值时用 return 语句将值返回。

（5）函数名是大小写敏感的。

下面的代码定义了一个求圆面积的函数。

< 185 >

```
<script>
    function circleArea(r){
        return Math.PI*r*r;
    }
</script>
```

2．函数的调用

函数定义后并不会自动执行，被调用后才能执行。调用函数需要使用函数调用语句，函数的调用有下面 3 种形式。

（1）直接调用函数

函数的定义通常放在 HTML 文件的<head>标记中，如果在函数定义之前调用函数，将会报告错误。函数的调用格式如下：

```
functionName(parameters);
```

函数的参数分为形式参数和实际参数，其中，形式参数简称形参，是定义函数时用到的参数，它指明参数的名称和位置；实际参数简称实参，是函数调用时传递给函数的实际数据。调用函数时将实参传递给形参，然后由该参数参与函数的具体执行。

示例代码 6-13 说明了函数调用的过程，浏览结果如图 6-9 所示。

示例代码 6-13　demo0613.html

```
<!DOCTYPE html>
<html>
<head>
    <meta charset="utf-8">
    <title>函数调用</title>
    <script>
        //定义函数，r 和 h 为形参
        function CylindricalVolume(r, h) {
            return Math.PI * r * r * h;
        }
    </script>
</head>
<body>
<script>
    let v = CylindricalVolume(5,8); //调用 CylindricalVolume()函数，传递实参 5 和 8
    document.write('半径为 5、高为 8 的圆柱体的体积是：${v}');
</script>
</body>
</html>
```

图 6-9　函数调用

（2）事件响应中调用函数

JavaScript 是基于对象的语言，而基于对象的基本特征就是事件驱动。通常将鼠标或键盘的操作称为事件，比如单击鼠标称为单击事件。而针对事件做出响应行为称为响应事件。在 JavaScript 中，将函数与事件相关联即可完成响应事件的过程。

示例代码 6-14 采用了事件驱动方式，单击"调用"按钮时调用 hello()，浏览结果如图 6-10 所示。

示例代码 6-14　demo0614.html

```
<!DOCTYPE html >
<head>
    <meta charset=utf-8>
```

< 186 >

```
    <title>函数调用</title>
    <script>
        function hello() {
            alert("欢迎学习 JavaScript, \n单击按钮时调用 hello()函数")
        }
    </script>
</head>
<body>
<input type="button" value="调用" onclick="hello()">
</body>
</html>
```

JavaScript 中常用的事件包括单击事件（onclick）、元素内容修改事件（onchange）、选中事件（onselect）、获得焦点事件（onfocus）、失去焦点事件（onblur）、载入文件事件（onload）、卸载文件事件（onunload）等。

事件相关内容将在第 7 章中介绍。

（3）通过超链接调用函数

函数可以在超链接中被调用，只需在<a>标记的 href 属性中使用 "javascript:" 关键字即可调用函数。当用户单击超链接时，被调用函数将执行，如示例代码 6-15 所示。

图 6-10　单击按钮调用函数

示例代码 6-15　demo0615.html

```
<!DOCTYPE html >
<html>
<head>
    <meta charset=utf-8>
    <title>函数调用</title>
    <script>
        function hello() {
            alert("您是通过单击超链接调用的函数!");
        }
    </script>
</head>
<body>
<a href="javascript:hello()">单击查看</a>
</body>
</html>
```

另外，通过超链接调用函数的写法还可以是：

```
<a href="#" onclick="hello()">单击查看</a>
```

6.5.2　箭头函数

函数定义通常使用 function functionName(parameters)的形式，例如：

```
function getArea(a,b) {
    return a * b;
}
```

该函数的功能是返回长和宽分别为 a、b 的长方形的面积，函数定义还可以使用下面的语法格式：

< 187 >

```
funtionName = function(parameters) {
    statements;
}
```

示例代码 6-16 使用上面的语法格式定义了函数 getArea()。

示例代码 6-16　demo0616.html

```
<!DOCTYPE html>
<html>
<head>
    <meta charset="UTF-8">
</head>
<body>
<script>
    let a = 3, b = 4;
    let getArea = function (a, b) {
        return a * b;
    }
    document.write('长和宽分别是${a},${b}的长方形的面积是:${getArea(a, b)}')
</script>
</body>
</html>
```

对于一些代码比较简短的函数，可以使用箭头函数来实现，箭头函数是 ES6 新增的一种函数形式。

以示例代码 6-16 为例，getArea()函数可以使用箭头函数定义，方法是将函数定义中的 function 修改为 "=>"，并将其移动到参数的括号后面。demo0616.html 中的函数用箭头函数实现，代码如下。

```
let a = 3, b = 4;
let getArea = (a, b)=> {
    return a*b;
}
```

使用箭头函数时，需要注意如下几点。

（1）如果函数体中只有一条语句，且该语句为 return 语句，则外层的花括号{}可以省略。例如：

```
let getArea = (a, b) => a*b;
```

这种函数形式的可读性更强。

（2）如果一个箭头函数只有一个参数，则该参数外层的圆括号( )可以省略。例如，求正方形面积的箭头函数可以书写如下。

```
let getArea = a => a*a;
```

（3）如果一个箭头函数没有参数，则不能省略参数外层的( )。例如：

```
let getString =()=>"提示信息: 无参数的箭头函数";
```

示例代码 6-17 应用箭头函数求长方体、圆柱体、圆锥体的体积，浏览结果如图 6-11 所示。

示例代码 6-17　demo0617.html

```
<!DOCTYPE html>
<html>
<head>
```

< 188 >

```
        <meta charset="UTF-8">
    </head>
    <body>
    <script>
        //定义函数
        let v1 = (a, b, h) =>a * b * h;
        let v2 = (a, h) =>a * a * h;
        let v3 = (r, h) =>Math.PI * r * r * h;
        let v4 = (r, h) =>Math.PI * r * r * h * (1 / 3);
        //调用函数
        let radius = 4, height = 6;
        let length=2,width=3;
        document.write('长、宽和高是${length},${width},${height}的长方体的体积是：
${v1(length,width,height)}');
        document.write("<br>")
        document.write('半径和高是${radius},${height}的圆柱体的体积是：${v3(radius,
height)}');
        document.write("<br>")
        document.write('半径和高是${radius},${height}的圆锥体的体积是：${Math.
round(v4(radius,height))}');
    </script>
    </body>
    </html>
```

图 6-11　箭头函数的应用

6.6 应用示例

本节的应用示例用 JavaScript 程序实现简易计算器，展现 Web 的结构标准、表现标准和行为标准的应用。具体是用表格实现简单的网页布局，用 CSS 定义表格边框，定义函数来响应事件，具体代码如示例代码 6-18 所示。简易计算器浏览结果如图 6-12 所示。

示例代码 6-18　demo0618.htm

```
<!DOCTYPE html >
<html>
<head>
    <meta charset=utf-8>
    <title>简易计算器</title>
    <style>
        input.text {
            border: 1px solid;
            width: 160px;
        }
        table {
            margin: 0 auto;
            padding: 8px;
            border: 1px solid black;
            background-color: #C9E495;
            text-align: center;
        }
        td {
            font-size: 16px;
            font-family: 黑体;
            height: 24px;
        }
```

图 6-12　简易计算器浏览结果

< 189 >

```
    </style>
    <script>
        function compute(op) {
            let num1, num2;
            num1 = parseFloat(document.myform.txtNum1.value);
            num2 = parseFloat(document.myform.txtNum2.value);
            if (op == "+")
                document.myform.txtResult.value = num1 + num2;
            if (op == "-")
                document.myform.txtResult.value = num1 - num2;
            if (op == "*")
                document.myform.txtResult.value = num1 * num2;
            if (op == "/" && num2 != 0)
                document.myform.txtResult.value = num1 / num2;
        }
    </script>
</head>
<body>

<form action="" method="post" name="myform" id="myform">
    <table>
        <tr>
            <td colspan="4"><h4>简易计算器</h4></td>
        </tr>
        <tr>
            <td>第一个数</td>
            <td colspan="3"><input name="txtNum1" type="text" id="txtNum1"/>
</td>
        </tr>
        <tr>
            <td>第二个数</td>
            <td colspan="3"><input name="txtNum2" type="text" id="txtNum2"/>
</td>
        </tr>
        <tr>
            <td><input name="addButton2" type="button" id="addButton2" value="
+ " onclick="compute('+')"/></td>
            <td><input name="subButton2" type="button" id="subButton2" value="
-  " onclick="compute('-')"/></td>
            <td><input name="mulButton2" type="button" id="mulButton2" value="
×  " onclick="compute('*')"/></td>
            <td><input name="divButton2" type="button" id="divButton2" value="
/  " onclick="compute('/')"/></td>
        </tr>
        <tr>
            <td>计算结果</td>
            <td colspan="3"><input name="txtResult" type="text" id="txtResult">
</td>
        </tr>
    </table>
</form>
</body>
</html>
```

代码说明如下。

（1）简易计算器的外观包括 3 个文本框和 4 个按钮。文本框用于输入参与计算的数据和输出计算

< 190 >

结果，按钮用于显示运算符号，用户通过单击按钮查看计算结果。用表格实现网页布局，用 CSS 定义输入和输出文本框和表格的样式。

（2）input.text 用于定义输入和输出文本框的样式。table 设置了表格居中对齐、表格中文本居中对齐、表格边框、表格背景等内容。

（3）通过读取 document 对象中文本框的 value 属性值来获取输入数据，例如，"第一个数"通过"num1=parseFloat(document.myform.txtNum1.value)"得到。

（4）自定义函数 compute(op) 用来实现具体计算功能，参数"op"用来接收计算时传递的运算符。在用户单击"+""−""×""/"按钮后，实现 onclick 事件响应，执行函数 compute(op)，参数的值根据按钮的 value 属性值获取。

本章小结

本章介绍了 JavaScript 的版本和特点，JavaScript 的数据类型、变量、常量，表达式与运算符，流程控制和函数等。具体内容如下。

（1）JavaScript 是基于对象和事件驱动的脚本语言，具有跨平台、动态、语法简单等特点。

（2）JavaScript 中的数据类型包括 3 种基本数据类型、2 种复合数据类型和 2 种特殊数据类型。基本数据类型包括数值型（Number）、字符串型（String）、布尔型（Boolean）。复合数据类型包括数组类型和对象类型。特殊数据类型包括空数据类型、未定义类型。

（3）常用的运算符有字符串运算符、算术运算符、关系运算符、逻辑运算符、位运算符、赋值运算符等。运算符具有优先级和结合性。

（4）JavaScript 中的流程控制包括顺序、分支和循环 3 种结构。

习题6

1. 简答题

（1）如何在 HTML 文档中引用外部的 JavaScript 文件？

（2）关系运算符==（等于）和===（严格等于）的区别是什么？

（3）for...of 语句的作用是什么？

（4）JavaScript 定义函数有哪几种方法？

（5）JavaScript 调用函数的方法有哪些？

2. 实践题

（1）编写程序，采用引用外部 JavaScript 文件的方式，在网页显示 1～1000 中能被 3 和 7 整除的数，要求每行输出 10 个数。

（2）使用循环语句编写程序，在网页中输出倒正金字塔直线，浏览结果如图 6-13 所示。

图6-13　实践题（2）的浏览结果

（3）编写箭头函数 getVolumn(r,h) 计算圆锥体的体积，其中，r 和 h 表示圆锥体的底面半径和高。

< 191 >

第 7 章

实现用户与网页的交互——JavaScript 的对象与事件

本章导读

JavaScript 是基于对象和事件驱动的脚本语言。对象是一种复合数据类型，访问对象的属性和方法是 JavaScript 编程的重要内容。本章学习 JavaScript 的对象与事件，通过事件处理和响应实现用户与 Web 页面之间的动态交互。

知识要点

- 掌握对象和事件的概念。
- 学习使用内置对象和浏览器对象编写程序。
- 通过 DOM 对象实现用户与网页的交互。
- 了解 JavaScript 的事件处理和事件对象。

7.1 对象

7.1.1 对象概述

1．对象的概念

对象的概念来自对客观世界的认识，对象用于描述客观世界存在的实体。JavaScript 的对象可以是用户自定义对象，比如，"学生"是一个典型的对象，包括姓名、性别、年龄等属性，同时又包含学习、休息、运动等动作。同样，一盏灯也是一个对象，它包含功率、亮灭状态等属性，同时又包含开灯、关灯等动作。Web 前端开发中的网页及网页元素也是对象。

JavaScript 对象是一种数据类型，包括内置对象、浏览器对象、DOM 对象等，这些对象为编程提供了方便。

2．对象的属性和方法

对象作为一种数据类型，用来描述具有相同特性的实体，是属性和方法的集合。

属性是用来描述对象静态特性的一组数据，用变量表示，表明对象的状态。方法用来描述对象的动态特性或操作对象的若干动作，用函数描述，表明对象所具有的行为。

通过访问对象的属性或调用对象的方法，就可以操作各种对象，从而实现基于对象的编程。

7.1.2 对象的引用

1．访问对象的属性

每个对象都有一组特定的属性，访问对象属性使用点（.）运算符。把点运算符放在对象名和属性名之间，以此描述一个唯一的属性。访问对象属性的语法格式如下。

```
objectName.propertyName;
```

其中，objectName 是对象名，propertyName 是对象的属性名。下面是访问对象属性的代码。

```
let str=new String("I like JavaScript");    //创建对象
document.write(str.length);                  //17
```

上面的代码定义了 String 类型的对象 str，str.length 属性返回该对象的长度。

2．调用对象的方法

方法实际上就是函数，如 String 对象的 toLowerCase()方法、charAt(index)方法等，调用方法时需要注意方法的参数和返回值。

在 JavaScript 中，调用对象的方法与访问对象的属性都使用点运算符，语法格式如下。

```
objectName.methodName();
```

其中，methodName 是方法名。下面的代码调用 String 对象的两个方法实现将英文字符转换为大写形式，并获取字符串的第 3 个字符。

```
let str=new String("I like JavaScript");
s1=str.toUpperCase();                  //I LIKE JAVASCRIPT
s2=str.charAt(3);                      //i
```

7.1.3　对象的操作

JavaScript 提供了用于操作对象的语句、关键字。

1．for…in 语句

for…in 语句可以用于遍历数组或者访问对象的属性，语法格式如下：

```
for（propretiesName in objectName）{
    statements;
}
```

循环每执行一次，就会对数组的元素或者对象的属性进行一次操作。for…in 语句使用对象属性或数组元素的个数来计数，优点是无须知道对象属性或数组元素的个数也可进行操作。

示例代码 7-1 使用 for…in 语句遍历数组，注意比较 for…in 语句与 for…of 语句的区别，浏览结果如图 7-1 所示。

示例代码 7-1　demo0701.html

```
<!DOCTYPE html>
<head>
    <meta charset="utf-8">
    <title>for...in 语句</title>
</head>
<body>
<script>
    document.write("<h4>遍历数组元素</h4>");
    let arrays = [12, 34, 45, 12.45, true, "Result"];
    for (let k in arrays) {
        document.write(arrays[k]);
        document.write(" ")
    }
    document.writeln("<br>");
```

< 193 >

```
    for (let k of arrays) {
        document.write(k);
        document.write(" ")
    }
    document.write("<h4>遍历对象属性</h4>");
    let car = {                 //定义对象
        color: "white",
        maker: 'mike',
        status: "p"
    }
    for (let i in car) {
        document.write(i+" ");
    }
</script>
</body>
</html>
```

图 7-1　for...in 语句的应用

2. with 语句

如果在程序中需要连续使用某个对象的一些属性和方法，使用 with 语句可以简化代码的书写，语法格式如下：

```
with ( objectName ) {
    statements;
}
```

其中，objectName 是对象名。示例代码 7-2 使用 with 语句调用 Date 对象的方法，浏览结果如图 7-2 所示。

示例代码 7-2　demo0702.html

```
<!DOCTYPE html>
<head>
    <meta charset="utf-8">
    <title>with 语句</title>
</head>
<body>
<script>
    let date = new Date();
    //使用对象名调用对象的方法
    let d1 = date.getFullYear() + "年" + (date.getMonth() + 1) + "月" +
date.getDate() + "日";
    document.write("显示系统日期: " + d1 + "<br>");
    //使用 with 语句直接调用对象的方法
    with (date) {
        let t1 = getHours() + "时" + getMinutes() + "分" + getSeconds() + "秒";
        document.write("显示系统时间: " + t1);
    }
</script>
</body>
</html>
```

图 7-2　with 语句的应用

< 194 >

3．this 关键字

this 是指对当前对象的引用。在 JavaScript 中，由于对象的引用可能是多层次的，为了避免在引用对象时发生混乱，用关键字 this 指明当前对象。

4．new 关键字

new 关键字也称 new 运算符，用于创建用户自定义对象或者内置对象，语法格式如下：

```
let objectName = new  AObject([parameter1,parameter2,...]);
```

其中，AObject 可以是内置对象或用户自定义对象，常用的内置对象将在 7.2 节介绍。例如：

```
let today=new Date();
let str=new String("20240304");
```

上面的代码分别创建了 Date 对象 today 和 String 对象 str。

7.1.4　对象的类型

在 JavaScrip 中可以使用 4 类对象，即内置对象、浏览器对象、DOM 对象和自定义对象。

（1）内置对象是指 JavaScript 提供的对象，包括字符串对象（String）、数组对象（Array）、日期对象（Date）、数学对象（Math）等，提供对象编程的基本功能。

（2）浏览器对象包括 Window、Navigator、Screen、Location 等对象。

（3）DOM 对象定义了访问和处理 HTML 文档的标准方法，主要功能是访问、检索、修改 HTML 文档的内容与结构，包括 Forms、Images、Links 和 Anchors 等集合对象。

（4）自定义对象是指用户根据需要定义的对象。

本书重点介绍内置对象、浏览器对象、DOM 对象。

7.2　内置对象

JavaScript 的内置对象是一组共享代码，是根据用户编程的需要对一些常用数据类型的封装，常用内置对象包括 String、Array、Date、Math 等。

7.2.1　String 对象

String 对象用由单引号或双引号引起来的一串字符序列来表示。JavaScript 提供了操作字符串的一系列方法，使得字符串的处理更加容易和规范。

1．String 对象的创建

可以使用 new 运算符来创建 String 对象，也可以通过直接将字符串赋值给变量的方式来创建。例如：

```
let str = new String("This is a new string.");
let str = "This is a new string.";
```

这两种方式都创建了 String 对象 str。

2．String 对象的 length 属性

String 对象只有一个 length 属性，表示字符串中字符的个数。需要注意的是，如果字符串中包含汉字，汉字被计为一个字符。例如：

< 195 >

```
let stra = "我爱编程";
let strb = "I love programming";
document.write(stra.length);
document.write("<br>");
document.write(strb.length);
```

字符串 stra 的长度是 4，字符串 strb 的长度是 18。可以看出，空格也计入字符串的长度。

3．String 对象的常用方法

String 对象的常用方法如表 7-1 所示。

表 7-1　String 对象的常用方法

方　　法	说　　明
toLowerCase() toUpperCase()	将字符串中的所有字符都转换为小写字符或大写字符
toString()	将对象转换成字符串
charAt(index)	返回 String 对象 index 位置的字符，index 是有效范围从 0 到字符串长度减 1 中的数字
indexOf(subString [, startIndex])	返回 String 对象内第一次出现子字符串 subString 的位置。如果未找到字符串，则返回-1。subString 表示要搜索的子字符串。startIndex 表示开始搜索的位置。若省略此参数，则从字符串的起始处开始搜索
substr(start,[length])	返回一个从指定位置 start 开始，并具有指定长度 length 的子字符串。start 为所求的子字符串的起始位置，length 为子字符串的长度。如果 length 为 0 或负数，将返回一个空字符串。如果没有指定该参数，则子字符串将延续到字符串的结尾
substring(start,end)	返回 String 对象中的从位置 start 开始到位置 end 结束的子字符串
replace(string1,string2) replaceAll(string1,string2)	在 String 对象中，将字符串 string1 的内容替换成字符串 string2 的内容，返回替换后的字符串
split(delim)	返回 Array 对象，使用 delim 作为分割符将 String 对象分割，分割后的字符串存储到一个 Array 对象中

示例代码 7-3 的功能是验证表单的用户名和密码，要求用户名不能包含数字，密码长度不能小于 6，且两者都不能为空。其中的代码 document.myform.txtUser.value 用于获取表单中文本框的数据，浏览结果如图 7-3 所示。

示例代码 7-3　demo0703.html

```
<!DOCTYPE html>
<html>
<head>
    <meta charset="utf-8">
    <script>
        function checkUserName() {                          //验证用户名
        let fname = document.myform.txtUser.value;
            if (fname.length != 0) {
                for (let ch of fname) {
                    if (ch < 9 || ch > 0) {                 //验证用户名不能包含数字
                        alert("用户名中包含数字 \n" + "请删除用户名中的数字");
                        return false;
                    }
                }
            }
            else {
                alert("未输入用户名，请输入用户名");
                return false;
            }
            return true;
```

< 196 >

```
            }
        function checkPassword() {
        let userpass = document.myform.txtPassword.value;
            if (userpass == "") {
                alert("未输入密码 \n" + "请输入密码");
                return false;
            }
            if (userpass.length < 6) {
                alert("密码必须多于或等于 6 个字符。\n");
                return false;
            }
            return true;
        }
        function validateform() {
            if (checkUserName() && checkPassword())
                return true;
            else
                return false;
        }
    </script>
</head>
<body>
<form name="myform" action="#" onSubmit="return validateform()">
    <p style="text-align:center"><img src="images/reg_back1.jpg" style="width:979px;
height:195px"></p>
    <table style="border-width:0; margin:0 auto">
        <tr>
            <td>用户名: </td>
            <td><input name="txtUser" type="text" id="txtUser"/>*必填</td>
        </tr>
        <tr>
            <td>密 码: </td>
            <td><input name="txtPassword" type="password" id="txtPassword"/>*必填
                </td>
        </tr>
        <tr>
            <td colspan="2" align="center">
                <input name="clearButton" type="reset" id="clearButton" value=
"清空"/>
                <input name="regButton" type="submit" id="registerButton" value=
"登录"/>
            </td>
        </tr>
    </table>
</form>
</body>
</html>
```

图 7-3 String 对象的应用

< 197 >

7.2.2 Array 对象

Array 对象

1. 数组的概念

一个变量通常只能存储一个值，而数组变量可以突破这种限制。也就是说，如果一个变量是数组变量，那么这个变量能够同时存储多个值。这是数组变量与普通变量的本质区别。

数组变量（数组）的多值性在于一个数组可以包含多个子变量，而每个子变量的作用与普通变量的作用一样，既可以被赋值，也可以从中读出值。通常，把这样的子变量称为数组元素，将数组中元素的个数称为数组大小（数组长度）。

2. 数组的创建和赋值

JavaScript 的内置对象 Array 用于创建数组。数组的创建和赋值有两种方式。

（1）先创建数组，再对其赋值

创建数组的语法格式如下：

```
let arrayName=new Array(size);
```

其中，arrayName 表示数组名，size 表示数组长度。例如：

```
let objArray=new Array(3); //创建一个长度为 3 的数组
objArray[0]="I";
objArray[1]="Love";
objArray[2]="JavaScript";
```

不同数组元素通过下标来区别，即一个数组元素由数组名、一对方括号[]和方括号中的下标组合起来表示。例如，对于数组 myarray，它包含数组元素 myarray[0], myarray[1], myarray[2], …, myarray[size-1]。

需要注意的是，数组下标从 0 开始，即第 1 个数组元素是 myarray[0]，而最后一个数组元素是 myarray[size-1]。

在创建数组时，如果代码 new Array()中没给出任何参数，例如：

```
let objArray = new Array();
```

这时创建出来的 objArray 数组就没有任何元素，即数组长度为 0。由于 JavaScript 数组具有自动扩展功能，允许对长度为 0 的空数组进行赋值。例如：

```
objArray[10]="王武";
```

这时 JavaScript 将自动把 objArray 扩展为含有 11 个元素的数组，其中未被赋值的数组元素将被初始化为 undefined。

（2）创建数组的同时对其赋值

可以在创建数组的同时指定数组元素的值，语法格式如下：

```
let arrayName=new Array(array1[,array2,…,arrayN]);
```

其中，array1 ~ arrayN 表示数组中各数组元素的值。例如：

```
let student=new Array("李杨","男",22);
```

3. 数组的访问

数组在创建和赋值以后便可以访问，访问数组中的元素有 3 种方式。

（1）使用下标获取数组元素值

例如，获取 boys 数组中的第 3 个元素的值，代码如下：

< 198 >

```
let boys=new Array("张扬", "李志", "王刚", "赵一");
document.write(boys[2]);
```

（2）使用数组名输出所有元素值

使用数组名可以直接将数组中所有元素的值输出，代码如下：

```
let boys=new Array("张扬", "李志", "王刚", "赵一");
document.write(boys);
```

（3）使用 for 语句等遍历数组

for 语句、for…of 语句、for…in 语句都可以用于访问数组元素。使用 for…in 语句或 for…of 语句遍历数组时，可以依次对数组中的每个元素执行一条或多条语句，代码如下：

```
for (let variable in arrayName){
    statements;
}
```

其中，variable 表示被遍历数组的每个元素的下标，arrayName 是数组名。

示例代码 7-1 使用了 for…in 语句和 for…of 语句遍历数组，示例代码 7-4 使用 for 语句遍历数组，并使用数组名输出所有元素，浏览效果如图 7-4 所示。

示例代码 7-4　demo0704.html

```
<!DOCTYPE html>
<html>
<head>
    <meta charset="utf-8">
    <title>遍历数组</title>
</head>
<body>
<script>
    let boys = new Array("张扬", "李志", "王刚", "赵一");
    let str1 = "";
    for (let i = 0; i < boys.length; i++) { //boys.length 表示数组的长度
        str1 = str1 + " " + boys[i];
    }
    document.write("运用 for 语句输出数组元素: " + str1);
    document.write("<br>运用数组名输出数组元素: ");
    document.write(boys);
</script>
</body>
</html>
```

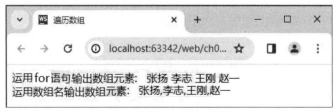

图 7-4　使用 for 语句遍历数组

4．Array 对象的常用属性和方法

Array 对象的常用属性和方法如表 7-2 所示。

< 199 >

表 7-2　Array 对象的常用属性和方法

属性/方法	说　　明
length	返回数组的长度
concat(arrayName)	将参数中的数组连接到当前数组
reverse()	翻转数组元素
sort()	数组元素排序
toString()	将数组转换为字符串
join([string])	将数组元素连接为一个字符串，每个数组元素使用参数 string 指定的字符分隔，如果没有指定参数，则用 "，" 来分隔

示例代码 7-5 是 Array 对象常用属性和方法的应用，浏览结果如图 7-5 所示。

示例代码 7-5　demo0705.html

```html
<!DOCTYPE html>
<html>
<head>
    <meta charset="utf-8">
    <title>Array 对象常用属性和方法</title>
</head>
<body>
<script>
    function showArray(objArr) {
        for (let e of objArr) {
            document.write(e + " ")
        }
        document.write("<br>");
    }
    let objArr1 = new Array(10, 30, 50);
    let objArr2 = new Array(3);
    objArr2[0] = "one";
    objArr2[2] = "three";
    document.write("objArr1 数组元素的个数：" + objArr1.length + "<br>");
    document.write("join()方法连接 objArr1 的元素：" + objArr1.join("#") + "<br>");
    document.write("toString()方法转换 objArr1 的元素：" + objArr1.toString() +
"<br>");
    document.write("reverse()方法翻转 objArr1 的元素：");
    showArray(objArr1.reverse());
    document.write("concat(objArr2)方法连接数组：");
    showArray(objArr1.concat(objArr2));
    document.write("输出数组 objArr1：" + objArr1);
</script>
</body>
</html>
```

图 7-5　Array 对象常用属性和方法的应用

示例代码 7-6 使用数组存储数值序列，应用冒泡排序算法将数组元素从大到小排序。浏览结果如图 7-6 所示。

示例代码 7-6　demo0706.html

```html
<!DOCTYPE html>
<html>
<head>
    <meta charset="utf-8">
    <title>使用数组实现冒泡排序</title>
    <script>
```

< 200 >

```
function bubbleSort(arr) {                      //冒泡排序函数
    let temp;
    let exchange;                               //定义变量作为排序交换的标记
    for (let i = 0; i < arr.length; i++) {      //循环排序
        let exchange = false;
        for (let j = arr.length - 2; j >= i; j--) {
            if (eval(arr[j + 1]) > eval(arr[j])) {
                //如果当前的数小于后面的数，那么这两个数交换
                let temp = arr[j + 1];
                arr[j + 1] = arr[j];
                arr[j] = temp;
                exchange = true;
            }
        }
        if (!exchange) {//exchange 为 false 时表示不需要排序
            break;
        }
    }
    return arr;              //返回排序后的数组
}
function display(el) {
    let str = document.getElementById('source').value; //得到变量 str
    let strs = bubbleSort(str.split(',')); //用 split()函数将 str 拆分为数组
    str = "";
    for (let i of strs) {                   //循环输出
        str += i + ' ';
    }
    alert(str);                             //显示排序后的数字
}
</script>
</head>
<body>
<h3>利用数组实现冒泡排序</h3>
<hr>
<div>
    请输入排序序列：<input type="text" id="source">
    <input type="button" value="排序" onclick="display();">
    <span>（输入数字请用半角逗号分隔）</span>
</div>
</body>
</html>>
```

图 7-6 冒泡排序

5．二维数组

如果数组的所有元素都是基本数据类型的，这种数组通常称为一维数组。当数组中的元素又是数组时就形成了二维数组。

示例代码 7-7 运用二维数组存储学生的姓名和成绩并显示。浏览结果如图 7-7 所示。

< 201 >

示例代码 7-7　demo0707.html

```html
<!DOCTYPE html>
<head>
    <meta charset="utf-8">
    <title>二维数组</title>
</head>
<body>
<h4>姓名 高数成绩 计算机成绩</h4>
<script>
    let boys, i, j;
    boys = new Array();
    boys[0] = new Array("张扬", 78, 92);
    boys[1] = new Array("李志", 64, 76);
    boys[2] = new Array("王刚", 58, 67);
    boys[3] = new Array("赵一", 87, 98);
    for (i = 0; i < boys.length; i++) {
        for (j = 0; j < boys[i].length; j++) {
            document.write(boys[i][j] + "   ");
        }
        document.write("<br/>");
    }
</script>
</body>
</html>
```

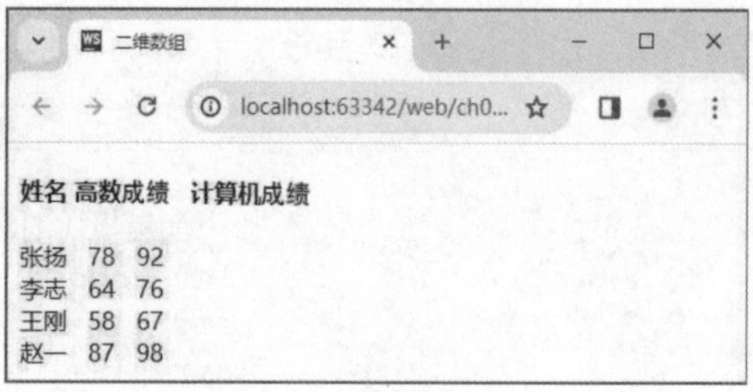

图 7-7　二维数组的应用

示例代码 7-7 中的数组 boys 的每个元素又都是一个数组，因此 boys 是一个二维数组。这样，boys[i] 表示的就是第 i 个学生记录，而 boys[i][j] 就表示学生 boys[i] 的第 j+1 项属性，j 的值为 0、1、2 时，分别存储学生的姓名、高数成绩和计算机成绩。

7.2.3　Date 对象

JavaScript 的 Date 对象用于获取日期和时间的相关信息。

1．创建 Date 对象

Date 对象需要使用 new 运算符来创建，创建 Date 对象的常见方法包括以下 3 种。

（1）创建表示系统当前日期和时间的 Date 对象，代码如下：

```
let now= new Date();
```

（2）创建一个指定日期的 Date 对象，代码如下：

```
let myDate = new Date(2024,9,1);
```

该语句将创建一个日期是 2024 年 10 月 1 日的 Date 对象，该对象中的小时、分钟、秒、毫秒值都为 0。

在创建 Date 对象时，需要注意以下两点。一是参数中的年份值应该是完整的年份值，即 4 位数字，而不能写成 2 位；二是月份参数值的范围是 0 ~ 11，分别对应的是 1 ~ 12 月，如上面代码中的数字 9 表示的是 10 月。

（3）创建一个指定日期和时间的 Date 对象，代码如下：

```
let theTime = new Date(2024,9,1,10,20,30,50);
```

上述代码将创建一个包含确切日期和时间的 Date 对象，即 2024 年 10 月 1 日 10 点 20 分 30 秒 50 毫秒。

< 202 >

2．Date 对象的方法

Date 是内置对象，该对象没有可以直接读取的属性，所有对日期和时间的操作都是通过方法完成的。Date 对象的常用方法如表 7-3 所示。

表 7-3　Date 对象的常用方法

方　　法	说　　明
Date()	返回系统当前日期和时间
getDate()	从 Date 对象返回一个月中的某一天（1～31）
getDay()	从 Date 对象返回一周中的某一天（0～6）
getMonth()	从 Date 对象返回月份（0～11）
getFullYear()	从 Date 对象以 4 位数字形式返回年份
getYear()	从 Date 对象以 2 位或 4 位数字形式返回年份
getHours()	返回 Date 对象的小时（0～23）
getMinutes()	返回 Date 对象的分钟（0～59）
getSeconds()	返回 Date 对象的秒（0～59）
getMilliseconds()	返回 Date 对象的毫秒（0～999）
getTime()	返回 1970 年 1 月 1 日 0 时 0 分至今的毫秒数
getTimezoneOffset()	返回本地时间与格林尼治标准时的分钟差
setDate(x)	设置 Date 对象中的一个月的某一天（1～31）
setMonth(x)	设置 Date 对象中的月份（0～11）
setFullYear(x)	设置 Date 对象中的年份（4 位数）
setYear(x)	设置 Date 对象中的年份（2 位或 4 位数）
setHours(x)	设置 Date 对象中的小时（0～23）
setMinutes(x)	设置 Date 对象中的分钟（0～59）
setSeconds(x)	设置 Date 对象中的秒（0～59）
setMilliseconds(x)	设置 Date 对象中的毫秒（0～999）
setTime(x)	通过从 1970 年 1 月 1 日 0 时 0 分添加或减去指定数目的毫秒来计算日期和时间
toString()	把 Date 对象转换为字符串
toTimeString()	把 Date 对象的时间部分转换为字符串
toLocaleString()	根据本地时间格式，把 Date 对象转换为字符串
toLocaleTimeSring()	根据本地时间格式，把 Date 对象的时间部分转换为字符串
toLocaleDateString()	根据本地时间格式，把 Date 对象的日期部分转换为字符串

示例代码 7-8 通过 Date 对象提供的方法，获取并设置日期和时间的具体值，然后按指定的格式显示，浏览结果如图 7-8 所示。

示例代码 7-8　demo0708.html

```html
<!DOCTYPE html>
<html>
<head>
  <meta charset="utf-8">
  <title>Date 对象的方法</title>
</head>
<body>
  <script>
    let myDay = new Date();
```

< 203 >

```
        //获取系统日期
        let output = myDay.getDate() + "/";
        output += (myDay.getMonth() + 1) + "/";
        output += myDay.getFullYear() + "<br>";
        document.write("系统日期: " + output);
        //获取系统时间
        output = myDay.getHours() + ":";
        output += myDay.getMinutes() + ":";
        output += myDay.getSeconds() + "<br>";
        document.write("系统时间: " + output);
        document.write(weekday[myDay.getDay()]);
        //设置日期
        myDay.setDate("25");
        myDay.setMonth("2");
        myDay.setFullYear("2024");
        myDay.setHours("4");
        myDay.setMinutes("8");
        document.write("<br>重新设置后的日期和时间值是" + myDay.toLocaleString());
    </script>
</body>
</html>
```

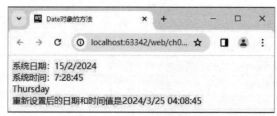

图 7-8　Date 对象的方法的应用

7.2.4　Math 对象

关键字 Math 是对一个已创建好的 Math 对象的引用，因此不需要使用 new 运算符创建 Math 对象。也就是说，在调用 Math 对象的属性和方法时，直接写成"Math.property"和"Math.method()"即可。

1．Math 对象的属性

Math 对象的属性包含了数学运算中常用的常量，如表 7-4 所示。

表 7-4　Math 对象的属性

属　　性	说　　明
E	常量 e，自然对数的底数（约等于 2.718）
LN2	返回 2 的自然对数（约等于 0.693）
LN10	返回 10 的自然对数（约等于 2.303）
LOG2E	返回以 2 为底的 e 的对数（约等于 1.443）
LOG10E	返回以 10 为底的 e 的对数（约等于 0.434）
PI	返回圆周率（约等于 3.14159）
prototype	向对象添加自定义属性和方法
SQRT1_2	返回 1/2 的平方根（约等于 0.707）
SQRT2	返回 2 的平方根（约等于 1.414）

< 204 >

2．Math 对象的方法

Math 对象的常用方法如表 7-5 所示。

表 7-5　Math 对象的常用方法

方　法	说　　明	示　例	结　果
abs(x)	返回一个数的绝对值	abs(−2)	2
acos(x)	返回指定参数的反余弦值	acos(1)	0
asin(x)	返回指定参数的反正弦值	asin(−1)	−1.5708
cos(x)	返回指定参数的余弦值	cos(2)	−0.4161
sin(x)	返回指定参数的正弦值	sin(0)	0
tan(x)	返回一个角的正切值	tan(Math.PI/4)	1
atan(x)	以介于−PI/2 与 PI/2 弧度之间的数值来返回 x 的反正切值	atan (1)	0.7854
ceil(x)	返回大于或等于 x 的最小整数	ceil(−10.8)	−10
exp(x)	返回 e 的 x 次幂	exp(2)	7.389
floor(x)	返回小于或等于 x 的最大整数	floor(10.8)	10
log(x)	返回 x 的自然对数（底数为 e）	log(Math.E)	1
max(x,y)	返回 x 和 y 中的最大值	max (3,5)	5
min(x,y)	返回 x 和 y 中的最小值	min (3,5)	3
pow(x,y)	返回 x 的 y 次幂	pow (2,3)	8
random()	返回 0～1 的随机数	random()	随机
round(x)	把一个数四舍五入为最接近的整数	round (6.8)	7
sqrt(x)	返回数的平方根	sqrt (9)	3

示例代码 7-9 是 Math 对象的方法的应用，浏览结果如图 7-9 所示。

示例代码 7-9　demo0709.html

```
<!DOCTYPE html>
<head>
    <meta charset=utf-8>
    <title>Math 对象的方法</title>
</head>
<body>
<script>
    document.write("最大值 max(1,2): " + Math.max(1, 2) + "<br>");
    document.write("最小值 min(1,2): " + Math.min(1, 2) + "<br>");
    document.write("四舍五入 round(3.456): " + Math.round(3.456) + "<br>");
    document.write("四舍五入 round(3.567): " + Math.round(3.567) + "<br>");
    document.write("随机数 random(): " + Math.random() + "<br/>");
    //0~10 的随机数
    let num = Math.round(Math.random() * 10);
    document.write("0～10 的随机数: " + num + "<br/>");
    //0~100 的随机数
    num = Math.round(Math.random() * 100);
    document.write("0～100 的随机数: " + num + "<br/>");
    document.write("半径为 5 的圆的面积是: " + Math.PI * Math.pow(5, 2) + "<br/>");
</script>
</body>
</html>
```

< 205 >

图 7-9　Math 对象的方法的应用

浏览器对象

7.3 浏览器对象

浏览器对象基于 BOM。BOM（browser object model，浏览器对象模型）是操作浏览器对象的接口，提供了访问、控制、修改浏览器的方法。

7.3.1　BOM 概述

BOM 是浏览器窗口的一个对象模型，由 Window、Navigator、Screen、Location、History 和 Document 等对象组成，BOM 的顶层对象是 Window 对象。

1．BOM 体系结构

BOM 由一系列对象组成，其体系结构如图 7-10 所示。在 BOM 体系结构中，顶层是窗口对象（Window），第 2 层是 Window 对象包含的子对象，包括文档对象（Document）、框架对象（Frames）、历史对象（Histroy）、地址对象（Location）、浏览器对象（Navigator）和屏幕对象（Screen）。第 3 层是 Document 对象包含的子对象，包括锚点对象（Anchors）、窗体对象（Forms）、图像对象（Images）、链接对象（Links）和地址对象（Location）。

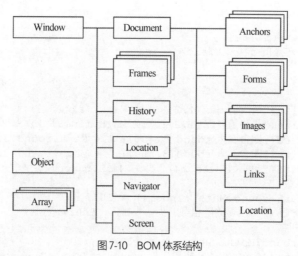

图 7-10　BOM 体系结构

2．访问 BOM 中的对象

Window 对象是 BOM 的顶层对象，可以直接访问。例如，调用 Window 对象的弹出警告对话框的方法，代码如下：

```
window.alert("欢迎学习 JavaScript 编程!");        //alert()是 Window 对象的方法
```

< 206 >

在 BOM 体系结构中，所有下层对象都可以视为上层对象的属性，因此访问下层对象的方法与访问对象属性的方法相同，使用点（.）运算符。例如，若要调用 Window 对象的下层 Document 对象的write()方法，代码如下：

```
window.document.write("hello");    //write()为 Document 对象的方法
```

因为 Window 对象是顶层对象，可以直接访问其属性和方法，即在调用属性和方法时，代码中的"window."可以省略不写。即上述语句可以直接修改为：

```
document.write("hello");
```

下面两种调用 alert()方法的代码都是正确的。

```
window.alert("hello") ;
alert("hello");
```

7.3.2　Window 对象

Window 对象表示打开的浏览器窗口。通过 Window 对象可以控制窗口的大小和位置、打开窗口与关闭窗口、弹出对话框、进行导航以及获取客户端的一些信息（如浏览器版本、屏幕分辨率等）。对于窗口中的内容，Window 对象可以控制是否重新加载网页、返回上一文档或前进到下一文档等。

Window 对象包括一系列子对象，操作 Window 对象及其子对象，可以实现更多的网页动态效果。下面具体介绍 Window 对象及其子对象的常用属性和方法。

1．Window 对象的常用属性

Window 对象的常用属性如表 7-6 所示。

表 7-6　Window 对象的常用属性

属　　性	说　　明
document	返回 Document 对象的引用，表示浏览器窗口中显示的网页
frames	返回当前窗口中所有 Frames 对象的集合。每个 Frames 对象对应一个用<frame>或<iframe>标记的框架
history	返回 History 对象的引用，表示当前窗口的网页访问历史列表
location	返回 Location 对象的引用，表示当前窗口所装载文档的 URL
navigator	返回 Navigator 对象的引用，表示当前浏览器程序
screen	返回 Screen 对象的引用，表示屏幕
name	返回当前窗口的名字
parent	返回当前窗口的父窗口对象
self	返回当前窗口对象
top	返回顶层窗口对象

2．Window 对象的常用方法

Window 对象的常用方法如表 7-7 所示。

表 7-7　Window 对象的常用方法

方　　法	说　　明
open(URL,name,features)	创建一个名为 name 的新浏览器窗口，并在新窗口中显示 URL 指定的网页。其中，features 是可选项，可以为新窗口指定大小和外观等特性；若 URL 是空字符串，则该 URL 相当于空白页的URL

< 207 >

续表

方 法	说 明
close()	关闭浏览器窗口
alert(msg)	弹出警告对话框，参数 msg 表示对话框中的显示文本
confirm(msg)	弹出带有"确认"和"取消"按钮的确认对话框，参数 msg 表示对话框中的显示文本，此参数可省略。当用户单击"确认"按钮时，confirm()方法返回 true；单击"取消"按钮时返回 false
prompt(msg,defaultText)	弹出提示对话框，此对话框中带有一个输入文本框，参数 msg 表示对话框中的提示信息，可省略；defaultText 为用户输入文本框中的值，可设置默认值，如果忽略此参数，将被设置为 undefined。若单击"确定"按钮关闭对话框，该方法返回值为用户输入的值；若单击"取消"按钮，则返回值为 null
moveTo(x,y)	将窗口移到指定位置。x、y 分别是水平、垂直坐标，单位是 px（下同）
resizeTo(x,y)	将窗口设置为指定的大小
scrollTo(x,y)	将窗口中的网页内容滚动到指定的坐标位置
setTimeout(exp,time)	设置一个延时器，使 exp 中的代码在 time 毫秒后自动执行一次。该方法返回延时器的 id
setInterval(exp,time)	设置一个定时器，使 exp 中的代码每间隔 time 毫秒就周期性地自动执行一次。该方法返回定时器的 id
clearTimeout(timerID)	取消由 setTimeout()设置的延时器
clearInterval(timerID)	取消由 setInterval()设置的定时器
navigate(URL)	使窗口显示 URL 指定的页面

Window 对象的使用主要集中在窗口的打开和关闭、窗口状态的设置、定时执行以及各种对话框的使用等。下面通过具体示例来说明 Window 对象的应用。

3．Window 对象的应用

（1）警告对话框、确认对话框和提示对话框

Window 对象的 alert()、confirm()和 prompt()方法执行时可以在网页中弹出警告、确认和提示对话框。

示例代码 7-10 综合运用 alert()、confirm()和 prompt()方法，实现用户登录考试系统的效果，浏览结果如图 7-11 所示。

示例代码 7-10　demo0710.html

```html
<!DOCTYPE html>
<head>
    <meta charset="utf-8">
    <title>Window 对象方法</title>
</head>
<body>
<script>
    let name = "";
    name = window.prompt("请输入你的姓名：", name);
    window.alert(name + "你好！下面准备开始测试！");
    if (window.confirm("你确实准备好了吗？")) {
        window.location.href = "exam.html";
    }
</script>
</body>
</html>
```

图 7-11　Window 对象的 alert()、confirm()和 prompt()方法的应用

（2）定时器

Window 对象的 setInterval()和 setTimeout()方法分别实现系统定时器和延时器功能。两个方法的参

< 208 >

数相同，但需要注意，setInterval()方法是每间隔参数中指定的时间就周期性地自动执行参数中指定的代码段，而 setTimeout()方法是经过参数中指定的时间后自动执行一次参数中指定的代码段。

示例代码 7-11 应用 setInterval()方法，实现了实时显示系统时间的功能，浏览结果如图 7-12 所示。

示例代码 7-11 demo0711.html

```html
<!DOCTYPE html>
<html>
<head>
    <meta charset=utf-8>
    <title>Window 对象的定时器</title>
    <script>
        let timer;
        function clock() {
            let timestr = "";
            let now = new Date();
            let hours = now.getHours();
            let minutes = now.getMinutes();
            let seconds = now.getSeconds();
            timestr += hours;
            timestr += ((minutes < 10) ? ":0" : ":") + minutes;
            timestr += ((seconds < 10) ? ":0" : ":") + seconds;
            window.document.frmclock.txttime.value = timestr;
        }
        timer = setInterval('clock()', 1000);    //每隔 1s 自动执行 clock()函数
        function stopit() {
            clearInterval(timer);//取消定时器
        }
    </script>
</head>
<body>
<form name="frmclock" action="">
    <p>当前时间: <input name="txttime" type="text" id="txttime">
        <input type="button" name="Submit2" value=" 停 止 时 钟 " onclick=
"stopit()">
    </p>
</form>
</body>
</html>
```

图 7-12 应用定时器实时显示系统时间

7.3.3 Navigator 对象

Navigator 是存储浏览器信息的对象。浏览器信息主要包含浏览器及与用户使用的操作系统有关的信息，这些信息只能读取，不可以设置。使用时只要直接访问 Navigator 对象的属性即可。

Navigator 对象的常用属性如表 7-8 所示。

< 209 >

表 7-8　Navigator 对象的常用属性

属　　性	说　　明
appCodeName	返回浏览器的代码名称，绝大多数浏览器返回 "Mozilla"
appName	返回浏览器的名称
appVersion	返回浏览器的平台和版本信息
platform	返回运行浏览器的操作系统平台
cpuClass	返回浏览器系统的 CPU 等级
cookieEnabled	返回浏览器中是否启用 cookie 的布尔值
userAgent	返回由用户代理端发送给服务器的 User-Agent 的值

示例代码 7-12 应用 Navigator 对象获取浏览器信息，浏览结果如图 7-13 所示。

示例代码 7-12　demo0712.html

```
<!DOCTYPE html>
<html>
<head>
    <meta charset="utf-8">
    <title>Navigator 对象属性</title>
</head>
<body>
<pre>
<script>
    document.writeln("浏览器代码名称: " + navigator.appCodeName);
    document.writeln("浏览器名称: " + navigator.appName);
    document.writeln("浏览器版本号: " + navigator.appVersion);
    document.writeln("操作系统平台: " + navigator.platform);
    document.writeln("CPU 等级: " + navigator.cpuClass);
    document.writeln("允许使用 cookie? : " + navigator.cookieEnabled);
    document.writeln("用户代理: " + navigator.userAgent);
</script>
</pre>
</body>
</html>
```

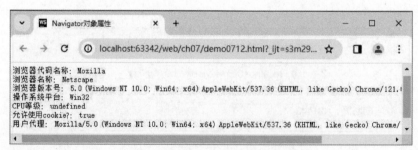

图 7-13　应用 Navigator 对象获取浏览器信息

7.3.4　Screen 对象

Screen 对象即屏幕对象，反映了当前用户的屏幕的相关信息，该对象的常用属性如表 7-9 所示。

< 210 >

表 7-9　Screen 对象的常用属性

属　　性	说　　明
width、height	分别返回屏幕的宽度、高度，单位是 px（下同）
availWidth	返回屏幕的可用宽度
availHeight	返回屏幕的可用高度（不包括 Window 对象的任务栏）
colorDepth	返回屏幕的色深

示例代码 7-13 使用 Screen 对象获取屏幕信息，浏览结果如图 7-14 所示。

示例代码 7-13　demo0713.html

```
<!DOCTYPE html>
<html>
<head>
    <meta charset="utf-8">
    <title>Screen 对象属性</title>
</head>
<body>
<script>
    w = window.screen.width;
    document.writeln("屏幕宽度是: " + w + "<br>");
    h = window.screen.height;
    document.writeln("屏幕高度是: " + h + "<br>");
    cd = window.screen.colorDepth;
    document.writeln("屏幕色深是: " + cd + "<br>");
    aw = window.screen.availWidth;
    document.writeln("屏幕可用宽度是: " + aw + "<br>");
    ah = window.screen.availHeight;
    document.writeln("屏幕可用高度是: " + ah);
</script>
</body>
</html>
```

图 7-14　使用 Screen 对象获取屏幕信息

示例代码 7-14 实现如下功能。当单击网页上的"注册"按钮时，检验当前屏幕分辨率是否为"1280×800"，如果是则打开注册网页 register.html；如果不是，则弹出警告对话框，提示用户设置屏幕分辨率，然后重新打开。当单击"退出"按钮时，弹出确认对话框，询问用户"您确认要退出系统吗？"，单击"确认"则关闭对话框，单击"取消"则不关闭。浏览结果如图 7-15 所示。

示例代码 7-14　demo0714.html

```
<!DOCTYPE html>
<html>
<head>
<meta charset="utf-8">
```

< 211 >

```
<title>JavaScript 对象</title>
<script>
    function openWindow() {
      if (window.screen.width == 1280 && window.screen.height == 800)
        window.open("register.html");
      else
        window.alert("请设置分辨率为 1280×800，然后重新打开");
    }
    function closeWindow(){
    if(window.confirm("您确认要退出系统吗？"))
        window.close();
    }
</script>
</head>
<body>
    <input type="button" name="regButton" value="注册"  onclick="openWindow()" />
    <input type="button" name="exitButton" value="退出"  onclick="closeWindow()" />
</body>
</html>
```

图 7-15 示例代码 7-14 浏览结果

7.3.5 Location 对象

Location 对象即地址对象，表示当前窗口所装载文档的 URL，其常用属性和方法如表 7-10 所示。

表 7-10 Location 对象常用属性和方法

属性/方法	说　　明
href	设置或返回完整的 URL
protocol	设置或返回 URL 中的协议名
hostname	设置或返回 URL 中的主机名
host	设置或返回 URL 中的主机部分，包括主机名和端口号
port	设置或返回 URL 中的端口号
pathname	设置或返回 URL 中的路径
hash	设置或返回 URL 中的锚点
search	设置或返回 URL 中的查询字符串，即从问号（?）开始的部分
assign(url)	为当前窗口装载由 URL 指定的文档
reload(force)	重新装载当前文档。若参数 force 值为 false（默认），则可能装载缓存的页面；若为 true，则表示从服务器重新装载
replace(url)	在浏览器窗口装载由 URL 指定的页面，并在历史列表中代替前一个网页的位置，从而使用户不能用"后退"按钮返回前一个网页

< 212 >

7.3.6　History 对象

History 对象即历史对象，是一个只读的 URL 字符串数组，该对象主要用来存储最近所访问网页的 URL 列表。其常用属性和方法见表 7-11。

表 7-11　History 对象常用属性和方法

属性/方法	说　　明
length	返回历史列表的长度及历史列表中包含的 URL 个数
current	当前文档的 URL
next	历史列表中的下一个 URL
previous	历史列表中的上一个 URL
back()	使浏览器窗口装载历史列表中的上一个网页，相当于单击浏览器的"后退"按钮
forward()	使浏览器窗口装载历史列表中的下一个网页，相当于单击浏览器的"前进"按钮
go(n)	使浏览器窗口装载历史列表中的第 n 个网页，如果 n 是负数，则装载前第 n 个页面

示例代码 7-15 实现了网页的前进、后退、刷新和跳转功能，浏览结果如图 7-16 所示。

示例代码 7-15　demo0715.html

```html
<!DOCTYPE html>
<html>
<head>
    <meta charset="utf-8">
    <title>页面操作</title>
</head>
<body>
<form>
    <td width="4%"><a href="javascript:history.back()">后退</a></td>
    <td width="4%"><a href="javascript:history.forward()">前进</a></td>
    <td width="4%"><a href="javascript:location.reload()">刷新</a></td>
    <td width="6%"><a href="../index.html">首页</a></td>
    <span>跳转</span>
    <select name="sel" id="selTopic" onChange="javascript:location=this.value">
        <option value="news.html">新闻贴图</option>
        <option value="gard.html">网上要闻</option>
        <option value="it.com">IT 茶馆</option>
        <option value="education.html" selected>教育大家谈</option>
    </select>
</form>
</body>
</html>
```

图 7-16　使用 History 对象实现网页前进、后退、刷新和跳转

< 213 >

7.3.7 Document 对象

Document 对象即文档对象，表示浏览器窗口中的网页文档，其常用属性和方法如表 7-12 和表 7-13 所示。

表 7-12　Document 对象常用属性（作为 BOM 对象）

属　性	说　明
parentWindow	返回当前网页文档所在窗口的引用
cookie	设置或查询与当前文档相关的所有 cookie
domain	返回提供当前文档的服务器的域名
lastModified	返回当前文档的最后修改时间
title	返回当前文档的标题，即由<title>标记的文本
URL	返回当前文档的完整 URL
bgColor	返回文档的背景色
fgColor	返回文档的前景色
linkColor	返回文档中超链接的颜色
vlinkColor	返回文档中已访问超链接的颜色
alinkColor	返回文档中激活的超链接的颜色

表 7-13　Document 对象常用方法（作为 BOM 对象）

方　法	说　明
open([type])	使用指定的 MIME（multipurpose internet mail extensions，多用途互联网邮件扩展）类型（默认为 "text/html"）打开一个输出流。该方法将清除当前文档的内容，开启一个新文档。可以使用 write()或 writeln()方法为新文档写入内容，最后必须用 close()方法关闭输出流
close()	关闭用 open()方法打开的输出流，并强制缓存输出所有内容
write()	向文档写入 HTML 代码或文本
writeln()	与 write()方法类似，但会多写入一个换行符

示例代码 7-16 显示当前网页文档的属性，浏览结果如图 7-17 所示。

示例代码 7-16　demo0716.html

```html
<!DOCTYPE html>
<html>
<head>
    <meta charset="utf-8">
    <title>Document 对象属性</title>
</head>
<body>
<pre>
<script>
    document.writeln("文档标题：" + document.title);
    document.writeln("背景色：" + document.bgColor);
    document.writeln("最后修改时间：" + document.lastModified);
    document.writeln("文档 cookie：" + document.cookie);
    document.writeln("文档来自：" + document.domain);
    document.writeln("文档 URL：" + document.URL);
</script>
</pre>
</body>
</html>
```

< 214 >

图7-17 文档的属性

示例代码 7-17 实现了设置当前网页属性及动态生成网页，如图 7-18 所示。

示例代码 7-17 demo0717.html

```html
<!DOCTYPE html>
<html>
<head>
    <meta charset="utf-8">
    <title>动态文档</title>
    <script>
        function setBgColor(color) {
            document.bgColor = color;
        }
        function setFgColor(color) {
            //设置 id 为 text 的 div 元素的文本颜色
            document.getElementById("text").style.color = color;
        }
        function openWin() {
            let newwin = window.open('', '', 'top=0,left=0,width=260,' +
                    'height=220,menubar=no,toolbar=no,directories=no,' +
                    'location=no,status=no,resizable=yes,scrollbars=yes');
            newwin.document.open();
            newwin.document.write("<h4>这是在指定窗口输出的内容</h4>");
            newwin.document.write('<center><b>最新通知</b></center>');
            newwin.document.write('<p>本周末组织西山湖一日游，');
            newwin.document.writeln('<br>有意者请在班级群报名！');
            newwin.document.bgColor = "yellow";
            newwin.document.write('<p align="right">' +
                    '<a href="javascript:self.close()">关闭窗口</a>');
            newwin.document.close();
        }
    </script>
</head>
<body>
<p>设置当前页面背景色:
    <select name=stcolor onchange=setBgColor(this.value)>
        <option value=#f0f0f0 selected>浅灰</option>
        <option value=#FFFFFF>白色</option>
        <option value=#FFCCFF>粉红</option>
        <option value=#CCCCCC>灰色</option>
    </select>
<p>设置当前页面文本颜色:
    <select name=stcolor onchange=setFgColor(this.value)>
        <option value=red>红色</option>
        <option value=#CCCCCC>灰色</option>
        <option value=#CCFFCC>绿色</option>
```

< 215 >

```
        <option value=blue>蓝色</option>
        <option value=#000000>黑色</option>
    </select>
<p><a href="javascript:openWin()">单击查看最新通知</a>
<h2>对象属性</h2>
<div id="text">
    document.title —— 文档标题，等价于 HTML 的<title>标记<br/>
    document.bgColor —— 页面背景色<br/>
    document.fgColor —— 前景色（文本颜色）<br/>
    document.linkColor —— 未单击过的超链接的颜色<br/>
    document.alinkColor —— 激活的超链接（焦点在此链接上）的颜色<br/>
</div>
</body>
</html>
```

示例代码 7-17 说明如下。

（1）document.getElementById("text").style.color 表示设置 id 值为"text"的 div 元素的文本颜色，getElementById()方法将在 7.4.3 节给出详细讲解。

（2）openWin()函数中，window.open()表示打开一个新窗口，newwin.document.open()表示为新窗口打开一个文档输出流，从而可以用 Document 对象的 write()和 writeln()方法写入一个新网页文档的 HTML 代码。

（3）单击网页中的"单击查看最新通知"超链接，将打开一个用文档输出流生成的网页。

图 7-18　示例代码 7-17 的浏览结果

作为 Window 对象的子对象，Document 对象主要实现了获取和设置网页文档的属性、动态生成网页文档等功能。但 Document 对象更为强大的功能是作为访问 HTML 网页元素的入口，实现访问、检索、修改 HTML 文档内容与结构。

7.4　DOM 对象

通过对前面章节的学习，我们知道 JavaScript 通过 BOM 来完成访问、控制、修改浏览器的操作，如果要进一步控制浏览器窗口的网页元素，需要使用 DOM 对象。

7.4.1　DOM 概述

1．DOM 的概念

DOM 的含义是文档对象模型，由一系列对象组成，提供访问、检索、修改 HTML 文档内容与结构的标准方法。DOM 有如下特点。

（1）DOM 是跨平台与跨语言的。

（2）DOM 是用于 HTML、XML 文档的 API。

（3）DOM 提供一种结构化的文档描述方式，从而使 HTML 文档内容以结构化的方式显示。

（4）DOM 标准是由 W3C 制定与维护的。

（5）DOM 的顶层是 Document 对象。

在 W3C 制定的 DOM 标准中，DOM 主要包括以下 3 部分。

< 216 >

Core DOM（核心 DOM）：定义了访问和处理任何结构化文档的基本方法。

XML DOM：定义了访问和处理 XML 文档的标准方法。

HTML DOM：定义了访问和处理 HTML 文档的标准方法。本书讲述的主要是 HTML BOM。

2．DOM 树

DOM 将文档表示为具有层次结构的节点树，HTML 文档中的每个元素、属性、文本等都代表着树中的一个节点。树起始于 Document 节点，并由此继续伸出分枝，直到处于这棵树最低级别的所有文本节点为止。

例如，下面的 HTML 文档：

```
<html>
  <head>
    <title>DOM Tutorial</title>
  </head>
  <body>
    <h1>DOM Lesson</h1>
    <p id="p1">Hello world!</p>
  </body>
</html>
```

DOM 将根据 HTML 标记的层次关系将该 HTML 文档处理为如图 7-19 所示的 DOM 树。

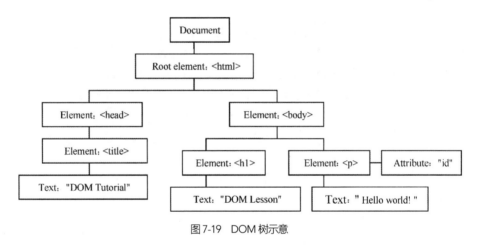

图 7-19　DOM 树示意

DOM 树说明如下。

（1）根节点：根节点处于 DOM 树的顶端，是其他所有节点的祖先。

（2）父节点：除根节点之外的每个节点都有父节点。例如，图 7-19 中\<head>和\<body>的父节点是\<html>节点，文本节点"Hello world!"的父节点是\<p>节点。

（3）子节点：大部分节点都有子节点。例如，\<head>节点有一个\<title>子节点。\<title>节点也有一个子节点，即文本节点"DOM Tutorial"。

（4）兄弟关系：当节点有同一个父节点时，它们就是兄弟（同级节点）。例如，\<h1>和 \<p>是兄弟，因为它们的父节点均是\<body>节点。

（5）祖先/后代关系：节点可以拥有后代，后代指某个节点的所有子节点，或者这些子节点的子节点，依此类推。例如，所有的文本节点都是\<html>节点的后代，而第一个文本节点是\<head>节点的后代。节点也可以拥有祖先，祖先是某个节点的父节点，或者父节点的父节点，依此类推，例如所有的文本节点都可把\<html>节点作为祖先节点。

< 217 >

3．节点类型

根据 W3C DOM 规范，DOM 树中的节点分为 12 种类型。其中，常用 DOM 节点类型有文档、元素、属性、文本和注释 5 种，如表 7-14 所示。

表 7-14　常用 DOM 节点类型

节点类型	id	说　　明
Element	1	元素节点，表示用标记对标记的文档元素，如普通段落<p>...</p>
Attribute	2	属性节点，表示一对属性名和属性值，如 id="p1"。该类节点不能包含子节点
Text	3	文本节点，如<p>Hello world!</p>标记中的文本 Hello world!。该类节点不能包含子节点
Comment	8	注释节点，表示文档注释。该类节点不能包含子节点
Document	9	文档节点，表示整个文档

4．BOM 与 DOM 的关系

图 7-20 描述了 BOM 与 DOM 的关系，可以看出，BOM 包含 DOM。

Document 对象是一个既属于 BOM 又属于 DOM 的对象，从 BOM 的角度来看，Document 对象中包含网页中一些通用的属性和方法（例如 alinkColor、bgColor、fgColor、title 等属性及 open()、write() 等方法），用来获取和设置网页文档的属性。从 DOM 的角度来看，Document 对象是 DOM 的顶层对象，包含 Anchors、Applets、Areas、Embeds、Forms、Images、Layers、Links 等集合对象。Document 对象主要应用于 DOM。

通俗来讲，打开浏览器的时候，就在内存中创建了一个 BOM，它与浏览器中显示的内容相对应，也就是说，BOM 中的任何改动直接影响着浏览器的显示状态。当浏览器读取到一个 HTML 文档的时候，浏览器就在 BOM 中生成一个 Document 对象。读取完 HTML 文档的时候，就在内存中创建一个节点树，也就是 DOM 树。这样 DOM 就真正创建了，于是就可以看到网页中的内容。

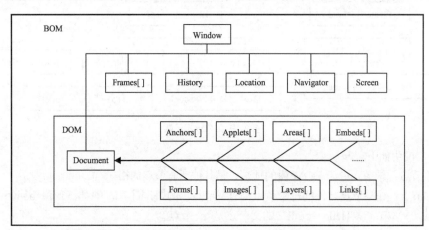

图 7-20　BOM 与 DOM 的关系

7.4.2　DOM 对象的属性和方法

DOM 对象提供访问和处理 HTML 文档的标准方法，主要功能是实现访问、检索、修改 HTML 文档的内容与结构。在 HTML DOM 中，Document 对象表示处于 DOM 树中顶层的文档节点，代表整个 HTML 文档，是访问 HTML 网页元素的入口。

Document 包含 All、Anchors、Forms、Links 等子对象，这些子对象也可以作为 Document 的属性来访问。Document 对象提供的属性和方法可以访问页面中的任意元素，常用属性与方法如表 7-15 和表 7-16 所示。

< 218 >

表 7-15　Document 对象常用属性（作为 DOM 对象）

属　　性	说　　明
all	返回文档中所有元素的集合
anchors	返回文档中所有锚点（<a name=...>）的集合
forms	返回文档中所有表单（<form>）的集合
images	返回文档中所有图像（<img>）的集合
links	返回文档中所有超链接（<a href=...>）的集合
stylesheets	返回文档中所有样式表的集合
body	返回<body>元素的引用
documentElement	返回<html>元素的引用

表 7-16　Document 对象常用方法（作为 DOM 对象）

方　　法	说　　明
getElementById(id)	获取第 1 个具有指定 id 属性值的网页元素
getElementsByName(name)	获取具有指定 name 属性值的网页元素的集合
getElementsByTagName(tagName)	获取标记名为 tagName 的网页元素的集合
getElementsByClassName(clsName)	获取类名为 clsName 的网页元素的集合
querySelector(selector)	获取指定 CSS 选择器的第一个元素
querySelectorAll(selector)	获取指定 CSS 选择器的所有元素的集合

7.4.3　访问 DOM 对象

访问 DOM 对象

通过 Document 对象的属性和方法可以访问 HTML 文档中的每个元素，但需要注意返回的是一个指定元素还是元素的集合。

1．使用 getElementById()、getElementsByName()方法访问指定元素

使用 getElementById()和 getElementsByName()方法可以访问 HTML 文档中具有指定 id、name 的元素。使用这两个方法时应注意以下问题。

（1）getElementById(id)方法返回一个元素，getElementsByName(name)方法返回包含一个或多个元素的集合。

（2）语句 document.getElementById(id)与 document.all.item(id)、document.all.id 功能相同，语句 document.getElementsByName(name)与 document.all.item(name)、document.all.name 功能相同。

示例代码 7-18 是 getElementById()和 getElementsByName()方法的应用，使用 console.log()语句，将结果输出在调试窗口中，如图 7-21 所示。

示例代码 7-18　demo0718.html

```
<!DOCTYPE html>
<html>
<head>
    <meta charset="UTF-8">
</head>
<body>
<a href="page1.html" name="linkname1" id="linkid1" style="font-size:16px;">
链接 1</a>
    <a href="page2.html" name="linkname2" id="linkid2">链接 2</a>
<script>
    //使用 document.getElementById(id)方法
```

< 219 >

```
        let s1 = document.getElementById("linkid1").href;
        console.log(s1);
        let s2 = document.all.linkid2.href;
        console.log(s2);
        let s3 = document.all.item("linkid1").href;
        console.log(s3);
        console.log("--------------");
        //使用 document.getElementsByName(name)方法
        let ss1 = document.getElementsByName("linkname1");
        console.log(ss1[0].innerText);
        let ss2 = document.all.item("linkname2");
        console.log(ss2.innerText);
        let ss3 = document.all.linkname2;
        console.log(ss3.innerText);
    </script>
    </body>
    </html>
```

图 7-21　getElementById()和 getElementsByName()方法的应用

可以看出，输出结果的前 3 行应用 href 属性返回了网页元素的链接地址，输出结果的后 3 行应用 innerText 属性返回了网页元素的内容文本。

2．使用 getElementsByTagName()和 getElementsByClassName()方法访问指定元素

使用 getElementsByTagName(tagName)和 getElementsByClassName(clsName)方法可以访问 HTML 文档中指定标记名或类名的元素，指定的 tagName 和 clsName 是方法的参数，这两个方法均返回包含一个或多个元素的集合。

示例代码 7-19 是 getElementsByTagName()和 getElementsByClassName()方法的应用，结果输出在调试窗口中，如图 7-22 所示。

示例代码 7-19　demo0719.html

```
<!DOCTYPE html>
<html>
<head>
    <meta charset="UTF-8">
</head>
<body>
<ul>
    <li><a href="">链接 1</a></li>
    <li class="my"><a href="2">链接 2</a></li>
    <li class="my"><a href="3">链接 3</a></li>
    <li class="my"><a href="4">链接 4</a></li>
</ul>
<script>
```

< 220 >

```
let s1 = document.getElementsByTagName("a");          //返回集合
console.log(s1);                                      //输出集合
console.log(s1[0].innerText);                         //输出集合中的第 1 个元素
let s2 = document.getElementsByClassName("my");
console.log(s2[2].innerText);
</script>
</body>
</html>
```

图 7-22　getElementsByTagName()和 getElementsByClassName()方法的应用

3．使用 querySelector()和 querySelectorAll()方法访问指定元素

在 DOM 中可以使用 CSS 的 ID 选择器、标记选择器和类选择器获取元素，这是通过 Document 对象的 querySelector()和 querySelectorAll()方法实现的。

querySelector()和 querySelectorAll()方法的使用方式相似，将 CSS 选择器作为方法的参数。这两个方法的区别在于，querySelector()方法返回指定 CSS 选择器的第一个元素，querySelectorAll()方法返回指定 CSS 选择器的所有元素的集合。

示例代码 7-20 是 querySelector()和 querySelectorAll()方法的应用，浏览结果如图 7-23 所示。

示例代码 7-20　demo0720.html

```
<!DOCTYPE html>
<html>
<head>
    <meta charset="UTF-8">
</head>
<body>
<ul>
    <li><a href="">链接 1</a></li>
    <li class="my"><a href="2">链接 2</a></li>
    <li class="my"><a href="3">链接 3</a></li>
    <li class="my"><a href="4">链接 4</a></li>
</ul>
<script>
    let s1 = document.querySelector("li");
    console.log(s1.innerText)
    let s2 = document.querySelectorAll("a");
    console.log(s2[2].href)
    let s3 = document.querySelector(".my");
    console.log(s3.innerHTML)
</script>
</body>
</html>
```

可以看出，变量 s1 保存的是第 1 个 li 元素，输出的是该元素的 innerText 属性值；变量 s2 保存的

< 221 >

是所有的 a 元素的集合，输出的是集合中第 3 个（下标为 2）元素的 href 属性值；变量 s3 保存的是类选择器.my 的第 1 个元素，输出的是该元素的 innerHTML 属性值。

图 7-23　querySelector()和 querySelectorAll()方法的应用

4．访问集合中的元素

Document 的子对象 All、Anchors、Forms、Images、Links 等都是集合。

访问集合中的网页元素时，使用 length 属性返回元素的个数。使用 item(index)方法返回由参数 index 指定的元素，参数 index 可以是整数或字符串，对应说明如下。

（1）index 是整数，表示网页元素在集合中的下标（从 0 开始），此时可将集合视为数组。例如，访问集合 Forms 中的表单，可以按访问数组元素的方式访问，forms[i]等同于 forms.item(i)。

（2）index 是字符串，表示网页元素的 name 或 id 属性值。若多个元素具有相同的 name 或 id 属性值，则该方法将返回一个集合。例如，访问具有指定 name 或 id 属性值的网页元素，可以表示为 item("text")。"text"表示标记中 name 或 id 属性的值。

此外，访问表单中的元素时经常使用表单的 elements 集合属性或直接使用表单名。

示例代码 7-21 使用不同方式访问表单中的元素，结果显示在调试窗口中，如图 7-24 所示。

示例代码 7-21　demo0721.html

```html
<!DOCTYPE html>
<html>
<head>
    <meta charset="UTF-8">
</head>
<body>
<form name="fr" action="">
    <input type="text" name="username" value="rose">
    <input type="password" name="password" value="region">
    <button onclick="">Execute</button>
</form>
<script>
    let e1 = document.forms[0].elements[0].value;
    console.log(e1);
    let e2 = document.forms.item(0);
    console.log(e2);
    let e3 = document.forms.item("fr");
    console.log(e3);
    console.log("-------------");
    let pass1 = fr.elements[0].value;          //访问 fr 中第 1 个元素的 value 属性
    let pass2 = fr.elements["password"].value; //访问 fr 中 name 属性为 password 的对象
    let pass3 = fr.password.value              //访问 fr 中 name 属性为 password 的对象
    console.log(pass1)
    console.log(pass2);
    console.log(pass3)
</script>
</body>
</html>
```

< 222 >

图 7-24　使用不同方式访问表单中的元素

示例代码 7-22 输出表单中包含的所有元素（标记）的名称（标记的 name 属性值），浏览结果如图 7-25 所示。

示例代码 7-22　demo0722.html

```
<!DOCTYPE html>
<html>
<head>
    <meta charset="utf-8">
    <title>以集合方式访问 HTML 元素</title>
</head>
<body>
<form>
    姓名：<input type=text name="name" size=12 maxlength=6>
    <p>
        性别：<select name="sex">
        <option> 男
        <option> 女
    </select>
    <p>
        请选择目的地：
        <input type=checkbox name="bj" checked> 北京
        <input type=checkbox name="sh"> 上海
        <input type=checkbox name="xa"> 西安
        <input type=checkbox name="km"> 昆明
    <p>
        请选择付款方式：
        <input type=radio name="pay1"> 信用卡
        <input type=radio name="pay1" checked> 现金
    <p>
        <input type=reset name="复位" value="复位">
        <input type=submit name="提交" value="确定">
</form>
<script>
    document.write("表单中包含的所有元素的名称依次为：")
    for (let i = 0; i < +document.forms[0].length; i++) {
        let e = document.forms[0].elements[i]; //获得第 1 个表单中的第 i+1 个元素
        if (i > 0)  document.write("，");
        document.write(e.name);                        //输出元素的 name 属性
    }
</script>
</body>
</html>
```

< 223 >

示例代码 7-22 中，document.forms[0]表示网页中的第 1 个表单，document.forms[0].elements[i]表示第 1 个表单中的第 i+1 个元素，elements 为 Forms 对象的集合属性。

5．使用 innerHTML 和 innerText 属性访问元素内容

DOM 可以操作网页元素内容，这是通过 innerHTML 和 innerText 属性实现的。

DOM 中的 innerHTML 属性用于设置或获取元素开始标记和结束标记之间的 HTML 内容，返回值包括 HTML 标记，并保留空格和换行。

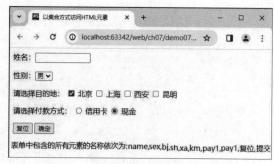

图 7-25　输出表单中包含的所有元素的名称

当元素内容只包含文本时，可以使用 innerText 属性。DOM 中的 innerText 属性用于设置或获取元素的文本内容，不包含 HMTL 标记。

示例代码 7-23 使用 innerHTML 和 innerText 属性访问元素的内容，浏览结果如图 7-26 所示。

示例代码 7-23　demo0723.html

```html
<!DOCTYPE html>
<html>
<head>
    <meta charset="UTF-8">
</head>
<body>
<ol>
    <li><a href="">链接 1</a></li>
    <li class="my"><a href="2">链接 2</a></li>
    <li class="my"><a href="3">链接 3</a></li>
    <li class="my"><a href="4" id="first">链接 4</a></li>
</ol>
<script>
    let node1 = document.querySelector("li");
    console.log(node1.innerText)
    console.log(node1.innerHTML)
    let nodes = document.querySelectorAll("a");
    console.log(nodes[0].innerText);

    let node = document.getElementById("first");
    node.innerText = "New Link";
    console.log(node.innerText);
</script>
</body>
</html>
```

图 7-26　使用 innerHTML 和 innerText 属性实现元素内容的访问

< 224 >

可以看出在调试窗口输出的 innerHTML 内容和 innerText 内容的区别。通过为 innerText 属性赋值，将"链接 4"文本修改为"New Link"。

6. 使用 style 和 className 属性设置元素样式

HTML DOM 支持 CSS 样式的访问和设置，可以使用 style 属性和 className 属性操纵 HTML 文档的样式。

（1）style 属性

HTML 文档中的每个元素都有一个 style 属性，使用这个属性可以动态调整元素的内嵌样式，从而实现所需要的效果。

下面的代码设置了元素的 style 属性。

```
element.style.color = "blue"              //设置 element 元素前景色为蓝色
element.style.fontFamily = "隶书"          //设置 element 元素字体为隶书
```

实际上，网页元素的 style 属性引用一个 Style 对象。该对象包含与每个 CSS 属性相对应的属性，并且这些对象属性名与 CSS 属性名基本相同，其对应关系如下。

① 若 CSS 属性名是单个单词，则相对应的对象属性名与之同名。例如，对象属性 style.background、style.color 分别表示 CSS 属性 background 和 color。

② 若 CSS 属性名是连接的多个单词，则去掉 CSS 属性名中的连接号（"-"），并且将第 2 个及后续单词的首字母改为大写形式，就成为相对应的对象属性名（这种命名风格称为"驼峰式"）。例如，对象属性 style.fontFamily、style.fontSize、style.borderTopColor 分别表示 CSS 属性 font-family、font-size 和 border-top-color。

（2）className 属性

如果要为 HTML 元素设置多种样式，通过 style 属性实现，就需要连续地编写多行"element.style.属性名"形式的代码，这种方式比较烦琐。为了解决这个问题，可以使用元素的 className 属性。

使用 className 属性修改样式时，需要先将元素的样式写在 CSS 代码中，然后利用 CSS 类选择器为元素设置样式，最后通过 JavaScript 代码操作 className 属性更改元素的类名，从而更改元素的样式。

示例代码 7-24 使用 document.querySelector(".my")语句返回第 1 个 span 元素，并修改了元素的 className 属性，浏览结果如图 7-27 所示。

示例代码 7-24　demo0724.html

```
<!DOCTYPE html>
<html>
<head>
    <meta charset="UTF-8">
    <style>
        .my {
            font-size: 22px;
        }
        .your {
            display: inline-block;
            height: 40px;
            width: 120px;
            border: 1px solid;
        }
    </style>
</head>
<body>
<span class="my">January</span>
```

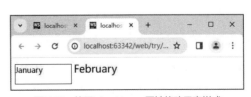

图 7-27　使用 className 属性修改元素样式

< 225 >

```html
<span class="my">February</span>
<script>
    let node = document.querySelector(".my");
    node.className = "your";
</script>
</body>
</html>
```

示例代码 7-25 通过设置 Style 对象的 display 属性来实现树状菜单，浏览结果如图 7-28 所示。

示例代码 7-25　demo0725.html

```html
<!DOCTYPE html>
<html>
<head>
    <meta charset="utf-8">
    <title>树状菜单</title>
    <style>
        div {
            font-size: 13px;
            color: #000000;
            line-height: 22px;
        }
        div img {
            vertical-align: middle;
        }
        a {
            text-decoration: none;
        }
        a:hover {
            color: #999999;
        }
    </style>
    <script>
    function show(d1) {
        if (document.getElementById(d1).style.display == 'none') {
            //如果 d1 处于隐藏状态，则显示
            document.getElementById(d1).style.display = 'block';
        }
        else {
            //如果 d1 处于显示状态，则隐藏
            document.getElementById(d1).style.display = 'none';
        }
    }
    </script>
    <head>
<body>
<div style="color:#C00;font-weight: bolder;height:30px;">
    <img src="images/fold.gif" style="width:16px; height:16px;"/>树状菜单
</div>
<div>
    <a href="javascript:onclick=show('1') "><img src="images/fclose.gif"/>
文学艺术</a>
</div>
<div id="1" style="display:none">
    <img src="images/doc.gif">先锋写作<br/>
    <img src="images/doc.gif">小说散文<br/>
```

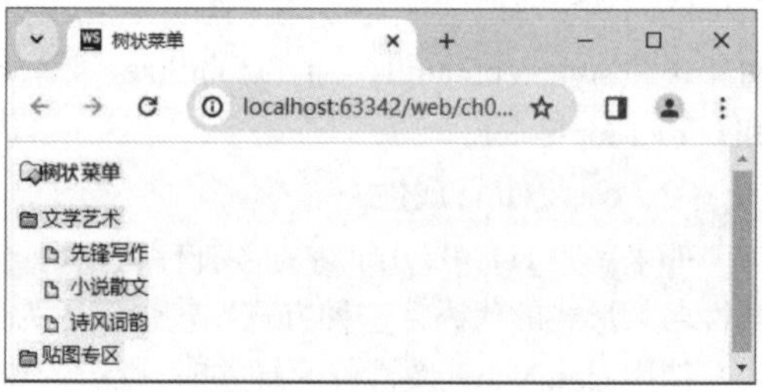

图 7-28　展开的树状菜单

< 226 >

```
        <img src="images/doc.gif">诗风词韵
    </div>
    <div>
        <a href="javascript: onclick=show('2')"><img src="images/fclose.gif"/>
贴图专区</a>
    </div>
    <div id="2" style="display:none">
        <img src="images/doc.gif">真我风采<br/>
        <img src="images/doc.gif">视频贴图<br/>
        <img src="images/doc.gif">行行摄摄<br/>
        <img src="images/doc.gif">Flash 贴图
    </div>
    </body>
    </html>
```

7.5 事件处理和事件对象

事件驱动编程是 JavaScript 的核心技术之一。通过事件处理，可以实现用户与 Web 页面之间的动态交互。

7.5.1 事件处理的相关概念

1. 事件

JavaScript 中的事件是指可以被浏览器识别的、发生在网页上的用户动作或状态变化。

用户动作是指用户在网页上的鼠标或键盘操作。例如，当用户单击网页上的按钮时将产生一个单击（click）事件，按键时将产生一个按键（keypress）事件等。

状态变化是指网页的状态发生变化。当一个网页装载完成时，将产生一个载入（load）事件；当调整窗口大小时，将产生一个改变大小（resize）事件；当改变表单的文本框内容时，将产生一个变化（change）事件等。

2. 事件处理

事件处理是指对发生事件进行处理的行为，这种行为需要事件处理程序来执行。事件处理程序是指对发生事件进行处理的代码片段，通常用一个函数来实现。

在程序运行期间，事件处理程序将响应相关事件并执行。

3. 事件处理步骤

事件处理是 JavaScript 基于对象编程的一个重要环节，它可以使程序的逻辑结构更加清晰，步骤如下。

（1）明确响应事件的元素。

（2）为指定网页元素确定需要响应的事件。

（3）为指定事件编写事件处理程序。

（4）将事件处理程序绑定到指定元素的指定事件。

7.5.2 事件绑定

通过事件绑定将事件处理程序与具体事件相关联，当事件发生时就会触发该事件处理程序的执行。事件绑定有以下 3 种方法。

< 227 >

1. 直接在 HTML 标记中指定事件处理程序

直接在 HTML 标记中指定事件处理程序的语法格式如下。

```
<tag event="eventHandler" [event="eventHandler"] ...>
```

其中，tag 是 HTML 标记，event 是要产生的事件，eventHandler 是事件处理程序，一个标记可能有多个事件。事件处理程序可以是 JavaScript 语句或是自定义函数。

如果事件处理程序是 JavaScript 语句，可以在语句的后面以分号（;）作为分隔符，执行多条语句。例如下面的代码实现当网页加载时，提示输入姓名信息并显示信息。

```
<body onload="let name=prompt('请输入姓名', ' ');alert(name+'您好，页面已加载! ')">
```

若事件处理程序为自定义函数，当网页加载时，执行自定义函数 hello() 的示例代码如下。

```
<body onload="hello()">
<script>
function hello(){
    let name=prompt("请输入姓名", "");
    alert(name+"您好，网页已加载! ");
}
</script>
</body>
```

2. 为对象指定事件及事件处理程序

这种方法是在<script>标记的 for 属性和 event 属性中指明对象以及该对象要执行的事件名称，并在<script></script>标记对中编写事件处理程序代码。语法格式如下：

```
<script for="对象" event="事件">
    //事件处理程序代码
</script>
```

例如，下面的代码完成网页加载时显示对话框的功能：

```
<script for="window" event="onload">
    let name=prompt("请输入姓名", "");
    alert(name+"您好，页面已加载! ");
</script>
```

3. 通过 JavaScript 语句调用事件处理程序

这种方法是在 JavaScript 代码中声明对象的事件并调用响应事件的函数，不需要在 HTML 标记中指定事件及事件处理程序，语法格式如下：

```
objectName.event=eventHandler
```

需要强调的是，上述语法格式中的事件处理程序 eventHandler 只能通过自定义函数来指定，当函数无参数时，函数名后不加括号，否则函数会被自动触发，而不是在事件响应时触发。

例如，下面的代码可以实现单击按钮时弹出对话框的功能。

```
<body>
    <input type="button" name="bt" value="问候" />
    <script>
        function hello() {
            alert("Hello JavaScript!!!");
        }
```

< 228 >

```
document.getElementsByName("bt")[0].onclick = hello;
    </script>
</body>
```

上述代码中，事件处理程序为自定义函数 hello()，document.getElementsByName("bt")[0]用于得到网页上的 button 对象，该对象在单击事件发生时调用事件处理程序 hello()，注意语句中的"hello"后面不能加括号。

7.5.3 事件对象

在编写事件处理程序时，经常需要使用事件（Event）对象。通过 Event 对象可以访问事件的发生状态，例如事件类型名、键盘按键状态、鼠标指针的位置等信息。Event 对象的常用属性和方法如表 7-17 所示。

表 7-17 Event 对象的常用属性和方法

属性/方法	说　　明
type	表示事件类型名。例如单击事件类型名是 click
target	表示产生事件的对象
stopPropagation()	表示是否阻止事件向上冒泡、传递给上一层次的对象。默认为 false，允许冒泡；否则为 true，阻止将事件传递给上一层次的对象
preventDefault()	阻止事件的默认处理行为
keyCode	指示引起键盘事件的按键的 Unicode 键值
altKey	指示<Alt>键的状态，当<Alt>键被按一下或按住时为 true
ctrlKey	指示<Ctrl>键的状态，当<Ctrl>键被按一下或按住时为 true
shiftKey	指示<Shift>键的状态，当<Shift>键被按一下或按住时为 true
button	指示哪一个鼠标按键被单击（0 表示无键被单击；1 表示鼠标左键被单击；2 表示鼠标右键被单击；4 表示鼠标中键被单击）
x,y	指示鼠标指针相对于页面的 x、y 坐标，即水平和垂直位置，单位为 px，下同
clientX,clientY	指示鼠标指针相对于窗口浏览区的 x、y 坐标
screenX,screenY	指示鼠标指针相对于计算机屏幕的 x、y 坐标
offsetX,offsetY	指示鼠标指针相对于触发事件元素的 x、y 坐标

JavaScript 通过 Window 对象的 event 属性来访问 Event 对象。但必须注意，只有当事件发生时 Event 对象才有效，因此只能在事件处理程序中访问 Event 对象。

示例代码 7-26 通过 Event 对象查看产生事件的对象、事件类型等，用 e.target、this、e.srcElement 等 3 种不同方式得到当前事件的对象，使用 e.type 得到事件类型，这些信息显示在调试窗口中，如图 7-29 所示。

示例代码 7-26 demo0726.html

```
<!DOCTYPE html>
<html>
<head>
    <meta charset="UTF-8">
    <style>
        div {
            width: 200px;
            height: 200px;
            background: lightgrey;
```

< 229 >

```
    }
    </style>
</head>
<body>
<div></div>
<script>
    let region = document.getElementsByTagName("div")[0];
    region.onclick = function (e) {
        console.log(e.target);
        console.log(this);
        console.log(e.srcElement);
        console.log(e.type);
    }
</script>
</body>
</html>
```

图 7-29　测试 Event 对象的属性

7.6　常见事件

常见事件

JavaScript 中的事件可以分为鼠标事件、键盘事件、表单事件等类型，下面举例说明。

7.6.1　鼠标事件

鼠标事件是指用户操作鼠标时触发的事件，分为鼠标单击事件和鼠标移动事件两类。鼠标单击事件包括 onclick、ondblclick、onmousedown 和 onmouseup 等事件，鼠标指针移动事件包括 onmouseover、onmousemove 和 onmouseout 等事件。

1. 鼠标的按下和松开事件

onmousedown 和 onmouseup 分别是鼠标的按下和松开事件。其中，onmousedown 事件是在按下鼠标时触发事件处理程序，onmouseup 事件是在松开鼠标时触发事件处理程序。用鼠标单击对象时，可以用这两个事件实现动态效果。

示例代码 7-27 的作用是判断单击时，单击的是鼠标左键还是鼠标右键，浏览结果如图 7-30 所示。

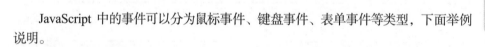

示例代码 7-27　demo0727.html

```
<!DOCTYPE html>
<html>
<head>
    <meta charset="utf-8">
    <title>鼠标单击事件</title>
```

< 230 >

```
    </head>
    <body>
    <script>
        function click() {
            if (event.button == 0) {
                confirm("单击鼠标左键! ");
            }
            else {
                confirm("单击鼠标右键!
");
            }
        }
        document.onmousedown = click;
    </script>
    <h5>请在页面单击鼠标左键或鼠标右键
</h5>
    </body>
    </html>
```

图 7-30　鼠标单击事件

示例代码 7-27 中，通过 event.button 属性判断哪一个鼠标按键被单击，若属性值为 0，则鼠标左键被单击；若为 2，则鼠标右键被单击；若为 1，则鼠标中键被单击。无论用户单击的是鼠标左键还是鼠标右键，都将触发 onmousedown 事件。

2．鼠标指针移动事件

鼠标指针移动事件是鼠标指针在网页上移动时触发事件处理程序，可以在该事件中用 Event 对象的 clientX 和 clientY 属性实时读取鼠标指针在网页中的位置。

示例代码 7-28 实现了鼠标指针跟随效果。当鼠标指针滑动到缩略图上时，鼠标指针的旁边就会显示这张图像的大图，大图会跟随鼠标指针移动。

示例代码 7-28　demo0728.html

```
<!DOCTYPE html>
<head>
    <meta charset="utf-8">
    <title>鼠标指针移动</title>
    <style>
        #zone img {                /*缩略图属性*/
            width: 90px;
            height: 90px;
            border: 5px solid #f4f4f4;
        }

        #enlarge_img {
            position: absolute;
            display: none;      /*默认状态下大图不显示*/
            z-index: 9;         /*大图位于上层*/
            border: 5px solid #f4f4f4;
        }
    </style>
    <script>
        function show() {
            let demo = document.getElementById("zone");
            let imgs = zone.getElementsByTagName("img");      //获取 zone 中的图像
            let ei = document.getElementById("enlarge_img");
            for (i = 0; i < imgs.length; i++) {
                let tu = imgs[i];
                tu.onmousemove = function (event) {
                    ei.style.display = "block";
```

< 231 >

```
                              //设置大图的路径和位置
                              ei.innerHTML = `<img src=${this.src} style="width:200px;" />`
                              ei.style.top = document.body.scrollTop + event.clientY +
10 + "px";
                              ei.style.left =document.body.scrollLeft + event.clientX +
10 +"px";
                          }
                      tu.onmouseout = function () {
                          ei.innerHTML = "";
                          ei.style.display = "none";
                      }
                      tu.onclick = function () {
                          window.open(this.src);
                      }
                  }
              }
      </script>
</head>
<body onLoad="show();">
<div id="zone">
    <img src="images/pic1.jpg"/>
    <img src="images/pic2.jpg"/>
    <img src="images/pic3.jpg"/>
</div>
<div id="enlarge_img"></div>
</body>
</html>
```

在这个示例中，原图和缩略图使用的是同一张图像，为原图设置了 width 和 height 属性，使它缩小显示。大图可以按原图大小显示，也可以修改原图大小。代码要点如下。

（1）把缩略图放到一个 div 元素中，然后添加一个空的 div 元素用来放置当鼠标指针经过时显示的大图。

```
<div id="zone">
    <img src="images/pic1.jpg"/>
    <img src="images/pic2.jpg"/>
    <img src="images/pic3.jpg"/>
</div>
<div id="enlarge_img"></div>
```

（2）设置缩略图的 CSS 样式，定义其宽度和高度，并给它添加边框以显得美观。对于#enlarge_img 元素，它被定义为一个浮在网页上的绝对定位元素，默认不显示，为其设置 z-index 属性值，防止被其他元素遮盖。

```
<style>
#zone img{                    /*缩略图属性*/
    width:90px;
    height:90px;
    border:5px solid #f4f4f4;
}
#enlarge_img{
    position:absolute;
    display:none;             /*默认状态下大图不显示*/
    z-index:9;                /*大图位于上层*/
    border:5px solid #f4f4f4;
}
</style>
```

（3）对鼠标指针在图像上移动这一事件进行编程。首先获取 3 个 img 元素，当鼠标指针移动到它

< 232 >

们上面时，使#enlarge_img 元素显示，并且通过 innerHTML 属性向该元素中添加图像元素作为大图。大图在网页上的纵向位置等于鼠标指针到窗口顶端的距离和网页滚动过的距离之和，横向位置计算方法和纵向位置计算方法类似。document.body.scrollLeft 和 document.body.scrollTop 分别表示窗口中滚动条与窗口的左边距和上边距；event.clientX 和 event.clientY 表示鼠标指针在窗口中的 x、y 坐标，增加了 10px 的偏移量。

下面的代码中，ei 为 id 属性值为 enlarge.img 的对象。

```
ei.style.top  = document.body.scrollTop + event.clientY + 10 + "px";
ei.style.left = document.body.scrollLeft + event.clientX + 10 + "px";
```

浏览结果如图 7-31 所示。

7.6.2 键盘事件

键盘事件是指用户操作键盘而触发的事件，主要包括 onkeydown、onkeyup 和 onkeypress。其中，onkeypress 事件是在键盘上的某个键被按下并且释放时触发此事件的处理程序，一般用于键盘上的单键操作。onkeydown 事件是在键盘上的某个键被按下时触发此事件的处理程序，一般用于组合键的操作。onkeyup 事

图 7-31　图像跟随鼠标指针移动

件是在键盘上的某个键被按下后松开时触发此事件的处理程序，一般用于组合键的操作。

当按一下字母键时，依次触发 onkeydown、onkeypress、onkeyup 事件。若按住不放，则持续触发 onkeydown 和 onkeypress 事件。

当按一下非字母键（如<Ctrl>键）时，依次触发 onkeydown、onkeyup 事件。若按住不放，则持续触发 onkeydown 事件。

为了便于读者对键盘按键进行操作，在表 7-18 中给出字母键和数字键的键值。数字键盘上各键的键值、功能键的键值、控制键的键值请读者自行查阅相关文档。

表 7-18　字母键和数字键的键值

按　键	键　值	按　键	键　值	按　键	键　值	按　键	键　值
A（a）	65	J（j）	74	S（s）	83	1	49
B（b）	66	K（k）	75	T（t）	84	2	50
C（c）	67	L（l）	76	U（u）	85	3	51
D（d）	68	M（m）	77	V（v）	86	4	52
E（e）	69	N（n）	78	W（w）	87	5	53
F（f）	70	O（o）	79	X（x）	88	6	54
G（g）	71	P（p）	80	Y（y）	89	7	55
H（h）	72	Q（q）	81	Z（z）	90	8	56
I（i）	73	R（r）	82	0	48	9	57

示例代码 7-29 通过 Event 对象的 keyCode 属性识别按键，浏览结果如图 7-32 所示。

示例代码 7-29　demo0729.html

```
<!DOCTYPE html>
<html>
<head>
```

< 233 >

```
      <meta charset="utf-8">
      <title>识别按键</title>
      <script>
         function processKeyDown() {
            let ch = String.fromCharCode(window.event.keyCode);//将键值转换为
键字符
            document.getElementById("mykey").innerText = ch;
         }
         document.onkeydown = processKeyDown;
      </script>
   </head>
   <body>
   <h5>请按字母键</h5>
   您按的键是: <span id="mykey"></span>
   </body>
   </html>
```

如果想要在 JavaScript 中使用组合键，可以使用 Event 对象的 ctrlKey、shiftKey 和 altKey 属性来判断是否按一下或按住<Ctrl>键、<Shift>键和<Alt>键。

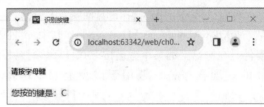

图 7-32　识别用户按键

7.6.3　表单事件

表单事件在提交表单或向表单中输入数据时触发，主要包括提交与重置事件、元素内容修改事件、获得焦点事件与失去焦点事件等。

1. 提交与重置事件

（1）提交与重置事件的处理过程

表单提交是指将用户在表单中填写或选择的内容传送给服务器程序（由<form>标记的 action 属性指定，例如 JSP 或 PHP 程序），然后由该程序进行具体的处理。

表单提交事件（onsubmit）在表单数据提交到服务器之前被触发，对应的事件处理程序通过返回 true 或 false 值来允许或阻止表单的提交。因此，该事件通常用来对表单数据进行验证。

表单重置事件（onreset）的处理过程与表单提交事件的处理过程相同，该事件只是将表单中各元素的值设置为原始值。下面是这两个事件的语法格式：

```
<form name="formname" onreset="return Funname" onsubmit="return Funname" >
</form>
```

其中，Funname 表示函数名或执行语句，如果是函数名，在该函数中必须有布尔型的返回值。

（2）表单数据提交方式

表单数据可以通过以下两种方式提交。

① 单击表单中的"提交"按钮（<input>标记中 type 值为 submit 的按钮），表单通过 onsubmit 事件调用事件处理程序验证表单数据。例如：

```
<form name="formname"  onsubmit="return check()">
    <input type="submit" value="提交" />
</form>
```

② 单击普通按钮（<input >标记中 type 值为 button 的按钮），表单通过 onclick 事件调用事件处理程序验证表单数据。例如：

```
<form name="formname">
    <input type="button" onclick="check()" value="确定" />
```

< 234 >

```
        </form>
```

（3）表单验证

表单验证是指确定用户提交的表单数据是否合法，例如填写的身份号码是否有意义、年龄和学历是否符合实际需求等。

表单验证分为服务器验证和客户端验证。服务器验证是指服务器在接收到用户提交的数据后进行验证，而客户端验证是指在向服务器提交数据前进行验证。完整的表单验证必须在服务器完成，但在客户端也有必要进行一些初步的表单验证，其好处在于可以避免大量错误数据的传递，既减少网络的流量，又避免服务器的表单处理程序做不必要的验证工作。本节举例说明客户端验证。

示例代码 7-30 的作用是验证表单数据，要求姓名输入不能为空，卡号输入必须符合"XXXX-XXXX-XXXX-XXXX"格式，且 X 只能为数字。浏览结果如图 7-33 所示。

示例代码 7-30　demo0730.html

```html
<!DOCTYPE html>
<html>
<head>
    <meta charset="utf-8">
    <title>表单验证</title>
    <script>
        function validateForm() {          //验证表单
            if (!checkName(myForm.myName.value)) return false;
            if (!checkNum(myForm.myNumber.value)) return false;
            return true;
        }
        function checkName(name) {          //验证姓名是否非空
            let flag = (name.length > 0);
            if (!flag) {
                document.getElementById("message").innerHTML = "姓名有误，请重新
输入";
            }
            return flag;
        }
        function checkNum(str) {                //验证卡号: 符合格式 XXXX-XXXX-XXXX-XXXX
            let flag, ch;
            //验证分隔符
            flag = (str.charAt(4) == "-" && str.charAt(9) == "-" &&
str.charAt(14) == "-" && str.length == 19);
            if (!flag) {
                document.getElementById("message").innerHTML = "卡号有误，请重
新输入";
                return false;
            }
            for (let ch of str) {
                if (ch != "-" && (ch > "9" || ch < "0")) {
                    document.getElementById("message").innerHTML="卡号有误，请
重新输入";
                    return false;
                }
            }
            document.getElementById("message").innerHTML = "";
            return true;
        }
    </script>
</head>
<body>
```

< 235 >

```
<form name="myForm" onsubmit="return validateForm();"
action="javascript:alert('Success')">
    <p>姓名: <input name="myName" type="text" size="20"/><br/>
     卡 号： <input name="myNumber" type="text" size="20" placeholder= "0000-
0000-0000-0000"/>
        <input type="submit" value="发送"/>
    </p>
    <div id="message"></div>
</form>
</body>
</html>
```

图7-33　表单验证

2. 元素内容修改事件

元素内容修改事件（onchange）在当前元素失去焦点并且元素的内容发生改变时触发，该事件一般在文本框或下拉列表框中使用。

示例代码7-31通过选择下拉列表框中的颜色，改变网页背景色，浏览结果如图7-34所示。

示例代码7-31　demo0731.html

```
<!DOCTYPE html>
<head>
    <meta charset=utf-8>
    <title>onchange 事件</title>
</head>
<body>
<form>
    请设置页面背景色:
    <select name="menu1" onchange="Fcolor()">
        <option value="black">黑</option>
        <option value="yellow">黄</option>
        <option value="blue">蓝</option>
        <option value="green">绿</option>
        <option value="red">红</option>
        <option value="purple">紫</option>
    </select>
</form>
<script>
    function Fcolor() {
        let e = event.srcElement;        //获取当前发生事件的对象
        document.body.bgColor = e.options[e.selectedIndex].value;//设置页面
背景色
    }
</script>
</body>
</html>
```

options 表示 select 对象中所有选项的集合，selectedIndex 表示被选中选项的下标，两者都是 select 对象的属性。所以程序中语句"e.options[e.selectedIndex].

图7-34　onchange 事件的应用

< 236 >

value"表示当前下拉列表框中被选中选项的值。

3. 获得焦点事件与失去焦点事件

获得焦点事件（onfocus）在元素获得焦点时触发，失去焦点事件（onblur）在元素失去焦点时触发，通常这两个事件是同时使用的。

示例代码 7-32 实现当文本框被选中时背景色变为蓝色，未选中时恢复为白色。

示例代码 7-32　demo0732.html

```
<!DOCTYPE html>
<html>
<head>
    <meta charset="utf-8">
    <title>onfocus 事件与 onblur 事件</title>
</head>
<body>
用户姓名:<input type="text" name="user" onfocus="txtfocus()" onBlur="txtblur()">
<br/>
用户密码：<input type="password" name="pwd" onfocus="txtfocus()" onBlur=
"txtblur()">
<input type="button" value="登录"/>
<script>
    function txtfocus() {
        let obj = event.target;   //用于获取当前对象的名称
        obj.style.background = "#ccffff";
    }
    function txtblur() {
        let obj = event.target;
        obj.style.background = "#ffffff";
    }
</script>
</body>
</html>
```

7.7 应用示例

7.7.1 表单验证的实现

示例代码 7-33 实现表单验证功能，当用户输入的表单信息不符合要求时，弹出提示对话框，表单页面如图 7-35 所示。

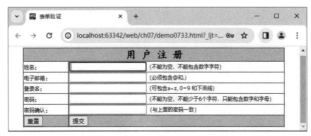

图 7-35　表单页面

实现步骤如下。

（1）使用 HTML 设计表单，用表格实现网页布局，用 CSS 定义网页样式。

< 237 >

（2）表单的 onsubmit 事件调用校验函数。用户单击表单的"提交"按钮时触发表单的 onsubmit 事件，在 onsubmit 事件下调用校验函数可实现表单验证功能。当 onsubmit 事件的返回值为 true 时，则提交表单，否则取消提交表单，核心代码为：

```
<form name="fr" action="" onsubmit="return validateForm()">
```

其中，validateForm()为校验函数。

（3）编写校验函数。表单需要对 5 个文本框中的信息进行验证，编写校验函数 checkName()、checkEmail()、checkLoginName()和 checkPassword()，分别对姓名、电子邮箱、登录名、密码（包括确认密码）进行验证，且每个函数都需要有返回值（true 或者 false），表示是否通过验证。

编写自定义函数 validateForm()同时调用 4 个校验函数，代码如下：

```
function validateForm() {
    if (checkName() && checkEmail() && checkLoginName() && checkPassword())
        return true;
    else
        return false;
}
```

当所有校验函数的返回值都为 true 时，validateForm()的返回值才为 ture，表明所有文本框中的信息都通过验证，则提交表单，否则取消提交表单。程序代码如示例代码 7-33 所示。

示例代码 7-33　demo0733.html

```
<!DOCTYPE html>
<head>
    <meta charset=utf-8>
    <title>表单验证</title>
    <style>
        body {
            font-size: 12px;
        }
        table {
            margin: 0 auto;
            width: 600px;
            border-collapse: collapse;
            border: 1px solid black;
        }
        table td {
            border: 1px solid black;
        }
        td:first-child {
            width: 100px;
        }
    </style>
    <script>
        function validateForm() {
            if (checkName() && checkEmail() && checkLoginName() && checkPassword())
                return true;
            else
                return false;
        }
        //校验姓名
        function checkName() {
            let strName = document.fr.txtName.value;
            if (strName.length == 0) {
```

< 238 >

```
                alert("姓名不能为空!");
                document.fr.txtName.focus();
                return false;
            }
            else
                for (let ch of strName) {
                    if (ch >= "0" && ch <= "9") {
                        alert("姓名不能包含数字");
                        document.fr.txtName.focus();
                        return false;
                    }
                }
            return true;
        }
        //校验登录名
        function checkLoginName() {
            let strLoginName = document.fr.loginName.value;
            if (strLoginName.length == 0) {
                alert("登录名不能为空");
                document.fr.loginName.focus();
                return false;
            }
            else
                for (let ch of strLoginName) {
                    if (!((ch >= "0" && ch <= "9") || (ch >= "a" && ch <= "z")
|| (ch == "_"))) {
                        alert("登录名中不能包含特殊字符");
                        document.fr.loginName.focus();
                        return false;
                    }
                }
            return true;
        }
        //校验电子邮箱
        function checkEmail() {
            let strEmail = document.fr.txtEmail.value;
            if (strEmail.length == 0) {
                alert("电子邮箱不能为空");
                return false;
            }
            if (strEmail.indexOf("@", 0) == -1) {
                alert("电子邮箱必须包括@");
                return false;
            }
            if (strEmail.indexOf(".", 0) == -1) {
                alert("电子邮箱必须包括.");
                return false;
            }
            return true;
        }
        //校验密码
        function checkPassword() {
            let password = document.fr.txtPassword.value;
            let rpassword = document.fr.txtRePassword.value;
            if ((password.length == 0) || (rpassword.length == 0)) {
                alert("密码不能为空");
                document.fr.txtPassword.focus();
                return false;
            }
        }
```

< 239 >

```
                else if (password.length < 6) {
                    alert("密码少于 6 位");
                    document.fr.txtPassword.focus();
                    return false;
                }
                else
                    for (let ch of password) {
                        str2 = password.substring(i, i + 1);
                        if (!((ch >= "0" && ch <= "9") || (ch >= "a" && ch <= "z")
|| (ch >= "A" && ch <= "Z"))) {
                            alert("密码包含非法字符");
                            document.fr.txtPassword.focus();
                            return false;
                        }
                    }
                if (password != rpassword) {
                    alert("密码不相符");
                    document.fr.txtPassword.focus();
                    return false;
                }
                return true;
            }
    </script>
  </head>
  <body>
  <form name="fr" action="" onsubmit="return validateForm()">
      <table>
          <tr style="background-color:#ccc">
              <td colspan="2" style=" font:bolder 18pt '楷体';text-align:center; ">
用 户 注 册</td>
          </tr>
          <tr>
              <td>姓名：</td>
              <td><input type="text" name="txtName"/>（不能为空, 不能包含数字字符）</td>
          </tr>
          <tr>
              <td>电子邮箱：</td>
              <td><input type="email" name="txtEmail"/>（必须包含@和.）</td>
          </tr>
          <tr>
              <td>登录名：</td>
              <td><input type="text" name="loginName"/>（可包含 a～z、0～9 和下画线）
</td>
          </tr>
          <tr>
              <td>密码：</td>
              <td><input type="password" name="txtPassword"/>（不能为空, 不能少于
6 个字符，只能包含数字和字母）</td>
          </tr>
          <tr>
              <td>密码确认：</td>
              <td><input type="password" name="txtRePassword"/>（与上面的密码一致）
</td>
          </tr>
          <tr style="background-color:#ccc">
              <td><input type="reset" value="重置"/></td>
              <td><input type="submit" value="提交"/></td>
          </tr>
      </table>
```

< 240 >

```
</form>
</body>
</html>
```

7.7.2　网络相册的实现

示例代码 7-34 是对示例代码 7-28 的进一步改进，实现了网络相册。当鼠标指针停留在某张图像的缩略图上时，图像显示区域会自动显示当前缩略图的大图，当单击"上一张""下一张"按钮时，可切换显示图像，浏览结果如图 7-36 所示。

设计思路如下。

（1）用 HTML 和 CSS 制作页面部分

第一部分是导航区域，由两条装饰线和一系列缩略图组成。装饰线的 CSS 样式用类选择器.bdr 设计；缩略图的 CSS 样式由类选择器.img 来定义，样式中只设置图像的高度，宽度将按比例缩放。

第二部分是图像显示区域，CSS 样式由#show 定义，代码如下。

```
#show {
  position: absolute;
  top: 200px;
  left: 250px;
  background-color: #313131;
  padding: 10px;
}
```

初始状态下，应用行内样式将本区域设置为隐藏，当鼠标指针经过导航区域的缩略图时，再将其显示。

（2）JavaScript 的主要功能设计

定义 init()函数找到导航区域的所有缩略图并存储于 images 数组中，用 addEventListener("onmouseover", handleEvent, false)函数添加监听。当鼠标指针经过缩略图时，用 handleEvent()函数处理。

setTimeout()函数实时监听 go()函数，如果有动作发生，则执行 go()函数。handleEvent()函数负责找到鼠标指针经过的缩略图在 images 数组中的位置，并调用 go()函数在图像显示区域显示该缩略图的大图。

示例代码 7-34 的完整代码如下。

示例代码 7-34　demo734.html

```
<!DOCTYPE html>
<html>
<head>
    <meta charset="utf-8"/>
    <title>网络相册</title>
    <style>
        * {
            font-family: Tahoma;
            font-size: 12pt;
            text-align: left;
            margin: 0;
        }
        body {
            margin: 10px;
        }
        .img {
            height: 80px;
```

< 241 >

```
            cursor: pointer;
        #gallary {
            float: left;
            height: 80px;
        }
        .bdr {
            border-top: 4px dashed;
            border-bottom: 4px dashed;
            clear: both;
        }
        #show {
            position: absolute;
            top: 160px;
            left: 250px;
            background-color: #313131;
            padding: 10px 10px 10px 10px;
        }
        #showpic {
            cursor: pointer;
            margin-bottom: 5px;
        }
        #prev, #next {
            cursor: pointer;
            color: #FFFAFA;
            font-weight: bold;
        }
    </style>
    <script>
        let images = [];                        // 定义存储 img 元素的数组
        // 初始化事件处理函数
        function init() {
            // 得到所有的 img 元素
            let imgArr = document.getElementsByTagName("img");
            for (let i = 0; i < imgArr.length; i++) {
                // 找到所有 class="img"的 img 元素
                if (imgArr[i].className == "img") {
                    images.push(imgArr[i]);        // 保存在 images 数组中
                    // 添加 onmouseover 事件处理函数
                    addEventListener("onmouseover", handleEvent, false);
                }
            }
        }
        function handleEvent(evt) {
            // 找到当前图像的位置
            for (let i = 0; i < images.length; i++) {
                if (images[i] == evt.target) break;
            }
            // 200ms 之后显示该图像
            setTimeout(function () {
                go(i);
            }, 200);
        }
        function go(i) {
            // 设置 img 元素的 src 属性，显示指定的图像
            document.getElementById("showpic").src = images[i].src;
            // 将隐藏的 div 显示出来
            document.getElementById("show").style.display = "block";
            // 计算上一张图像和下一张图像的位置
```

< 242 >

```
                    let next = (i + 1) % images.length;
                    let prev = (i - 1 + images.length) % images.length;
                    // 设置"上一张"按钮的事件处理函数
                    document.getElementById("prev").onclick = function () {
                        // 200ms 之后切换到上一张图像
                        setTimeout(function () {
                            go(prev);
                        }, 200);
                    };
                    // 设置"下一张"按钮的事件处理函数
                    document.getElementById("next").onclick = function () {
                        // 200ms 之后切换到下一张图像
                        setTimeout(function () {
                            go(next);
                        }, 200);
                    };
                }
                // 隐藏图像显示区域
                function hide() {
                    document.getElementById("show").style.display = "none";
                }
        </script>
</head>
<body onload="init()">
<div class="bdr">
</div>
<div id="gallary">
    <img class="img" src="images/pic1.jpg" alt="pic1"/>
    <img class="img" src="images/pic2.jpg" alt="pic2"/>
    <img class="img" src="images/pic3.jpg" alt="pic3"/>
    <img class="img" src="images/pic4.jpg" alt="pic4"/>
    <img class="img" src="images/pic5.jpg" alt="pic5"/>
    <img class="img" src="images/pic6.jpg" alt="pic6"/>
    <img class="img" src="images/pic7.jpg" alt="pic7"/>
</div>
<div class="bdr">
</div>
<div id="show" style="display: none">
    <img id="showpic" src="" alt="" onclick="hide()"/>
    <div>
        <span id="prev">上一张</span>
        <span id="next">下一张</span>
    </div>
</div>
</body>
</html>
```

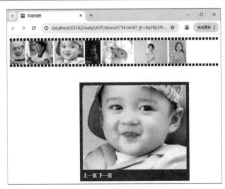

图 7-36 网络相册

< 243 >

本章小结

本章介绍对象、事件和事件处理，并以鼠标事件、键盘事件、表单事件为例介绍事件处理的实现方法。本章重点是 DOM 对象，内容如下。

（1）对象包括内置对象、浏览器对象、DOM 对象、自定义对象等类型。

（2）常用内置对象包括 String、Array、Date 和 Math 等。

（3）浏览器对象由一系列对象构成，主要包括 Window、Navigator、Screen、Location、History 和 Document 等。

（4）HTML DOM 是 DOM 规范中用来访问和处理 HTML 文档的标准方法，主要功能是实现访问、检索、修改 HTML 文档的内容与结构。在 HTML DOM 中，Document 对象表示处于 HTML DOM 树中顶层的文档节点，代表整个 HTML 文档，是访问 HTML 网页元素的入口。

（5）事件处理是指对发生事件进行处理的行为。

习题 7

1. 简答题

（1）JavaScript 中包含哪几种对象，它们的作用是什么？

（2）使用语句 let objArray=new Array()创建数组时，objArray 的长度是多少？可以给它赋值吗？

（3）什么是 BOM？它的功能是什么？主要由哪些对象构成？

（4）DOM 操作元素内容时，使用哪两个属性？

（5）DOM 使用 Style 对象来操纵网页元素的 CSS 样式时，Style 对象属性名与 CSS 属性名之间的对应关系是怎样的？

（6）简述事件绑定的方法。

2. 实践题

（1）编写 JavaScript 程序，给定字符串 str1 和 str2，计算 str1 在 str2 中出现的次数。

（2）编写 JavaScript 程序，用户在表单文本框中输入 6 个数（用逗号分隔），单击"计算"按钮，弹出警告对话框，显示 6 个数的平均值和总和。

（3）编写 JavaScript 程序，运用 String 对象的 indexOf 方法，验证表单中的电子邮箱格式，要求必须包含"@"和"."字符，且不能为空。

（4）设计一个网页，按原图的 20%大小显示图像。当鼠标指针移到图像上时，则按原始大小显示，并为图像添加 3px 的边框；鼠标指针移开时，再恢复为原图的 20%大小显示，无边框。

（5）设计一个表单，含有输入姓名的文本框和选择学历的列表框，其中，学历的选项包含本科、硕士和博士。当单击"提交"按钮时，显示姓名及学历信息。

< 244 >

第四篇

综合项目实战

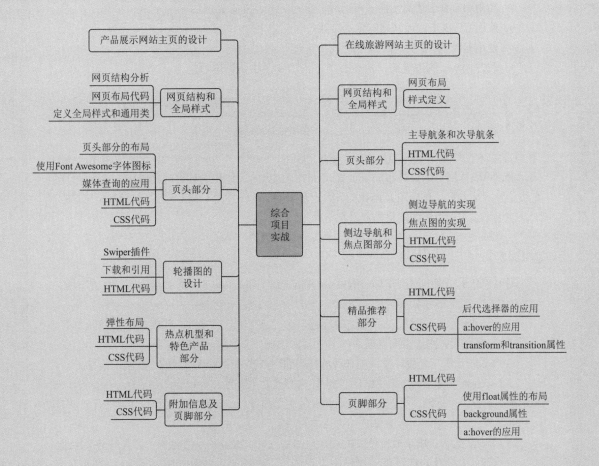

产品展示网站主页的设计

网页结构分析
网页布局代码 ─── 网页结构和全局样式
定义全局样式和通用类

页头部分的布局
使用Font Awesome字体图标
媒体查询的应用 ─── 页头部分
HTML代码
CSS代码

Swiper插件
下载和引用 ─── 轮播图的设计
HTML代码

弹性布局
HTML代码 ─── 热点机型和特色产品部分
CSS代码

HTML代码 ─── 附加信息及页脚部分
CSS代码

综合项目实战

在线旅游网站主页的设计

网页结构和全局样式 ─── 网页布局 / 样式定义

页头部分 ─── 主导航条和次导航条 / HTML代码 / CSS代码

侧边导航和焦点图部分 ─── 侧边导航的实现 / 焦点图的实现 / HTML代码 / CSS代码

精品推荐部分 ─── HTML代码 / CSS代码 ─── 后代选择器的应用 / a:hover的应用 / transform和transition属性

页脚部分 ─── HTML代码 / CSS代码 ─── 使用float属性的布局 / background属性 / a:hover的应用

第 8 章

综合项目示例 1——在线旅游网站主页的设计

本章导读

本章将通过一个在线旅游网站主页的示例来帮助读者更好地理解全书的内容，让读者能够掌握 DIV+CSS 布局的实现过程，了解各种 HTML5 结构元素与 CSS3 选择器的灵活运用，创建一个现代风格的网站。

知识要点

- 使用 HTML5 结构元素来布局网页。
- 使用 CSS3 来设计网站的全局样式。
- 使用 DIV+CSS 实现网页布局。
- 掌握页头、侧边导航、精品推荐等部分的结构及样式设计。

8.1 网页布局与样式定义

HTML5 中增加了 section、article、nav、aside、header 和 footer 等结构元素。运用这些结构元素，可以让网页的整体布局更加直观和明确、更语义化和更具有现代风格。本章设计的在线旅游网站主页，布局用 HTML5 结构元素来组织，样式由 CSS3 定义，HTML5 与 CSS3 配合使用可以实现很好的网页布局及视觉效果。

8.1.1 用 HTML5 结构元素布局网页

用 HTML5 实现的网页布局一般由一些结构元素构成。图 8-1 所示是示例网页的布局，涉及的结构元素的描述如下。

（1）header 元素：用来展示网站的标题、企业或公司的 Logo、广告、网站导航条等。

（2）nav 元素：用于页面导航。

（3）aside 元素：侧边导航，用来展示与当前网页或整个网站相关的一些辅助信息。

（4）section 元素：网页中要显示的主体内容通常被放置在 section 元素中，每个 section 元素都一般有一个标题，用于表明该 section 的主要内容。section 元素还可以包括一个或多个 section 元素，表示主体内容中每个相对独立的部分。

（5）footer 元素：用来放置网站的版权声明，也可以放置联系信息或者有关的链接地址。

按照图 8-1 设计的在线旅游网站主页在浏览器中的显示效果如图 8-2 所示。网页布局代码如示例代码 8-1 所示。

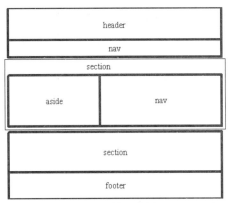

图 8-1　示例网页的布局

图 8-2　在线旅游网站主页

< 247 >

示例代码 8-1　demo0801.html

```html
<!DOCTYPE html>
<html>
<head>
    <meta charset=utf-8>
    <style></style>
</head>
<body>
<header>
    <nav></nav>
    <nav></nav>
</header>
<section>
    <aside></aside>
    <nav></nav>
</section>
<section>
</section>
<footer>
</footer>
</body>
</html>
```

网页布局使用 HTML5 结构元素来替代 div 元素。因为 div 元素没有任何语义，而 HTML5 推荐使用具有语义的结构元素，这样做的好处是可以让整个网页的结构更加清晰，方便访问者或浏览器直接通过结构元素分析网页。

8.1.2　用 CSS3 定义网站全局样式

设计网页时，需要为网站定义全局样式，为一些网页元素定义背景、边距、字体、字号和行高等属性，这样既可以保证不同网页有相对一致的风格，也可以保证网页在不同浏览器中具有稳定的显示效果。

本示例所有的 CSS 代码在文件 demo0801.html 的 `<style>` 和 `</style>` 标记中，网站全局样式代码如下。

```css
<style>
/*网站全局样式代码*/
* {              /*覆盖不同浏览器的不同默认值，解决浏览器兼容的问题*/
    margin: 0;
    padding: 0;
}
html {          /*设置显示垂直滚动条*/
    overflow-y: scroll;
}
body {          /*设置网页背景图像及文本居中*/
    background: url(images/body_bg.png) repeat-y center 0px; min-width: 970px;
    text-align: center;
}
header,article,section,footer,nav,aside{
    display: block
}
button, input, select, textarea {
    font-family: "微软雅黑", Arial;
    line-height: 24px; color: #666;
```

< 248 >

```
        font-size: 13px;
}
table {        /*设置表格边框效果*/
    border-collapse: collapse;
    border-spacing: 0;
}
img {
    border: 0;
    line-height: 0;
}
em, b, i {
    font-style: normal;
    font-weight: 400;
}
dl, ul ,li{
    list-style: none;
}
h1, h2, h3, h4, h5, h6 {
    font-size: 100%;
    font-weight: 500;
}
a {
    outline: 0;
}
a, a:visited {
    color: #666;
    text-decoration: none;
}
a:hover {
    color: #2fa1e7;
    text-decoration: none;
}
.fleft { float: left; }
.fright { float: right; }
.clear {
    clear: both;
    display: block;
    overflow: hidden;
    visibility: hidden;
    width: 0;
    height: 0;
    font-size: 0;
    line-height: 0;
}
.overflow {
    overflow: hidden;
}
.main {
    text-align: left;
    width: 980px;
    margin: 0 auto;
}
.container {
    width: 980px;
    margin: aut;
}
</style>
```

< 249 >

上面的代码定义了网站中样式的全局属性，包括垂直滚动条、背景图像、HTML5 结构元素、表单元素、表格、图片、标题、超链接等的样式。其中，类选择器.fleft、.fright 主要用来定义网页元素的浮动方式；类选择器.clear 用来消除浮动；类选择器.main 和.container 定义了网页的宽度及默认对齐方式，将在页头和页脚部分使用。

8.2 页头部分的设计

页头部分由 header 元素声明，包括背景图像和 2 个导航条，浏览结果如图 8-3 所示。

图 8-3　页头部分的浏览结果

8.2.1　页头部分的 HTML 代码

页头部分包括两个 nav 元素。第 1 个 nav 元素作为次导航条，其中放置两个嵌套的 div 元素，外层的 div 元素设置宽度，内层的 div 元素包含一个无序列表，3 个列表项是顶部的链接。第 2 个 nav 元素作为主导航条，用来放置水平导航菜单，其中放置 2 个并列的 div 元素，第 1 个 div 元素用来设置背景图像，第 2 个 div 元素用来放置导航条的链接。示例代码 8-2 给出了页头部分的 HTML 代码。

示例代码 8-2　demo0802.html

```html
<!--页头部分的 HTML 代码-->
<body>
<header>
    <nav id="top_links">
        <div class="container">
            <div class="contact_info">
                <ul>
                    <li><a href="">联系我们</a> |</li>
                    <li><a href="">站点帮助</a> |</li>
                    <li><a href="">问题反馈</a></li>
                </ul>
            </div>
        </div>
    </nav>
    <nav class="main">
        <div id="banner"></div>
        <div class="nav_menu">
            <a href="../index.html">首页</a>
            <a href="../pages/jptj/jptj.html">精品推荐</a>
            <a href="../pages/news/news.html">旅游快讯</a>
            <a href="">特色线路</a>
            <a href="">特色景点</a>
            <a href="">特色美食</a>
```

< 250 >

```
        </div>
    </nav>
</header>
...
</body>
```

8.2.2 页头部分的 CSS 代码

网页设计开始阶段，建议采用嵌入方式将 CSS 代码置于 HTML 文件的<style>标记中，这样方便代码调试。CSS 设计要点如下。

（1）为大部分的超链接应用伪类选择器 a:hover，设置鼠标指针悬停在链接文本上时的效果。

（2）使用类选择器 banner 定义页头中部图像区域的高度、背景图像及定位方式。

（3）使用类选择器 top_links 定义次导航的样式，包括背景色、链接的颜色等。

（4）使用类选择器.nav_menu 定义水平导航菜单的样式，其中，使用结构伪类选择器:first-child、:last-child，在其中设置 border-radius 属性，用来实现导航条首尾边框的圆角样式。

页头部分的 CSS 代码如下。

```
<style>
    /*全局样式定义，详见 8.1.2 节*/
    /* 页头样式开始 */
    #banner {
        height: 237px;
        background: url(images/header.jpg) no-repeat;
        position: relative;
    }
    #top_links {
        width: 100%; /*与浏览器窗口同宽*/
        min-height: 40px;
        background-color: #565656;
        font-size: 14px;
        color: #fff;
    }
    #top_links .contact_info {
        /*padding: 0px; 全局样式已设置，可省略*/
        margin: 7px 7px 0px 0px;
        float: right;
    }
    #top_links .contact_info li {
        margin: 0px 0px 0px 10px;
        float: left;
    }
    #top_links .contact_info li a {
        color: #fff;
    }
    #top_links .contact_info li a:hover {
        color: #33c92b;
    }
    /* 主导航条样式 */
    .nav_menu {
        width: 980px;
        margin: 0px auto;
        height: 46px;
        border-radius: 8px;
```

< 251 >

```
        border: 1px solid #cbcbcb;
        border-bottom: 4px solid #adadad;
        font: bold 16px/36px Microsoft Yahei;
    }
    .nav_menu a {
        display: block;
        width: 14.28%;
        height: 46px;
        line-height: 46px;
        float: left;
        border-bottom: 4px solid #adadad;
        text-align: center;
        text-decoration: none;
        color: #3B4053;
    }
    .nav_menu a:first-child {
        border-radius: 0 0 0 2px;
    }
    .nav_menu a:last-child {
        border-radius: 0 0 2px 0;
    }
    .nav_menu a:hover {
        border-bottom: 4px solid #1a54a4;
        color: #15a8eb;
    }
</style>
```

8.3 侧边导航和焦点图部分的设计

8.3.1 侧边导航和焦点图的内容

侧边导航和焦点图部分放置在 section 元素中，section 元素是一个具有导航作用的结构元素。

section 元素中包括 aside 和 nav 两个元素，分别放置侧边导航和焦点图的内容。在 HTML5 中，aside 元素用来显示当前网页主体内容之外的、与当前网页显示内容相关的一些辅助信息。aside 元素的显示形式可以是多种多样的，其中最常用的形式是侧边导航的形式。nav 元素通常放置与导航相关的信息。

侧边导航和焦点图的浏览结果如图 8-4 所示。

图 8-4 侧边导航和焦点图的浏览结果

< 252 >

　　在示例页面上，当鼠标指针移动到左侧导航菜单的时候，会弹出对应的二级菜单；当鼠标指针移开的时候，二级菜单隐藏。右侧焦点图实现了多张图像的轮播效果。焦点图是一种网站内容的展现形式，一般应用在网站主页，因为通过图像的形式展现，所以有一定的视觉吸引力。

8.3.2　侧边导航和焦点图部分的 HTML 代码

　　示例代码 8-3 给出了侧边导航和焦点图部分的 HTML 代码，其中包括实现图像轮播的 JavaScript 代码，具体代码如下。

示例代码 8-3　demo0803.html

```html
<body>
<!--页头部分代码-->
<!--侧边导航和焦点图开始-->
<section id="leftnav_focusimg">
    <aside id="left_nav">
        <!--侧边导航开始 -->
        <div class="sidebar">
            <h2>全部旅游产品分类</h2>
            <ul id="menu">
                <li><a href="">市内旅游</a>
                    <div class="cms_submenu">
                        <div class="cmsmenuleft">
                            <dl>
                                <dt>热门类目</dt>
                                <dd>
                                    <i><a target="_blank" href="">广场游</a></i>
                                    <i><a target="_blank" href="">滨海游</a></i>
                                    <i><a target="_blank" href="">公园游</a></i>
                                    <i><a target="_blank" href="">老建筑游</a></i>
                                    <i><a target="_blank" href="">特色景点游</a></i>
                                </dd>
                                <div class="clear"></div>
                            </dl>
                            <dl class="menu_new">
                                <dt>活动推荐</dt>
                                <dd>
                                    <a href="">[精品路线] 旅顺、金石滩、环市、发现王
国纯玩四日游</a><br/>
                                    <a href="">[优惠活动] 老虎滩海洋公园一日游
</a><br/>
                                    <a href="">[特价活动] 发现王国荧光夜跑第二季（时
间+费用+路线）</a>
                                </dd>
                            </dl>
                        </div>
                        <div class="clear"></div>
                    </div> <!--end of class="cmsmenuleft" -->
                </li>
                <!--此处包含多个二级菜单-->
                ...
    </aside>
    <!-- 侧边导航结束 -->
    <!-- 焦点图开始 -->
    <nav id="nav_focus">
```

< 253 >

```
<script>
    let _t1 = 0;        //打开网页时等待图像载入的时间，单位为 s，可以设置为 0
    let _t2 = 5;        //图像轮播的间隔时间
    let _tnum = 3;      //焦点图个数
    let _tn = 1;        //当前焦点
    let _tl = null;
    _tt1 = setTimeout('change_img()', _t1 * 1000);
    function change_img() {
        setFocus(_tn);
        _tt1 = setTimeout('change_img()', _t2 * 1000);
    }
    function setFocus(i) {
        if (i > _tnum) {
            _tn = 1;
            i = 1;
        }
        _tl? document.getElementById('focusPic'+_tl).style.display='none':'';
        document.getElementById('focusPic' + i).style.display = 'block';
        _tl = i;
        _tn++;
    }
</script>
<!--焦点图 1 开始-->
<div id="focusPic1">
    <a href="#" target="_blank">
        <img src="images/big1.jpg" width="770px" alt="老虎滩海洋公园"/>
</a>

    <h2><a href="#" target="_blank">老虎滩海洋公园</a></h2>

    <div class="index_page">
        <span onclick="javascript:setFocus(2);">单击切换焦点图→</span>
        <strong>1</strong>
        <a href="javascript:setFocus(2);">2</a>
        <a href="javascript:setFocus(3);">3</a>
    </div>
</div>
<!--焦点图 1 结束-->
<!--焦点图 2 开始-->
<div id="focusPic2" style="display:none;">
    <a href="#" target="_blank">
        <img src="images/big2.jpg" width="770px" alt="大连星海公园"/>
</a>
    <h2><a href="#" target="_blank">大连星海公园</a></h2>
    <div class="index_page">
        <span onclick="javascript:setFocus(3);">单击切换焦点图→</span>
        <a href="javascript:setFocus(1);">1</a>
        <strong>2</strong>
        <a href="javascript:setFocus(3);">3</a>
    </div>
</div>
<!--焦点图 2 结束-->

<!--焦点图 3 开始-->
...
<!--焦点图 3 结束-->
<!-- 焦点图结束 -->
<div class="clear"></div>
```

< 254 >

```
    </nav>
</section>
<!-- 侧边导航和焦点图结束 -->
...
</body>
```

侧边导航和焦点图部分的代码解释如下。

（1）侧边导航部分。aside 元素中放置了 1 个 div 容器，在容器里放置了<h2>标题和 1 个无序列表。每一个无序列表项包含的 a 元素是列表项。列表项中包含的两个嵌套的 div 元素是二级菜单的内容。内部的 div 元素中放置了 2 个自定义列表 dl，第 1 个自定义列表包含"热门类目"的一些链接，第 2 个自定义列表包含"活动推荐"相关信息；外部的 div 元素作为内部的 div 元素的容器。

（2）焦点图部分。nav 元素中放置了 div 元素，每个 div 元素中又包含图像链接、标题以及导航按钮。其中，图像的切换功能由 JavaScript 定义的行为函数实现。

焦点图轮播部分的设计思路如下。

● 网页初始状态显示第 1 幅图像，通过 JavaScript 控制轮播或通过单击导航按钮显示后面的图像。

● 网页结构设计。轮播图像置于 1 个 div 元素中，该 div 元素分为 3 部分。第 1 部分是图像描述；第 2 部分是文字描述，用标题标记<h2>和</h2>来定义；第 3 部分是右下角的导航按钮。第 1 幅图像的代码如下。

```
<div id="focusPic1">
<img src="images/01.jpg" alt="老虎滩海洋公园" />
 <h2><a href="#" >老虎滩海洋公园</a></h2>
    <div class="index_page"><span onclick="javascript:setFocus(2);">
单击切换焦点图→</span>
        <strong>1</strong>
        <a href="javascript:setFocus(2);">2</a>
        <a href="javascript:setFocus(3);">3</a>
    </div>
</div>
```

● JavaScript 代码。初始时显示第 1 幅图像，图像的轮播使用定时函数 setTimeout()实现，如果没有单击导航按钮，递归执行 change_img()方法；如果单击了导航按钮，执行 setFocus()方法，切换图像。

8.3.3　侧边导航和焦点图部分的 CSS 代码

在侧边导航和焦点图部分，CSS 样式定义可分为整体布局、二级菜单、焦点图这 3 部分。

（1）CSS 样式代码#leftnav_focusimg 设置了整个 section 的宽度和高度，#left_nav 设置了 aside 区域中一级菜单的区域。

（2）#menu、#menu li、#menu li a 等样式设置了一级菜单的属性；.cms_submenu 和.cmsmenuleft 定义了二级菜单的属性，二级菜单的初始 left 属性的值为-999em，显示在浏览器窗口外；通过在#menu li:hover .cms_submenu 样式中重新定义 left 值实现弹出效果。

（3）#focusPic1、#focusPic2、#focusPic3 设置了顶部的外边距；.index_page 设置了焦点图部分的样式。

侧边导航和焦点图部分的 CSS 代码如下。

```
/* 侧边导航样式开始 */
#leftnav_focusimg {
    width: 980px;
```

< 255 >

```
        margin: 0px auto;
    }
    #left_nav {
        background: #0099FF;
        width: 190px;
        padding: 1px;
        z-index: 1;
        float: left;
    }
    .sidebar {
        background: #0099FF;
        width: 190px;
        padding: 1px;
        margin: 0px 10px 0px 1px;
        z-index: 1;
    }
    .sidebar h2 {
        color: #fff;
        font-size: 14px;
        line-height: 30px;
        text-align: center;
    }
    #menu {
        width: 190px;
        background: #fff;
        padding: 8px 0;
    }
    #menu li {
        float: left;
        width: 146px;
        display: block;
        text-align: left;
        padding-left: 40px;
        background: #fff;
        position: relative;
        border-bottom: #ffeef4 1px solid;
        height: 42px;
        vertical-align: middle;
    }
    #menu li:hover {
        background: #0099FF;
    }
    #menu li a {
        font-size: 14px;
        color: #3B4053;
        display: block;
        text-decoration: none;
        line-height: 28px;
    }
    #menu li:hover a {
        color: #fff;
    }
    #menu li:hover div a {
        font-size: 12px;
        color: #3B4053;
        line-height: 16px;
    }
```

< 256 >

```
#menu li:hover div a:hover {
    color: #CC0000;
}
#menu li:hover .cms_submenu {
    left: 186px;
    top: 0;
}
/*鼠标指针经过时显示右侧的二级菜单*/
.cms_submenu {
    float: left;
    position: absolute;
    left: -999em;
    text-align: left;
    border-left: 6px solid #0099FF;
    border-top: 2px solid #0099FF;
    border-bottom: 2px solid #0099FF;
    border-right: 2px solid #0099FF;
    width: 500px;
    background: #fff;
    padding: 5px 0 5px;
    z-index: 1;
}
.cmsmenuleft {
    width: 500px;
    color: #ccc;
    padding: 5px;
    z-index: 1;
}
.cmsmenuleft dt {
    font-weight: bold;
    color: #0099FF;
    margin: 5px 0;
    padding: 3px 0 3px 10px;
    text-align: left;
}
.cmsmenuleft dd i {
    float: left;
    padding: 0 8px;
    margin: 3px 0;
    white-space: nowrap;
    border-right: 1px solid #ccc;
}
.menu_new dd {
    padding-left: 8px;
}
/* 侧边导航样式结束 */
/* 焦点图样式开始 */
.index_page {
    float: right;
    display: block;
    height: 16px;
    padding: 1px 0;
    margin-right: 4px;
}

.index_page * {
    float: left;
```

< 257 >

```
        display: inline;
        line-height: 16px;
        border: 1px solid #B6CFCD;
        text-align: center;
        padding: 0;
        margin: 0 2px;
    }
    .index_page strong {
        background: #009A91;
        color: #fff;
        width: 16px;
    }
    .index_page span {
        color: #64B8Ef;
        padding: 3px 0 0 0;
        border: 0;
        cursor: pointer;
    }
    .index_page a {
        width: 16px;
        color: #64B8Ef;
        text-decoration: none;
    }
    h2 {
        text-align: center;
    }
    #focusPic1,#focusPic2,#focusPic3 {
        margin-top: 10px;
    }/* 焦点图样式结束 */
```

8.4 精品推荐部分的设计

精品推荐部分由 section 元素定义，内容通过无序列表组织，列表项用来放置图像及介绍文字，浏览结果如图 8-5 所示。

图 8-5 精品推荐部分的浏览结果

< 258 >

8.4.1　精品推荐部分的 HTML 代码

精品推荐部分的 HTML 代码如示例代码 8-4 所示，由于篇幅所限，仅给出无序列表中第 1 个列表项的代码。

示例代码 8-4　demo0804.html

```html
<!--精品推荐开始-->
<section id="main-jp">
    <h1 class="title">精品推荐</h1>
    <ul class="jp">
        <li>
            <a href="../pages/jptj/jptj_dandong.html" target="_blank">
                <div class="pic">
                    <img src="images/dandong.jpg">
                </div>
                <h3> 大连去丹东鸭绿江、九水峡漂流 </h3>
                <h4> 包括凤城大梨树生态旅游区纯玩，为您提供特价大连周边旅游团购报价 </h4>
                <p>
                    <b class="fleft">行程天数：2 天</b>
                    <span class="fright">￥<em>280</em>起</span>
                </p>
            </a>
        </li>
        <!--此处包含多个列表项-->
    </ul>
</section>
<!--精品推荐结束-->
```

示例代码 8-4 中，精品推荐部分的标题由<h1>定义。无序列表的列表项用于描述精品推荐的内容，其中包括用<img>定义的图像，由<h3>、<h4>、<p>标记描述的文字说明。所有元素的样式由 CSS 定义。

8.4.2　精品推荐部分的 CSS 代码

精品推荐部分在 section 元素中定义，ID 选择器 # main-jp 设置了 section 元素的宽度、边框和溢出处理方式等属性。通过后代选择器设置精品推荐部分的列表样式、文本样式、标题样式和图像样式等。

在后代选择器 ul.jp li a:hover div.pic img 中，使用 transform 和 transition 属性实现鼠标指针经过图像的变形效果。

精品推荐部分所使用的样式如下。

```css
/* 精品推荐样式开始 */
#main-jp {
    width: 980px;
    height: 590px;
    overflow: hidden;
    border: solid #aaa 1px;
    margin: 10px auto;
}
#main-jp h1.title {
    font: normal 24px "微软雅黑";
    height: 45px;
    margin-top:8px;
```

< 259 >

```
        margin-left: 10px;
        text-align: left;
    }
    #main-jp ul.jp {
        width: 980px;
        height: 525px;
    }
    ul.jp li {
        float: left;
        width: 243px;
        height: 267px;
    }
    ul.jp li a {
        float: right;
        display: inline-block;
        width: 225px;
        height: 255px;
        border: 1px solid #ccc;
    }
    ul.jp li a div.pic,
    ul.jp li a div.pic img {
        width: 225px;
        height: 150px;
    }
    ul.jp li a div.pic {
        overflow: hidden;
    }
    ul.jp li a h3 {
        font: normal 18px "微软雅黑";
        height: 40px;
        line-height: 50px;
        color: #666;
        padding: 0 10px;
        overflow: hidden;
    }
    ul.jp li a h4 {
        font: normal 12px "微软雅黑";
        color: #999;
        height: 20px;
        line-height: 20px;
        text-indent: 10px;
        overflow: hidden;
        white-space: nowrap;
        text-overflow: ellipsis;
    }
    ul.jp li a p {
        padding: 0 10px;
        height: 30px;
    }
    ul.jp li a p b {
        font-size: 14px;
        color: #0097e0;
        line-height: 40px;
    }
    ul.jp li a p span {
        font-size: 12px;
        color: #f90;
```

< 260 >

```
}
ul.jp li a p span em {
    font: normal 26px "Arial";
}
ul.jp li a:hover div.pic img {
    transform: scale(1.2, 1.2);
    transition: all 0.3s ease;
}
/* 精品推荐样式结束 */
```

8.5　页脚部分的设计

页脚部分用 footer 元素声明，其中包含 4 个 section 元素，在每个 section 元素中放置了 1 个无序列表，列表项中的内容主要是各类链接，浏览结果如图 8-6 所示。

图 8-6　页脚部分的浏览结果

8.5.1　页脚部分的 HTML 代码

页脚分上下两部分，上部由 4 部分组成，每部分使用 h3 元素定义标题，然后由列表逐一描述；下部用 1 个 div 元素说明版权信息。代码如示例代码 8-5 所示。

示例代码 8-5　demo0805.html

```
<!--页脚部分开始-->
<footer id="mainfooter">
    <div class="footer_center">
        <div class="container">
            <section class="one_fourth">
                <h3>关于我们</h3>
                <ul class="list">
                    <li><a href="#">花花简介</a></li>
                    <li><a href="#">诚聘英才</a></li>
                    <li><a href="#">门店信息</a></li>
                    <li><a href="#">联系我们</a></li>
                </ul>
            </section>
            <section class="one_fourth">
                <h3>合作伙伴</h3>
                <ul class="list">
                    <li><a href="#" target="_blank">中国旅游新闻网</a></li>
                    <li><a href="#" target="_blank">人民网旅游</a></li>
                    <li><a href="#" target="_blank">光明网旅游</a></li>
```

< 261 >

```
            <li><a href="#" target="_blank">央视网旅游</a></li>
          </ul>
        </section>
        <section class="one_fourth">
          <h3>旅游资讯</h3>
          <ul class="list">
            <li><a href="" title="" target="_blank"> 宾馆酒店</a></li>
            <li><a href="" title="" target="_blank">机票火车票</a></li>
            <li><a href="" title=" " target="_blank">旅游景点导航</a></li>
            <li><a href="" title=" " target="_blank">租车指南</a></li>
          </ul>
        </section>
        <section class="one_fourth last">
          <h3> 意见反馈</h3>
          <ul class="list">
            <li><a href="" title=""> 不良信息处置办法</a></li>
            <li><a href="" title=""><img src="images/sinavivi.gif"
style="width:18px;">   微博</a>
            </li>
            <li><a href="" title=" " target="_blank">24 小时服务电话</a></li>
          </ul>
        </section>
      </div>
    </div>
    <div class="copyright_info">
      <div class="container">
        <div>Copyright © 2024 <a href="#" target="_blank">花花旅游在线</a></div>
      </div>
    </div>
  </footer>
<!--页脚部分结束-->
```

8.5.2 页脚部分的 CSS 代码

页脚 CSS 样式分为 2 部分，第 1 部分用来设置 4 组链接的样式，第 2 部分用来设置版权信息的样式。下面是页脚部分的 CSS 代码。

```
/* 页脚部分样式开始 */
#mainfooter {
    width: 100%;
    background: url(images/footer-bg.jpg) repeat left top;
    height: 245px;
}
#mainfooter .footer_center {
    width: 100%;
    color: #999;
    background: url(images/shadow-03.png) repeat-x left top;
}
.one_fourth {
    width: 22.75%;
    margin-top: 20px;
    float: left;
    padding: 5px 0px 32px 0px;
    background: url(images/v-shadow.png) repeat-y right top; /*分界线*/
}
```

< 262 >

```
#mainfooter .footer_center h3 {
    color: #f0f0f0;
    margin-bottom: 30px;
}
#footer_center ul.list {
    padding: 0px;
    margin: 0 auto;
}
#footer_center .list li {
    padding: 5px 0 0 5px;
    margin: 0;
    text-align: center;
    line-height: 30px;
}
#footer_center .list li a {
    color: #999999;
}
.footer_center .list li a:hover {
    color: #eee;
}
#mainfooter .footer_center .one_fourth.last {
    background: none; /*设置背景为空，避免右侧出现图像分界线*/
}
/* 版权信息 */
.copyright_info {
    float: left;
    width: 100%;
    padding: 25px 0px 20px 0px;
    margin: 0px;
    color: #666;
    background: #303030 url(images/h-dotted-lines.png) repeat-x left top;
    font-size: 12px;
}
.copyright_info a {
    margin-top: 10px;
    font-size: 13px;
    color: #666;
    text-align: right;
}
.copyright_info a:hover {
    color: #999;
}
/* 页脚部分结束 */
```

本章小结

本章运用 HTML5、CSS3、JavaScript 技术来完成网页的设计，要点如下。

（1）使用 HTML5 结构元素来组织网页布局，使用 CSS3 定义网站全局样式，设计并实现网页各部分的结构和样式。

（2）网页开发时采用了渐进的开发方法，首先完成网页总体结构和全局样式（demo0801.html）设计，然后分部分实现，不同部分的 HTML 代码和 CSS 代码分别保存在不同的 HTML 文件（demo0802.html ~ demo0805.html）中。在网页开发过程中，读者应掌握应用 Chrome 浏览器的开发者

< 263 >

工具调试网页效果的方法。

（3）对于页头部分，重在理解不同类型选择器的应用；对于侧边导航和焦点图部分，重在理解使用伪类选择器:hover 实现二级菜单和使用 JavaScript 控制焦点图；其他部分也涉及了不同的 CSS 样式的实现细节。

建议读者通过不断调试，采取分部分渐进的方法完成网页开发。将 CSS 文件独立保存并引入 HTML 文档的工作请读者自行完成。

习题 8

1. 简答题

（1）简述 HTML5 结构元素的含义及使用方法。

（2）举例说明网站中有哪些元素适合采用全局样式。

（3）在精品推荐部分，使用了 CSS 属性 "text-overflow:ellipsis;"，说明 text-overflow 属性的含义及取值，并为精品推荐部分的 h3 元素应用 text-overflow 属性。

2. 实践题

（1）完成图 8-7 所示的网页，鼠标指针悬浮在图像上时，改变背景色和文本颜色（使用:hover 选择器）。

图 8-7　实践题（1）的浏览结果

（2）完成如图 8-8 所示的网页。

图 8-8　实践题（2）的浏览结果

（3）使用 HTML5 结构元素和 CSS3 样式设计个人网站主页。

< 264 >

第 9 章

综合项目示例 2——产品展示网站主页的设计

本章导读

本章将通过一个产品展示网站主页的设计示例来帮助读者更好地掌握 HTML5、CSS3、JavaScript 等技术在 Web 前端开发中的应用。示例重点在于响应式布局和弹性布局的应用，还包括实现轮播图的 Swiper 插件、在 Web 前端开发中广泛应用的 Font Awesome。在网页效果上，设计了更丰富的 CSS 样式。

知识要点

- 响应式布局和弹性布局在网页开发中的应用。
- Font Awesome 字体图标在网页开发中的应用。
- 使用 Swiper 插件设计轮播图。
- 定义 CSS 通用类并在网页开发中应用。

9.1 网页结构和全局样式

9.1.1 网页结构分析

使用 HTML5 结构元素来描述页面，主体结构如图 9-1 所示。

页头	header #nav0
	header #nav1
轮播图	carousel
热点机型	section#mobiles
特色产品	section#products
附加信息	section#additional
页脚	footer

图 9-1　页面的主体结构

按照图 9-1 设计的网页，浏览结果如图 9-2 和图 9-3 所示。

图 9-2　网页浏览结果（上半部分）

图 9-3　网页浏览结果（下半部分）

9.1.2　网页布局代码

　　网页使用了 Font Awesome 库的字体图标，需要引入 Font Awesome 库；在网页的轮播图部分使用了 Swiper 插件，需要引入 swiper-bundle.min.css 和 swiper-bundle.min.js 文件；此外，还需要引用用户定义的外部 CSS 文件 mystyle.css，根据图 9-1 所示的主体结构，布局代码如示例代码 9-1 所示。

示例代码 9-1　demo0901.html

```
<!DOCTYPE html>
<html>
<head>
    <meta charset="UTF-8">
    <!--下面的代码引入 Font Awesome 库-->
```

< 266 >

```
    <link rel="stylesheet" href="../fontawesome-free-6.1.1-web/css/all.css">
    <!--下面的代码引入 Swiper 样式-->
    <link rel="stylesheet" href="../swiper/swiper-bundle.min.css">
    <!--下面的代码引入用户定义样式-->
    <link rel="stylesheet" href="mystyle.css">
    <title>OPPO</title>
</head>
<body>
<header id="header">
    <div id="top">
    </div>
    <nav id="nav0" class="bg-dark py-2">
    </nav>
    <nav id="nav1" class="bg-lighter py-3">
    </nav>
</header>
<section id="carousel">
</section>
<section id="mobiles" class="bg-light py-3">
</section>
<section id="products" class="bg-light">
</section>
<section id="additional py-3">
</section>
<footer class="bg-dark py-3">
</footer>
<!--下面的代码引入 Swiper 插件-->
<script src="../swiper/swiper-bundle.min.js"></script>
</body>
</html>
```

网页布局使用了 HTML5 结构元素，其中的 bg-dark、bg-light、py-2、py-3 是用户定义的设置背景色和边距的类。

9.1.3　定义全局样式和通用类

定义全局样式可以保证同一网站中的网页有相对一致的风格。此外，可以定义一些通用类，将这些类在多个网页中调用，这也是网站设计中的常见做法。

示例网页的全局样式和通用类代码保存在 mystyle.css 文件中，并在 HTML 文件中通过<link>标记引用，代码如下。

```
/*网页全局样式和通用类代码*/
* {
    margin: 0;
    padding: 0;
}
a {
    text-decoration: none;
}
.bg-dark {
    background-color: black;
}
.bg-light {
```

< 267 >

```
        background-color: #f8f9fa;
    }
    .bg-lighter {
        background-color: rgb(238, 238, 238);
    }
    .text-white {
        color: white;
    }
    .py-2 {
        padding-top: 0.5rem;
        padding-bottom: 0.5rem;
    }
    .py-3 {
        padding-top: 1rem;
        padding-bottom: 1rem;
    }
    .py-4 {
        padding-top: 1.5rem;
        padding-bottom: 1.5rem;
    }
    .me-1 {
        margin-right: 0.25rem;
    }
    .me-2 {
        margin-right: 0.5rem;
    }
    .me-3 {
        margin-right: 1rem;
    }
    .me-auto {
        margin-right: auto;
    }
    .d-flex {
        display: flex;
    }
    .justify-content-between {
        justify-content: space-between;
    }
```

上面的代码中，定义了通配符选择器*的边距属性和 a 元素的下画线属性。通用类包括背景色类
（.bg-dark、.bg-light、.bg-lighter）、文本颜色类（.text-white）、边距类（.py-2、.py-3、.py-4、.me-1、.me-2、
.me-3、.me-auto）、弹性布局类（.d-flex、.justify-content-between）等，这些类将在后面的设计中应用。
通用类的命名参考了 Bootstrap 框架中的工具类，旨在方便读者后续学习 Bootstrap 开发框架。

9.2 页头部分的设计

页头部分由 header 元素声明，包括一个用作页面修饰的 div#top 元素，用 nav 元素定义顶部导航条
和主导航条，浏览结果如图 9-4 所示。

< 268 >

图 9-4　页头部分的浏览结果

9.2.1　页头部分的 HTML 代码

1．页头部分的布局

页头部分的顶部导航条和主导航条均使用弹性布局来描述，实现方法类似。在弹性布局中使用.me-auto 类，将导航条分为左右两部分。布局代码如下。

```
<header id="header">
    <div id="top"> </div>
    <nav id="nav0" class="bg-dark py-2">
        <div class="d-flex container">
            <div class="left me-auto">左侧菜单    </div>
            <div class="right me-3">右侧联系信息   </div>
        </div>
    </nav>
    <nav id="nav1" class="bg-lighter py-3">
        <div class="d-flex container">
            <div class="left me-auto">左侧图标     </div>
            <div class="right py-3 me-3">右侧主菜单</div>
        </div>
    </nav>
</header>
```

2．使用 Font Awesome 字体图标

字体图标广泛应用于 Web 前端开发，Font Awesome 是应用比较广泛的可缩放矢量图标库。Font Awesome 字体图标可以使用 CSS 属性更改样式，例如设置大小、颜色、阴影或者其他任何支持的效果，能够丰富用户的界面。Font Awesome 库可以从其官网下载。本章使用 Font Awesome 6.1.1。

使用 Font Awesome 字体图标时，需要将下载的库文件解压缩，复制到用户项目中，然后引用 Font Awesome 库的 CSS 文件，代码如下。

```
<link rel="stylesheet" href="../fontawesome-free-6.1.1-web/css/all.css">
```

Font Awesome 库包括超过 30000 个的字体图标，可以在 Font Awesome 官网在线文档中查找图标及 HTML 描述，然后复制到网页代码中。例如，使用下面的代码引用库中的图标，其中的 me-2 表示通用类，设置了图标的右外边距。

```
<a href=""><i class="fa-sharp fa-solid fa-cart-shopping me-2"></i>购物车</a>
```

页头部分代码如示例代码 9-2 所示。

示例代码 9-2　demo0902.html

```
<!--页头部分的 HTML5 代码-->
<body>
<header id="header">
    <div id="top">
    </div>
    <nav id="nav0" class="bg-dark py-2">
```

< 269 >

```
        <div class="d-flex container">
            <div class="left me-auto">
                <ul class="list-inline">
                    <li><a href="">登录</a></li>
                    <li><a href="">注册</a></li>
                    <li><a href="">积分兑换</a></li>
                    <li><a href="">帮助中心</a></li>
                    <li>
                        <a href=""><i class="fa-sharp fa-solid fa-cart-shopping
me-2"></i>购物车</a>
                    </li>
                </ul>
            </div>
            <div class="right me-3">
                <i class="fa-solid fa-envelope-circle-check me-1"></i>
                <i class="fa-sharp fa-solid fa-comments me-1"></i>
                <span>4001-×××-555</span>
            </div>
        </div>
    </nav>
    <nav id="nav1" class="bg-lighter py-3">
        <div class="d-flex container">
            <div class="left me-auto">
                <img src="images/logo.png" alt="">
            </div>
            <div class="right py-3 me-3">
                <ul class="list-inline">
                    <li><a href="">首页</a></li>
                    <li><a href="">手机配件</a></li>
                    <li><a href="">服务体验店</a></li>
                    <li><a href="">软件商店</a></li>
                    <li><a href="">ColorOS</a></li>
                </ul>
            </div>
        </div>
    </nav>
</header>
...
</body>
```

9.2.2 页头部分的 CSS 代码

页头部分的样式设计要点如下。

1. 顶部导航条的 CSS 样式

在顶部导航条中，为列表项（li 元素）中的超链接（a 元素）设计了文本颜色、行高、内边距等属性，应用伪类选择器:hover 设计了鼠标指针悬浮时的显示效果，CSS 代码如下。

```
#nav0 ul li a {
    color: #faf2cc;
    line-height: 30px;
    height: 30px;
    padding: 0 15px;
```

< 270 >

```
    border-right: 1px solid #faf2cc;
}
#nav0 ul li:last-child a {      /*删除最后一个选项的右边框*/
    border-right: none;
}
#nav0 ul li a:hover, #nav1 ul li a:hover {
    color: rgb(0, 148, 100);
}
```

2. 媒体查询的应用

为主导航条中的文字应用媒体查询。默认文字大小为 1.25rem，当屏幕宽度小于或等于 1024px 时，设置文字大小为 1rem。CSS 代码如下。

```
@media (max-width: 1024px) {
    #nav1 ul li a {
        font-size: 1rem;
    }
}
```

页头部分完整的 CSS 代码如下。

```
/*全局样式定义，详见 9.1.3 节*/
/* 页头样式开始 */
#top {
    padding: 0.5rem;
    background-color: green;
}
.container {
    width: 87.5%;
    margin: 0px auto;
    min-width: 768px;
}
.left, .right {
    color: white;
}
.list-inline li {
    display: inline-block;
}
#nav0 ul li a {
    color: #faf2cc;
    line-height: 30px;
    height: 30px;
    padding: 0 15px;
    border-right: 1px solid #faf2cc;
}
#nav0 ul li:last-child a {
    border-right: none;
}
#nav0 ul li a:hover, #nav1 ul li a:hover {
    color: rgb(0, 148, 100);
}
#nav1 ul li a {
    color: #000;
    font-size: 1.25rem;
```

< 271 >

```
        padding: 0 15px;
    }
@media (max-width: 1024px) {
    #nav1 ul li a {
        font-size: 1rem;
    }
}
```

9.3 轮播图的设计

轮播图在 Web 前端开发中广泛使用，示例网页使用 Swiper 插件设计轮播图。Swiper 是基于 JavaScript 的滑动特效插件，用于移动端和 PC 端 Web 前端开发中的轮播图设计。

1．Swiper 插件特点

Swiper 是免费、开源、使用 JavaScript 开发的轮播图插件，无第三方依赖。Swiper 插件使用简单、中文文档详细，支持在 React、Vue.js、Angular 等主流框架中使用。

Swiper 插件可以从其官网下载，官网中大量的示例可满足用户创建轮播图的需求。本章使用 Swiper 11。

2．Swiper 文档

Swiper 官网给出了详细的制作轮播图的说明，还包括 Swiper 插件 API 的使用指南。图 9-5 所示是 Swiper 官网中的中文教程。

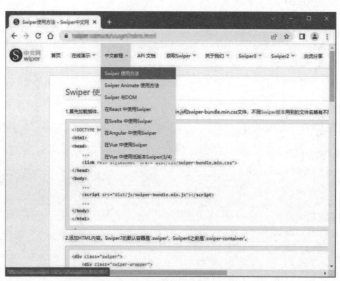

图 9-5　Swiper 官网中的中文教程

3．Swiper 设计轮播图的步骤

参考官网上的文档，设计轮播图的步骤如下。

（1）引用插件，加载 swiper-bundle.min.js 和 swiper-bundle.min.css 文件。可使用下载到本地的 Swiper 插件或通过 CDN（content delivery network，内容分发网络）地址引用插件。

（2）设计 HTML 内容。默认容器用.swiper 类说明，从官网上复制代码并简单修改即可。

（3）如果需要，使用 CSS 定义 Swiper 容器大小或其中图片的大小。本示例中定义图片大小的 CSS 代码如下。

< 272 >

```
.mySwiper img {
    max-width: 100%;
    height: auto;
}
```

（4）使用 JavaScript 代码初始化 Swiper。例如，设置是否循环播放，轮播间隔，是否显示分页器、滚动条、前进/后退按钮等。具体参考示例代码 9-3。

示例代码 9-3　demo0903.html

```html
<!DOCTYPE html>
<html>
<head>
    <meta charset="UTF-8">
    <link rel="stylesheet" href="../fontawesome-free-6.1.1-web/css/all.css">
    <link rel="stylesheet" href="../swiper/swiper-bundle.min.css">
    <link rel="stylesheet" href="mystyle.css">
    <title>Document</title>
</head>
<body>
<section id="carousel">
    <div class="swiper myswiper">
        <div class="swiper-wrapper">
            <div class="swiper-slide">
                <img src="images/banner1.jpg" alt="">
            </div>
            <div class="swiper-slide">
                <img src="images/banner2.jpg" alt="">
            </div>
            <div class="swiper-slide">
                <img src="images/banner3.jpg" alt="">
            </div>
        </div>
        <!-- 如果需要分页器 -->
        <div class="swiper-pagination"></div>
        <!-- 如果需要前进/后退按钮 -->
        <div class="swiper-button-prev"></div>
        <div class="swiper-button-next"></div>
        <!-- 如果需要滚动条 -->
        <div class="swiper-scrollbar"></div>
    </div>
</section>
...
<script src="../swiper/swiper-bundle.min.js"></script>
<script>
    var mySwiper = new Swiper('.swiper', {
        loop: true, // 循环模式选项
        autoplay: {
            delay: 2000,
        },
        grapCursor: true,
        spaceBetween: 20,

        // 如果需要分页器
```

< 273 >

```
        pagination: {
            el: '.swiper-pagination',
        },
        // 如果需要前进/后退按钮
        navigation: {
            nextEl: '.swiper-button-next',
            prevEl: '.swiper-button-prev',
        },
        // 如果需要滚动条
        scrollbar: {
            el: '.swiper-scrollbar',
        },
    })
</script>
</body>
</html>
```

9.4 热点机型和特色产品部分的设计

热点机型和特色产品部分是网页的主体，应用弹性布局设计。这两部分的浏览结果如图 9-6 所示。

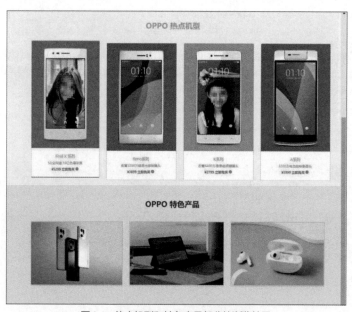

图 9-6　热点机型和特色产品部分的浏览结果

9.4.1 热点机型部分

1. 热点机型部分的布局和 HTML 代码

热点机型部分在 div.container 中，使用弹性布局的代码如下。

```
<div class="container">
    <h3 class="">OPPO 热点机型</h3>
    <div class="d-flex ">
        <div class="col gu"></div>
```

< 274 >

```
        <div class="col gu"></div>
        <div class="col gu"></div>
        <div class="col gu"></div>
    </div>
</div>
```

其中，.col 类用于设置等比放大或缩小弹性布局中的元素，.gu 类用于设置元素的外边距。热点机型部分的 HTML 代码如示例代码 9-4 所示。

示例代码 9-4　demo0904.html

```
<body>
<section id="mobiles" class="bg-light py-3">
    <div class="container">
        <h3 class="">OPPO 热点机型</h3>
        <div class="d-flex">
            <div class="col gu">
                <a href="">
                    <div class="card">
                        <img src="images/tu-b4.jpg" class="card-img-top" alt="...">
                        <div class="card-body">
                            <h2>Find X 系列</h2>
                            <p class="camera">5G 全网通，10 亿色臻彩屏</p>
                            <p class="price">¥5299 立即购买<span></span></p>
                        </div>
                    </div>
                </a>
            </div>
            <div class="col gu">
                <a href="">
                    <div class="card">
                        <img src="images/tu-b1.jpg" class="card-img-top" alt="...">
                        <div class="card-body">
                            <h2>Reno 系列</h2>
                            <p class="camera">前置 3200 万超感光猫眼镜头</p>
                            <p class="price">¥3699 立即购买<span></span></p>
                        </div>
                    </div>
                </a>
            </div>
            <div class="col gu">
                <a href="">
                    <div class="card">
                        <img src="images/tu-b3.jpg" class="card-img-top" alt="...">
                        <div class="card-body">
                            <h2>K 系列</h2>
                            <p class="camera">后置 6400 万像素超感摄镜头</p>
                            <p class="price">¥2799 立即购买<span></span></p>
                        </div>
                    </div>
                </a>
            </div>
            <div class="col gu">
                <a href="">
                    <div class="card">
```

< 275 >

```
                    <img src="images/tu-b2.jpg" class="card-img-top" alt="...">
                    <div class="card-body">
                        <h2>A 系列</h2>
                        <p class="camera">3200 万电动旋转摄像头</p>
                        <p class="price">¥3999 立即购买<span></span></p>
                    </div>
                </div>
            </a>
        </div>
    </div>
</div>
    </div>
</section>
</body>
```

2. 热点机型部分的 CSS 代码

CSS 样式主要包括三部分，一是热点机型部分的弹性布局定义，用.col、.col1 类实现；二是各系列机型的布局，也用弹性布局定义，还包括其中的图像及文本样式，用.card、.card-img、.card-img-top、.camera 等类实现；三是鼠标指针悬浮时的效果，使用伪类选择器.card:hover 实现。详细的 CSS 代码如下。

```
/*热点机型样式*/
.col {
    flex: 1 0 0;
    text-align: center;
}
.col1 {   /*特色产品中使用*/
    flex: 0 0 auto;
    text-align: center;
}
#mobiles h3, #products h3 {
    font-size: 2rem;
    text-align: center;
    color: #fdc618;
    padding-top: 1.5rem;
    padding-bottom: 1.5rem;
    margin-bottom: 1.5rem;
}
#mobiles .card {
    display: flex;
    position: relative;
    flex-direction: column;
    min-width: 300px;
    word-wrap: break-word;
    background-color: #fff;
    border: 1px solid rgba(0, 0, 0, 0.125);
    border-radius: 0.25rem;
}
.card-img,.card-img-top {
    width: 100%;
    border-top-left-radius: 0.25rem;
    border-top-right-radius: 0.25rem;
}
#mobiles .card-body {
    flex: 1 1 auto;
    padding: 1rem 1rem;
```

< 276 >

```
}
#mobiles .card-body h2 {
    font-size: 1rem;
    text-align: center;
    font-weight: normal;
    margin: 0.5rem;
    color: lightskyblue;
}
#mobiles .card-body .camera,#mobiles .card-body .price {
    font-size: 0.875rem;
    text-align: center;
    font-weight: normal;
    margin: 0.5rem;
    color: rgb(189, 189, 189);
}
#mobiles .card-body .price {
    color: #459620;
}
#mobiles .card-body .price span {
    display: inline-block;
    width: 18px;
    height: 13px;
    background: url('images/icons-1.png') no-repeat -173px -1014px;
}
#mobiles .card {
    border-bottom: 3px solid #f2f2f2;
    transition: all 0.3s;
}
#mobiles .card:hover          {/*鼠标指针悬浮时的效果*/
    border-bottom: 3px solid #57b59d;
    transform: translateY(-10px);
}
.gu {
    margin: 5px 15px;
}
```

9.4.2　特色产品部分

特色产品部分的设计特点是产品图像用 CSS 的 background-image 属性设置，当鼠标指针悬浮在一款产品图像上时，会出现产品描述信息。

1. 特色产品部分的 HTML 代码

特色产品部分采用弹性布局，并为其中的元素应用了.justify-content-between 类，实现元素均匀分布，HTML 代码如示例代码 9-5 所示。

示例代码 9-5　demo0905.html

```
<body>
<section id="products" class="bg-light">
    <div class="container">
        <h3 class="">OPPO 特色产品</h3>
        <ul class="d-flex justify-content-between">
            <li class="col1 gu">
```

< 277 >

```
            <hgroup>
                <h2> OPPO Find X7 Ultra</h2>
                <h2>AI 手机 海阔天空 16GB+51</h2>
                <h2>会员购机赠移动电源</h2>
                <h2></h2>
            </hgroup>
        </li>
        <li class="col1 gu">
            <hgroup>
                <h2>OPPO Pad Air2 深空灰</h2>
                <h2>6GB+128GB 官方标配</h2>
                <h2>赠 AIPI 平板保护套</h2>
                <h2></h2>
            </hgroup>
        </li>
        <li class="col1 gu">
            <hgroup>
                <h2>OPPO Enco Free3</h2>
                <h2>真无线降噪耳机 竹影绿</h2>
                <h2>纯净音色，丝滑体验</h2>
                <h2></h2>
            </hgroup>
        </li>
    </ul>
</div>
</section>
</body>
```

2. 特色产品部分的 CSS 代码

特色产品部分 CSS 样式设计的要点是伪类选择器:nth-child(n)和定位属性 position 的应用。

（1）伪类选择器:nth-child(n)的应用

在选择器#products ul li:nth-child(2)中，通过设置 li 元素的 background-image 属性来显示产品图像。类似地，设置#products ul li:nth-child(3)中的 background-image 属性。

使用选择器#products ul li hgroup h2:nth-child(1)设置 hgroup 元素中的第一个 h2 元素的样式，类似地，再设置其他 h2 元素的样式。

（2）定位属性 position 的应用

将 hgroup 元素设置为绝对定位，在选择器 li:hover 中修改 top 属性值，实现鼠标指针悬浮时的效果。代码如下。

```
#products ul li hgroup {
    position: absolute;
    left: 0;
    top: -266px;
    ...
}
#products ul li:hover hgroup {
    position: absolute;
    left: 0;
    top: 0;
}
```

特色产品部分完整的 CSS 代码如下。

< 278 >

```css
/*特色产品样式*/
#products {
    width: 100%;
    background-color: rgb(238, 238, 238);
    padding-top: 2rem;
    padding-bottom: 4.5rem;
}
#products h3 {
    color: green;
}
#products ul li {
    display: block;
    width: 403px;
    height: 266px;
    position: relative;
    text-align: center;
    border: 2px solid #ccc;
    background: url(images/tua2.jpg) 0 0 no-repeat;
    overflow: hidden;
}
#products ul li:nth-child(2) {
    background-image: url(images/tua3.jpg);
}
#products ul li:nth-child(3) {
    background-image: url(images/tua4.jpg);
}
#products ul li hgroup {
    position: absolute;
    left: 0;
    top: -266px;
    width: 403px;
    height: 266px;
    background: rgba(0, 0, 0, 0.5);
    transition: all 0.5s ease-in 0s;
}
#products ul li:hover hgroup {
    position: absolute;
    left: 0;
    top: 0;
}
#products ul li hgroup h2:nth-child(1) {
    font-size: 22px;
    text-align: center;
    color: #fff;
    font-weight: normal;
    margin-top: 58px;
}

#products ul li hgroup h2:nth-child(2) {
    font-size: 14px;
    text-align: center;
    color: #fff;
    font-weight: normal;
```

< 279 >

```
        margin-top: 15px;
}
#products ul li hgroup h2:nth-child(3) {
        margin-top: 15px;
        font-size: 1rem;
        color: yellowgreen;
}
#products ul li hgroup h2:nth-child(4) {
        width: 75px;
        height: 22px;
        margin-left: 160px;
        margin-top: 25px;
        background: url(images/anniu.png) 0 0 no-repeat;
}
```

9.5 附加信息及页脚部分的设计

附加信息和页脚部分都使用弹性布局，浏览结果如图 9-7 所示。

图 9-7　附加信息和页脚部分的浏览结果

1. 附加信息和页脚部分的 HTML 代码

附加信息部分使用.col 类实现自动等宽列的布局。附加信息中的图像为 SVG 格式，引用方法与其他图像的相同。页脚部分在弹性布局中应用.justify-content-between 类，左侧是 Logo 和版权信息，右侧文本是使用.list-inline 类描述的内联列表。

HTML 代码如示例代码 9-6 所示。

示例代码 9-6　demo0906.html

```
<body>
<section id="additional">
    <div class="container">
        <div class="d-flex py-3">
            <div class="col">
                <img src="images/icon-a1.svg" alt="">
                <p>全国联网</p>
            </div>
            <div class="col">
                <img src="images/icon-a2.svg" alt="">
                <p>7 天无理由退货</p>
            </div>
            <div class="col">
                <img src="images/icon-a3.svg" alt="">
                <p>官方换货保障</p>
            </div>
            <div class="col">
                <img src="images/icon-a1.svg" alt="">
```

< 280 >

```
                    <p>满 69 元包邮</p>
                </div>
                <div class="col">
                    <img src="images/icon-a1.svg" alt="">
                    <p>900+ 家售后网点</p>
                </div>
            </div>
        </div>
    </section>
    <footer class="bg-dark py-3">
        <div class="container  text-white">
            <div class="d-flex justify-content-between">
                <div class="left1">
                        <span class="footer_img">
                            <img src="images/i-f-logo.png" alt="">
                        </span>
                    <span> &copy; 2012—2024 OPPO 版权所有</span>
                </div>
                <div class="right1 list-inline">
                    <li class=""><a href="">版权声明</a></li>
                    <li>|</li>
                    <li class=""><a href="">隐私政策</a></li>
                    <li>|</li>
                    <li class=""><a href=""> 用户使用协议</a></li>
                    <li>|</li>
                    <li class=""><a href="">知识产权</a></li>
                </div>
            </div>
        </div>
    </footer>
</body>
```

2．附加信息和页脚部分的 CSS 代码

这部分的 CSS 样式相对简单，主要用于设置文本样式和鼠标指针悬浮时的效果，具体 CSS 代码如下。

```
/*附加信息及页脚样式*/
#additional .col p {
    color: dimgrey;
    font-size: 1rem;
    margin: 1rem auto;
}
#additional .col p:hover {
    color: green;
    font-weight: bold;
    transition: all 0.3s;
}
footer .right1 li a {
    font-size: 0.875rem;
    color: white;
    margin-right: 0.25rem;
}
```

< 281 >

本章的示例应用弹性布局来构建网页，并应用了 Swiper 插件和 Font Awesome 字体图标，要点如下。

（1）弹性布局是 CSS3 的一种布局方式，适用于响应式 Web 前端开发。示例应用弹性布局的 display、justify-content、flex-direction 等属性，请读者注意比较本章的示例在布局上与第 8 章的示例的区别。

（2）Web 前端开发中经常使用插件。示例中使用 Swiper 插件设计了轮播图，包括下载插件、引用 CSS 和 JavaScript 文件，参考 Swiper 官网的中文教程可以方便地设计轮播图。

（3）示例应用了 Font Awesome 字体图标。使用 Font Awesome 时，需要将下载的库解压缩并复制到用户项目中，然后引用 Font Awesome 库的 CSS 文件，参考其官网在线文档查找图标后复制代码并引用。

（4）示例在 CSS 部分设计了大量通用类，在网页中多次使用。请读者注意领会使用通用类的优点，为后续学习 Bootstrap 开发框架打好基础。

（5）示例应用了媒体查询技术。

本章的示例仍然采用渐进的开发过程，首先是网页总体结构设计、全局样式和通用类定义，然后分部分进行开发和实现。

习题9

1. 简答题

（1）在页头部分的主导航条中，为其中的文字定义了媒体查询，代码如下。

```
@media (max-width: 1024px) {
    #nav1 ul li a {
        font-size: 1rem;
    }
}
```

请修改附加信息部分（#additional .col p）代码，当网页宽度大于 1024px 时，文字大小为 1.25rem，颜色为蓝色。

（2）热点机型部分有如下 CSS 定义，说明各属性的含义。

```
#mobiles .card {
    position: relative;
    display: flex;
    flex-direction: column;
    min-width: 300px;
    word-wrap: break-word;
    background-color: #fff;
    border: 1px solid rgba(0, 0, 0, 0.125);
    border-radius: 0.25rem;
}
```

（3）在 Font Awesome 官网下载 Fontawesome v6.4.0 免费版 web，查找部分图标并在 HTML 文件中应用。

< 282 >

2.　实践题

（1）在 Swiper 官网下载 Swiper 11 插件，参考其中的中文教程，学习使用 Holder.js 插件，设计一个轮播图。

（2）参考本章的示例，完成如图 9-8 所示的网页，要求如下。

- 网页应用弹性布局。
- 引入并应用 Font Awesome 字体图标。
- 设置鼠标指针悬浮时的 CSS 样式。

图 9-8　实践题（2）的浏览结果

< 283 >